# 失效锂离子电池回收与利用

杨 越 徐盛明 著

科学出版社

北 京

# 内 容 简 介

锂离子电池退役后产生大量的废旧锂离子电池，若不能妥善处理，不仅造成资源的浪费，而且污染环境。失效锂离子电池中含有大量的有价组分，如锂、镍、钴、锰、铝、铜、铁和非金属石墨等，有些组分的含量甚至高于原生矿产资源，极具回收价值。本书从锂离子电池发展和锂电矿产资源现状出发，概述失效锂离子电池的危害、失效机理和回收市场，重点阐述失效锂离子电池经预处理、净化除杂、冶金等流程重新制备为再生材料的循环利用技术及机理，除此之外，还囊括了废旧电解液的回收技术及机理。本书结合科学理论与科研实践，详细介绍失效锂离子电池回收再利用的最新研究进展，使读者掌握理论基础的同时，了解锂电池回收领域的科学前沿和发展动态。

**图书在版编目（CIP）数据**

失效锂离子电池回收与利用 / 杨越，徐盛明著. -- 北京：科学出版社，2024. 11. -- ISBN 978-7-03-079236-5

Ⅰ．X760.5

中国国家版本馆 CIP 数据核字第 2024LT0715 号

责任编辑：李明楠　高　微 / 责任校对：杜子昂
责任印制：徐晓晨 / 封面设计：图阅盛世

*科学出版社* 出版
北京东黄城根北街 16 号
邮政编码：100717
http://www.sciencep.com

北京建宏印刷有限公司印刷
科学出版社发行　各地新华书店经销

\*

2024 年 11 月第　一　版　开本：720 × 1000　1/16
2025 年 2 月第二次印刷　印张：12 1/2
字数：252 000

**定价：108.00 元**
（如有印装质量问题，我社负责调换）

# 前　　言

在当今这个高速发展的时代，科技的进步带来了无数的便利，其中，锂离子电池（LIB）的发展尤为显著。其体积小巧、循环寿命长、能量密度高和安全性优良，这使其成为电动汽车、消费类电子产品、电网储能等众多领域不可或缺的一部分。然而，正如一枚硬币的两面，锂离子电池的迅速普及和使用，也带来了一系列的挑战和问题。

一方面，随着锂离子电池需求量的不断增长，一些重要的能源金属资源（如镍、钴、锂等）逐渐紧缺；另一方面，大量的退役锂离子电池产生了巨大的失效电池堆积问题，在造成资源浪费的同时，对环境也存在潜在的威胁。然而，在挑战中蕴含着机遇。失效锂离子电池含有大量的有价组分，如锂、镍、钴、锰、铝、铜、铁和非金属石墨等，这些组分的含量有时甚至高于原生矿产资源，因此退役锂离子电池的回收利用具有极大的经济价值和环保意义。

为使读者对失效锂离子电池回收领域有一个较全面的了解，本书详细介绍锂离子电池的发展、基本工作原理及其失效机理，并重点梳理作者十多年来在失效动力锂离子电池预处理、废旧正极材料有价组分湿法回收、材料循环再生利用、电解液回收利用等方面的研究进展。全书共分 6 章，从锂离子电池的基础知识到失效锂离子电池的回收预处理技术，再到具体的材料回收方法和电解液的处理与回收，为读者提供了一份全面而深入的指南，旨在推动失效锂离子电池回收利用领域的理论研究和技术发展。

在此，我们希望本书能成为研究者、工程师、政策制定者以及所有关心可持续发展和环境保护人士的宝贵资源。让我们共同努力，为实现一个资源循环利用、环境友好的未来贡献力量。

本书在整理成稿过程中得到了唐鸿鹄老师，宋绍乐、雷舒雅、王天宇、易晨星、王翠、蓝柳佳等研究生的大力帮助，在此表示衷心的感谢。

鉴于水平有限，书中难免存在疏漏和不足之处，敬请予以指正。

杨　越

2024 年 10 月 19 日

# 目　　录

前言
第1章　锂离子电池简介 ······················································· 1
1.1　锂离子电池的发展 ······················································· 1
1.2　锂离子电池结构及工作原理 ·············································· 3
1.3　锂离子电池材料 ·························································· 5
1.3.1　正极材料 ·························································· 5
1.3.2　负极材料 ·························································· 8
1.3.3　隔膜 ····························································· 13
1.3.4　电解液 ··························································· 16
参考文献 ··································································· 18
第2章　失效锂离子电池概述 ················································ 20
2.1　锂离子电池失效 ························································ 20
2.1.1　锂离子电池的失效现象 ············································· 20
2.1.2　锂离子电池的失效机理 ············································· 22
2.2　失效锂离子电池回收概述 ················································ 34
2.2.1　失效锂离子电池的价值 ············································· 34
2.2.2　失效锂离子电池的危害 ············································· 35
2.2.3　失效锂离子电池回收的意义 ········································· 37
参考文献 ··································································· 42
第3章　失效锂离子电池回收预处理技术 ······································ 49
3.1　放电 ·································································· 49
3.1.1　物理放电 ·························································· 49
3.1.2　化学放电 ·························································· 50
3.2　机械破碎 ······························································ 52
3.3　热处理 ································································ 54
3.3.1　正极材料热处理 ··················································· 54
3.3.2　负极材料热处理 ··················································· 60

3.4　分选 ……………………………………………………………………… 62

　　3.4.1　筛分与气流分选 …………………………………………………… 63

　　3.4.2　电/磁分离 …………………………………………………………… 65

　　3.4.3　浮选 …………………………………………………………………… 68

参考文献 ………………………………………………………………………… 78

**第4章　废旧三元材料回收** …………………………………………………… 81

4.1　引言 ………………………………………………………………………… 81

4.2　火法冶金 …………………………………………………………………… 82

4.3　湿法冶金 …………………………………………………………………… 83

　　4.3.1　浸出 …………………………………………………………………… 83

　　4.3.2　溶液净化 ……………………………………………………………… 96

4.4　产品制备 …………………………………………………………………… 101

　　4.4.1　金属盐 ………………………………………………………………… 101

　　4.4.2　三元正极材料 ………………………………………………………… 115

　　4.4.3　其他材料 ……………………………………………………………… 134

参考文献 ………………………………………………………………………… 135

**第5章　废旧磷酸铁锂材料回收** ……………………………………………… 138

5.1　磷酸铁锂湿法回收 ………………………………………………………… 138

　　5.1.1　碱浸除杂 ……………………………………………………………… 139

　　5.1.2　优先提锂 ……………………………………………………………… 141

　　5.1.3　全元素浸出 …………………………………………………………… 159

5.2　磷酸铁锂再生 ……………………………………………………………… 164

　　5.2.1　水热法 ………………………………………………………………… 164

　　5.2.2　固相合成法 …………………………………………………………… 166

5.3　其他材料再生 ……………………………………………………………… 173

　　5.3.1　吸附材料 ……………………………………………………………… 173

　　5.3.2　催化材料 ……………………………………………………………… 174

参考文献 ………………………………………………………………………… 175

**第6章　废旧电解液处理与回收** ……………………………………………… 177

6.1　废旧电解液无害化处理 …………………………………………………… 177

　　6.1.1　热处理法 ……………………………………………………………… 177

　　6.1.2　碱液吸收法 …………………………………………………………… 179

6.2　废旧电解液回收 ……………………………………………… 179

　6.2.1　溶剂回收 ……………………………………………… 179

　6.2.2　锂资源回收 …………………………………………… 189

参考文献 ……………………………………………………………… 191

# 第1章 锂离子电池简介

从 18 世纪 60 年代的第一次工业革命开始，社会发展经历了"蒸汽时代"和"电气时代"至如今的"信息时代"。随着时代的变迁，科学技术的发展日新月异，而人类对于能源的依赖性愈发严重。天然气、石油及煤炭等传统不可再生化石能源，随着不断使用日益减少，资源质量也逐渐降低，开采选别难度增大。此外，在化石能源开发利用过程中易造成环境污染和生态破坏，难以修复。为了满足日益增长的能源需求，维持能源的持续供应，人们大力发展太阳能、风能、潮汐能等可再生清洁能源。然而，清洁能源的需求是巨大的，且清洁能源具有地域和间歇的局限性，人们在不断开发和利用清洁、安全的可再生能源的同时，必须解决好可再生能源的储存和运输等问题。因此，针对能源的输出和需求的不断发展，需更新相应的储能设备。

储能是指通过介质或设备将能量存储起来，在需要时再释放的过程，通常储能主要是指电力储能。电力储能设备主要包括铅酸电池、锂离子电池、钠硫电池等。锂离子电池作为储能装置中的一种，具有体积小、质量轻、循环寿命长、能量密度高、安全性高且对环境友好等特点。现如今，锂离子电池被广泛应用于手表、手机、相机、平板电脑、笔记本电脑等便携式电子产品中，为智能家电、新兴电动汽车、储能电站等领域提供了发展基础。

## 1.1 锂离子电池的发展

电化学电池是一种通过化学反应将化学能直接转化为电能的装置。如图 1-1 所示，在锂离子电池出现之前，已经出现了许多电池技术，发展过程由最早的电解池到干电池，再到锂原电池，最后到如今最常见的锂离子电池。电化学电池最早要追溯到 1799 年，意大利科学家伏打（Volta）将一块锌板和一块银板浸在盐水中，发现连接在两块金属板上的导线中有电流通过。1800 年，伏打通过多层锌和银叠合，以浸渍盐水的物质为间隔，发明了世界上首个能产生稳定电流的电池，也被称为伏打电堆[1]。1836 年，丹尼尔（Daniell）在伏打电堆的基础上，制备了铜锌电池等[2]。1859 年，法国科学家 Planté 发明了铅酸可充电电池，这也是第一个可以反复充、放电的二次电池[3]。1864 年法国的 Leclanche 公布了锰氧化物与碳混合材料为正极、锌棒为负极、黏浊状氯化铵为电解液的碳锌电池，为后续干电池的发展奠定了基础[4]。

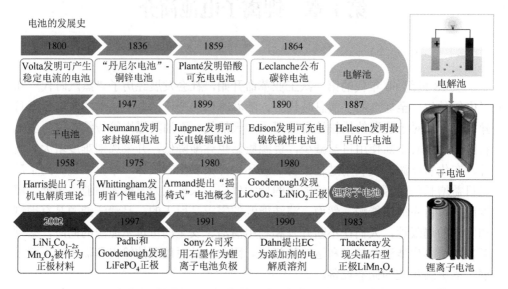

图 1-1　锂离子电池的发展历程

1887 年，英国的 Hellesen 发明了最早的干电池。1890 年，Edison 发明了可充电镍铁碱性电池。1899 年，瑞典工程师 Jungner 发明了可充电镍镉电池。1947 年，Neumann 开发出密封的镍镉电池，防止了气体排出，使其应用范围大大增加。后续，由于镍镉电池中镉金属的污染性，镍被 Philips Research 的科学家发明的镍氢电池取代。时至今日，镍氢电池仍在移动设备和电动单车等领域具有一定应用[2]。

锂元素位于元素周期表中的第二周期 I A 族，是最轻的金属元素，具有最负的电极电位[5]。1817 年，Arfwedson 和 Berzelius 在分析锂长石（$LiAlSi_4O_{10}$）时发现了锂[6, 7]；1821 年，Brande 和 Davy 通过电解氧化锂首次分离出锂元素[8]。一个世纪后，Lewis[9] 开始探索锂的电化学特性。相较于标准氢电极，锂的电极电位为 –3.04V，因此被认为可以作为电池负极。

1958 年，Harris 发现锂金属在非水电解液（含有环酯、熔盐、无机锂盐的有机溶剂）中具有较好的稳定性[10]。这一发现使得研发稳定的锂电池成为可能。1975 年，Exxon 公司的 Whittingham 等以 $TiS_2$ 为正极，锂金属为负极，构建了首个锂电池[11]。尽管 $TiS_2$ 正极具有优势，但锂金属作为负极易产生枝晶，刺破隔膜，导致严重的安全问题。

锂离子电池发展的重要转折点出现在 1980 年，Armand 提出"摇椅式"电池概念[12]，同年，Goodenough 等开发的层状钴酸锂（$LiCoO_2$）化合物满足了高压

嵌锂正极材料的需求[13]，其良好的电化学性能使其商业化应用至今。1981 年，贝尔实验室 Basu 申请了高温熔岩电池专利，该电池由 $LiC_6$ 石墨插层化合物负极和金属硫化物正极组成。1983 年，Yazami 和 Touzain 提出将锂-石墨插层化合物作为锂离子二次电池的负极[14]。同年，Thackeray 等发现锰尖晶石（$LiMn_2O_4$）是优良的正极材料[15]。1990 年，日本 Sony 公司研制出以石油焦为负极、$LiCoO_2$ 为正极的锂离子二次电池——$LiC_6|LiClO_4$-$(PC + EC)|LiCoO_2$。随后，石油焦与硬碳负极材料逐渐被石墨取代。1991 年，Sony 公司采用石墨作为锂离子电池负极，$LiCoO_2$ 作为其正极，采用 EC 基（如 EC + DMC）的 $LiPF_6$ 溶液作为电解液，大大提高了锂离子电池的性能并成功商业化。1997 年，Padhi 和 Goodenough 等发现了比传统材料更安全、更耐高温且具有橄榄石结构的磷酸铁锂（$LiFePO_4$）材料[16]。2001 年，Ohzuku 合成并测试了 $LiCo_{1/3}Ni_{1/3}Mn1/3_{0.33}O_2$ 材料[17]。2002 年，Dahn 等研究了 $LiNi_xCo_{1-2x}Mn_xO_2$（NCM，$0 \leqslant x \leqslant 1/2$）材料[18]，这两个研究团队将 NCM 三元材料引入锂离子电池领域。三元材料因比容量高（>150mA·h/g）、循环稳定性和热稳定性好，成为最重要的一类锂离子电池正极材料。如今，锂离子电池以其质量轻、寿命长和能量密度高等优点逐渐取代其他二次电池，其应用也从最初的便携式设备逐步发展到各行各业，在动力工具、电动汽车、军事装备、航空航天等行业均有着不可替代的作用。

## 1.2　锂离子电池结构及工作原理

　　锂离子电池是一种二次电池，由外壳和内芯组成，内芯是锂离子电池的核心部分，主要由正极、隔膜、负极和电解液四个部分组成，并依靠锂离子在正极和负极之间移动实现充、放电工作。其中，外部主要通过正负极引线及中心端子、安全阀和电池壳等部件连接组成整个电池[19]。正极材料和负极材料作为锂离子电池最重要的组成部分，决定了锂离子电池的电化学性能。目前，常用的锂离子电池正极材料有钴酸锂、锰酸锂、磷酸铁锂和三元材料等，负极材料主要是石墨。

　　商业化的锂离子电池因其应用环境的差异促使电池形状呈多样化，除了圆柱形外，还有纽扣式电池、方形电池、软包电池等，如图 1-2 所示[20]。锂离子电池的工作原理如图 1-3 所示。在充放电过程中，锂离子通过在正负极材料之间嵌入或脱出而实现电能和化学能的相互转化。充电过程中，锂离子从正极脱出，通过电解液嵌入负极，而放电过程中，锂离子从负极回到正极材料中。以钴酸锂/石墨电池为例，电池的正极、负极以及总的反应式分别表示如下（向左为放电过程，向右为充电过程）：

正极反应：$\qquad\qquad \text{LiCoO}_2 \rightleftharpoons \text{Li}_{1-x}\text{CoO}_2 + x\text{Li}^+ + x\text{e}^-$ 　　　　　（1-1）

负极反应：$\qquad\qquad 6\text{C} + x\text{Li}^+ + x\text{e}^- \rightleftharpoons \text{Li}_x\text{C}_6$ 　　　　　（1-2）

电池总反应：$\qquad\quad \text{LiCoO}_2 + n\text{C} \rightleftharpoons \text{Li}_{1-x}\text{CoO}_2 + \text{Li}_x\text{C}_n$ 　　　　　（1-3）

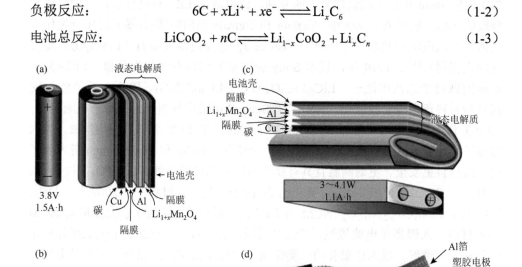

图 1-2　不同锂离子电池的形状结构示意图：（a）圆柱形电池；（b）纽扣式电池；
（c）方形电池；（d）软包电池[20]

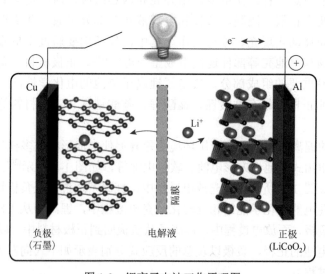

图 1-3　锂离子电池工作原理图

# 1.3　锂离子电池材料

## 1.3.1　正极材料

正极材料是决定锂离子电池性能最重要的组成部分，直接影响锂离子电池的能量密度、循环稳定性和生产成本。性能优异的正极材料应具备：①能量密度高；②功率密度高；③循环稳定性和安全性优异；④易于制备且成本低廉。如图 1-4 所示，正极材料按照结构类型可分为三种：①层状结构正极材料，典型代表为钴酸锂（$LiCoO_2$）、三元正极材料（$LiNi_xCo_yMn_{1-x-y}O_2$、$LiNi_xCo_yAl_{1-x-y}O_2$）和富锂锰基材料（$Li_2MnO_3$）等；②尖晶石结构正极材料，最具代表性的是锰酸锂（$LiMn_2O_4$）；③橄榄石结构正极材料，如磷酸铁锂（$LiFePO_4$）、磷酸镍锂（$LiNiPO_4$）和磷酸锰锂（$LiMnPO_4$）等。

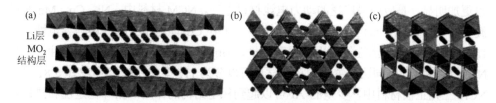

图 1-4　（a）层状结构、（b）尖晶石结构和（c）橄榄石结构正极材料的晶体架构图

蓝色代表过渡金属离子；红色代表锂离子；黄色代表磷原子；M 代表 Ni、Co、Mn 等

### 1. 层状结构正极材料

层状结构正极材料一般具有六方 $\alpha$-$NaFeO_2$ 型层状晶体结构，$LiCoO_2$、$LiNi_xCo_yMn_{1-x-y}O_2$ 和 $LiNi_xCo_yAl_{1-x-y}O_2$ 材料的空间群为 $R\bar{3}m$，富锂锰基材料的空间群为 $C2/c$ 和 $C2/m$。

$LiCoO_2$ 为最早开发、最成熟的层状氧化物正极材料（图 1-5）。$LiCoO_2$ 为立方密堆积排列，层状结构的主体由三层共边的 $CoO_6$ 八面体构成，较强的 Co—O—Co 化学键是锂离子电池电子传导的媒介。层与层之间被锂隔开，形成二维结构，为锂离子运动提供了二维通道，因此该材料具有较高的可逆性。因金属原子具有共棱关系，$LiCoO_2$ 具有较高的电子电导率，在大电流密度下具有较好的充放电容量。该材料理论比容量为 274mA·h/g，但在实际应用中 $LiCoO_2$ 的层状六方晶系会畸变为单斜晶系，其强氧化性使 Co—O—Co 断裂，部分氧以游离态释放出来，造成容量快速衰减，同时发生的体积效应会引起结构坍塌，因此其实际可逆比容量仅为

150mA·h/g 左右。尽管如此，LiCoO$_2$ 正极材料因其平稳且输出电压高、能量密度高及制备工艺简单等优点，成为目前市场上比较受青睐的正极材料之一。

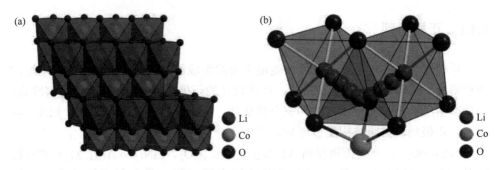

图 1-5　（a）层状 LiCoO$_2$ 的晶体结构及（b）相应 Li$^+$ 扩散路径图[21]

　　三元正极材料 LiNi$_x$Co$_y$Mn$_{1-x-y}$O$_2$（NCM）和 LiNi$_x$Co$_y$Al$_{1-x-y}$O$_2$（NCA）具有与 LiCoO$_2$ 类似的晶体结构，但三元材料具备更高的可逆容量和能量密度，其成本优势也更加明显，是应用最广泛的动力电池材料之一。NCM 材料中，Ni、Co、Mn 在过渡金属层中均匀分布构成层状结构的骨架，其中 Co 能稳定结构并增强导电性，Ni 作为主要的电化学活性组分用于提升容量，Mn 可降低成本并提高热稳定性。根据 Ni、Co、Mn 的不同比例主流的三元材料可以分为 111 型、523 型、622 型、811 型。NCA 三元正极材料中，少量的 Al 可以起到稳定结构的作用，循环稳定性和热稳定性较好。尽管三元材料结合了 Ni、Co、Mn 的优点，但层状结构固有的安全性差等缺点仍然存在，常用的改性方法有离子掺杂和形貌调控等。

　　层状富锂锰基材料可表示为 $x$Li$_2$MnO$_3$·$(1-x)$LiMO$_2$，其中 M 表示一种或多种过渡金属元素，如 Mn、Ni、Co 等，该材料放电比容量高达 250～300mA·h/g。层状结构的 Li$_2$MnO$_3$ 是由部分 Li 占据 Mn 位形成，即 Li（Li$_{1/3}$Mn$_{2/3}$）O$_2$，故而得名富锂锰基材料。富锂锰基材料原料丰富、成本低、环境友好，被认为是一种有前景的高能量密度电池正极材料。但 Li$_2$MnO$_3$ 中的锰以 Mn$^{4+}$ 形式存在，难以进一步被氧化，正常充电范围内，Li$_2$MnO$_3$ 为电化学惰性。一般认为富锂锰基相材料的高比容量主要源自 Li$_2$MnO$_3$ 在充电至 4.5V 时的继续活化放电，此时锂离子的嵌入率难以达到 100%，导致材料初始库仑效率较低。同时，当在高电压下充放电时，富锂锰基材料会由层状结构相转化为尖晶石结构相，导致倍率性能差、工作电压和容量衰减。

## 2. 尖晶石结构正极材料

　　尖晶石结构正极材料具有制备简单、成本低、电压较高、倍率性能好、环境友好等优点。如图 1-6 所示，代表性的 LiMn$_2$O$_4$ 材料具有 AB$_2$O$_4$ 尖晶石结构，属于立方面心结构，$Fd\bar{3}m$ 空间群，$Mn^{4+}$ 和 $Mn^{3+}$ 各占一半，占据八面体的 16d 位，O 则为立方面心紧密堆积，四面体和八面体共同为 $Li^+$ 提供了一个有利于扩散的三维通道结构，能够保障 $Li^+$ 快速迁移，因此 $LiMn_2O_4$ 材料具有较好的倍率性能。然而，$LiMn_2O_4$ 材料的理论比容量相对较低，仅 148mA·h/g，且多次循环后容量衰减严重。这是由于 $LiMn_2O_4$ 材料深度放电嵌入过多的 $Li^+$ 时，立方晶系的尖晶石结构会发生晶格扭曲，并向对称性、无序性强的四方晶系的尖晶石结构转变，即引起 Jahn-Teller 效应，导致材料循环寿命缩短。

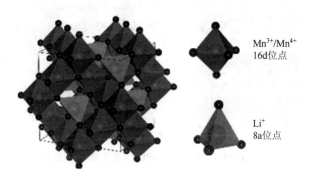

图 1-6　$LiMn_2O_4$ 的结构模型[22]

对 $LiMn_2O_4$ 掺杂改性后发现，当 0.5 个 Ni 取代 Mn 时，可得到化学计量比的有序尖晶石结构的 $LiNi_{0.5}Mn_{1.5}O_4$ 正极材料，Ni 为 +2 价，Mn 为 +4 价，其理论比容量为 148mA·h/g。充电过程中，材料中的 Ni 作为变价离子，由 +2 价升至 +4 价，提供高达 4.8V 的工作电压。$Mn^{4+}$ 八面体结构比 $Mn^{3+}$ 更稳定，使 $LiNi_{0.5}Mn_{1.5}O_4$ 正极材料具有更稳定的结构、更好的倍率性能和电子电导率。然而，$LiNi_{0.5}Mn_{1.5}O_4$ 正极材料在实际合成中，仍然有部分氧空位产生并伴随着 $Mn^{4+}$ 被还原为 $Mn^{3+}$，引起晶格扭曲，材料循环性能下降，同时，超高工作电压对目前的电解液体系提出了新的挑战。

### 3. 橄榄石结构正极材料

橄榄石结构正极材料（$LiMPO_4$）如 $LiFePO_4$、$LiNiPO_4$、$LiMnPO_4$，一般属于正交晶系和 Pnmb 空间群，$LiMPO_4$ 中 Li 为 +1 价，中心金属 M 为 +2 价，$PO_4$ 为–3 价。中心金属 M 与其周围的六个氧原子形成以 M 为中心的八面体 $MO_6$，而 $PO_4$ 中的 P 与其相邻的四个氧原子形成以 P 为中心的共边四面体 $PO_4$，$MO_6$ 八面体和 $PO_4$ 四面体共同交替构成了 Z 字形的链状结构的空间骨架，表现出很好的结构稳定性，完全脱锂时体积膨胀小。如图 1-7 所示，$LiFePO_4$ 材料在脱锂时，向 $FePO_4$ 转变。$LiFePO_4$ 材料凭借其良好的热稳定性和循环性能、稳定的充放电平台、较高的安全性以及经济环保等优点已成为目前商业化储能和动力电池领域最广泛的一种锂离子电池材料，其理论比容量为 170mA·h/g。但 LiFePO₄ 的缺点也十分明显，聚阴离子 $PO_4^{3-}$ 强的共价键键能，使其电子传导能力和锂离子扩散能力差，限制了其倍率性能。

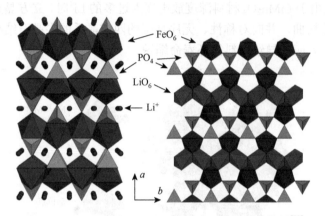

图 1-7　LiFePO₄（左）和 FePO₄（右）的晶体结构图[23]

综上所述，目前最常见的几种锂离子电池正极材料的结构、比容量、电压和成本等特性如表 1-1 所示。

**表 1-1　常见锂离子电池正极材料特性**

| 特性 | 钴酸锂 | 锰酸锂 | 磷酸铁锂 | 三元镍钴锰酸锂 | 富锂锰基材料 |
|---|---|---|---|---|---|
| 化学式 | LiCoO₂ | LiMn₂O₄ | LiFePO₄ | $LiNi_xCo_yMn_{1-x-y}O_2$ | $xLi_2MnO_3\cdot(1-x)LiMO_2$ |
| 晶体类型 | 层状结构 | 尖晶石结构 | 橄榄石结构 | 层状结构 | 层状结构 |
| 空间点群 | $R\bar{3}m$ | $Fd\bar{3}m$ | $Pnmb$ | $R\bar{3}m$ | $C2/c$、$C2/m$ |
| 理论比容量/（mA·h/g） | 274 | 148 | 170 | <285 | <300 |
| 实际比容量/（mA·h/g） | 150 | 120 | 160 | 210 | 400 |
| 电压范围/V | 3.0~4.5 | 3.0~4.3 | 3.2~3.7 | 2.5~4.6 | 2.5~4.4 |
| 成本 | 高 | 低 | 中 | 高 | 中 |
| 循环寿命 | 中 | 低 | 高 | 高 | 中 |
| 主要应用领域 | 电子 | 电子、动力 | 动力、储能 | 动力、储能 | 动力 |

## 1.3.2　负极材料

负极材料作为电池中锂离子嵌入、脱出的载体，是提升锂离子电池能量密度的重要部分。电池工作过程中，通过氧化还原反应，电极的电势发生变化，锂离子嵌入或脱出负极材料，达到充放电的目的。电池放电过程中，负极材料失去电子发生氧化反应，负极材料中的锂离子脱出母体材料进入电解液中；充电过程中，负极材料得到电子发生还原反应，电解液中的锂离子嵌入负极材料形成富锂化合物。理想的负极材料应具备以下特点：①嵌锂电位低；②工作电压高；③能量密度高；④比容量高以及不可逆容量低；⑤结构稳定，循环性能好；⑥电子和离子电导率高，高倍率性能；⑦制备工艺简单、原材料丰富及成本低廉；⑧无毒害，环境友好。

如图 1-8 所示，根据负极材料储锂机理的不同，负极材料可分为三种类型：①嵌入型材料，如碳基材料、钛基材料等；②转换型材料，常为过渡金属元素氧化物，如氧化钴、氧化铁、氧化镍等；③合金型材料，如 Si、Sn、SiO$_2$ 等能与锂金属形成合金的物质[24]。

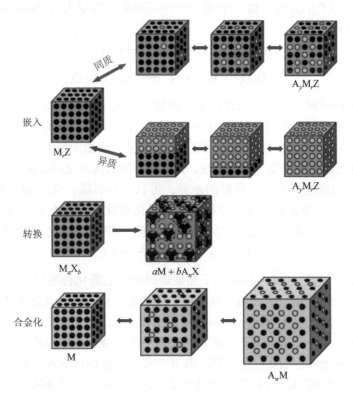

图 1-8　锂离子电池负极材料的不同反应机理图（A＝Li）

## 1. 嵌入型负极材料

嵌入型负极材料以碳及其各类衍生材料和钛基材料为主，主要包括石墨、软/

硬碳、石墨烯、二氧化钛（$TiO_2$）等。嵌入型负极材料自身具有层状晶体结构，充放电反应时，锂离子在层状结构负极材料晶格中嵌入或脱出，晶体结构基本保持不变，体积膨胀小，具有良好的循环稳定性及高安全性能等特点。但大多数嵌入型材料均存在比容量较低的问题。

钛基材料（$TiO_2$、$Li_4Ti_5O_{12}$ 等）因其稳定性好、无毒、资源丰富等优点作为一种典型的锂离子负极材料受到广泛关注。$TiO_2$ 主要包括锐钛矿、金红石、板钛矿和 $TiO_2$（B）四种类型，其中锐钛矿因其较大比表面积及理论比容量常被用于锂离子电池负极材料。$TiO_2$ 的理论比容量为 336mA·h/g，放电产物为 $LiTiO_2$。然而，当锂离子嵌入数量超过 0.5 后，$TiO_2$ 的正方晶型结构转变为斜方晶型结构，其实际比容量为 168mA·h/g（$Li_{0.5}TiO_2$）左右。$Li_4Ti_5O_{12}$ 材料为面心立方尖晶石结构，在锂化过程中，三个 $Ti^{4+}$ 被还原为 $Ti^{3+}$，形成 $Li_7Ti_5O_{12}$ 的岩盐结构，每个单元可存储三个锂离子，其理论比容量为 175mA·h/g。钛基材料的反应机理如下：

$$TiO_2 + xLi^+ + xe^- \underset{放电}{\overset{充电}{\rightleftharpoons}} Li_xTiO_2 \qquad (1-4)$$

$$Li_4Ti_5O_{12} + 3Li^+ + 3e^- \underset{放电}{\overset{充电}{\rightleftharpoons}} Li_7Ti_5O_{12} \qquad (1-5)$$

钛基负极材料零应变效应好，能形成稳定的 SEI 膜（在锂离子电池首次充放电过程中，电极材料与电解液在固液相界面上发生反应，形成覆盖于电极材料表面的界面层），拥有安全性高与充电速度快等优点，但由于嵌锂量有限，其比容量低，难以满足高能量密度电池的要求，其实际性能与商业化的碳材料还存在差距。

碳负极材料根据石墨化程度的差异，可以分为石墨、软/硬碳和新型碳材料（石墨烯等）。作为负极材料，碳材料的石墨化程度和首次充电负极表面形成钝化膜的致密程度是影响电化学性能的主要因素。碳基材料反应机理如下：

$$6C + xLi^+ + xe^- \underset{放电}{\overset{充电}{\rightleftharpoons}} Li_xC_6 \qquad (1-6)$$

软碳是在温度 1000~2400℃下热处理形成的石墨化程度较低的无定形炭产品，主要包括针状焦、石油焦、碳纤维、碳纳米管和中间相碳微球等。硬碳是在温度 2500℃以上难以石墨化的材料，主要由聚合物高温热解生成，常见的硬碳有树脂热解碳、高分子聚合物热解碳和生物质衍生碳等。硬碳和软碳都是非晶碳材料，晶体结构无序，石墨化程度低，其孔隙和缺陷处也可嵌入锂离子，因此硬碳和软碳的比容量可以超过石墨的理论容量。然而，其大量暴露的边缘易形成 SEI 膜，库仑效率降低，制约了软/硬碳的商业化应用。此外，孔隙空间的存在使得材料的压实密度减小，进而降低了电池容量。

石墨结晶程度高，为片层稳定结构，价格低廉，储量丰富，具有优异的电化学稳定性，是最主要的碳基负极材料，也是最主流的商业化锂离子负极材料，其电化学活性源自 $Li^+$ 在石墨层间的插入，每 6 个碳原子最多可以存储 1 个 Li 原子，理论比容量为 372mA·h/g。石墨作为负极材料时，因其超低的脱锂电位（约 0.2V，除了金属锂负极之外最低）、高的 Li$^+$ 扩散率、较高的导电性、小体积膨胀（约 11%）、可观的容量、中等能量密度和优异的循环性能等优点，逐渐替代了软碳和硬碳。然而，金属锂析出电位和碳材料嵌锂电位的接近，使得电池在较大电流密度下充放电过程中易形成枝晶，刺穿隔膜引发安全问题。

针对石墨负极材料的改性主要包括以下几种方式[25, 26]。

1）轻微氧化或卤化处理

石墨表面具有基底平面和边缘平面两种平面，边缘平面的碳原子为悬空键，较基底平面的碳原子更易与电解质溶液反应，导致电解液在第一循环中分解，库仑效率低。为解决这一问题，可以将石墨轻微氧化，氧化方法有气相法和液相法两种。石墨在氧化剂气体（如空气、臭氧、二氧化碳等）中进行轻微氧化，生成一层致密的氧化物层，可以降低边缘碳原子与电解液的反应性，提高首次库仑效率。石墨进行预锂化后，致密氧化层成为 SEI 膜的一部分，同时作为一种表面固化剂可避免石墨片的剥离，但气体氧化剂难以控制氧化程度。液相氧化法主要是将天然石墨加入 HNO$_3$、H$_2$O$_2$ 等强氧化剂溶液中搅拌，反应完成后洗涤、过滤、烘干得到产品。这些氧化剂不仅可以形成致密氧化层，增加纳米微孔通道，还可去除碳自由基和杂化的碳原子等，使石墨的性质更为稳定，电化学性能显著提高。

除了氧化处理，卤化处理也可进行石墨表面改性，提高其电化学性能。常用的卤化剂有 F$_2$、Cl$_2$、NF$_3$ 和 ClF$_3$ 等，F$_2$ 对石墨的氟化是亲电反应，产生固体氟化层；NF$_3$ 和 ClF$_3$ 的氟化是引起石墨表面刻蚀的自由基反应。天然石墨表面卤化处理后，会形成 C—F 键或 C—Cl 键，稳定性增强，电化学性能得到提高。

2）表面涂层改性

天然石墨作为负极材料时，电解液中碳酸亚丙酯（PC）分解，不能产生有效的 SEI 膜，导致电解质溶液穿过 SEI 膜嵌入石墨层，进而使石墨层剥落和石墨体积膨胀，电化学性能变差。表面涂层改性可提高石墨在 PC 基电解液中的性能，如金属镍涂覆在石墨表面时，可以有效阻挡石墨表面暴露在电解液中，避免了溶剂穿过，减少了气体逸出和石墨层的剥落，电化学性能得到改善。其他金属如锡、锌和铝等也可沉积在石墨表面，形成复合材料，避免边缘活性位点暴露在电解液中并增加可逆容量。复合材料的容量很大程度取决于金属包覆层的负载量，如锡可作为锂嵌入、脱出的额外载体，因此复合材料比改性前的石墨具有更大容量。

除此之外，石墨表面涂覆碳涂层也可提高其性能。目前在石墨表面构建碳涂层的方法包括热蒸汽分解法（TVD）、化学气相沉积法（CVD）和微波等离子体化学气相沉积法（MPCVD）等。石墨表面的碳涂层可以大大提高首次库仑效率、循环稳定性、比容量、低温和高倍率性能，主要有以下原因：①碳包覆后，层间距增大、多孔结构和无序结构的剥离使石墨比容量和锂离子扩散率大大提高，从而提高了快速充电和低温性能；②碳涂层改性的石墨表面电位分布均匀，促进锂进入石墨夹层，抑制锂沉积；③碳涂层可以明显减少石墨的表面积，促进形成更均匀的 SEI 膜，SEI 膜与碳涂层一起可以保护石墨负极免受电解质侵蚀，提高石墨负极材料与电解质的相容性。

3）扩大层间距

由于有限的锂离子扩散系数和较大的体积膨胀，石墨负极呈现较差的倍率性能，开发轻度适当的扩层石墨，可以提高其比容量和倍率性能，但过大的层间距会导致石墨性能下降。目前，扩大石墨层间距的方法主要有插层处理、等离子体刻蚀和膨化处理等。

4）缺陷构筑

缺陷构筑可增加石墨负极材料的储锂位点，从而增加其储锂容量。缺陷构筑的主要方法包括机械法、化学法和高能束辐射等。机械法处理石墨即利用磨机机械球磨，使石墨原有晶体结构遭到破坏，局部发生剥落和破碎，产生更多带缺陷的石墨碎片。化学法一般通过 KOH 等刻蚀石墨，并联合退火工艺，使石墨表面产生较多纳米孔隙，这些孔隙不仅可作为锂离子传输的通道，缩短了锂离子扩散距离，还增加了额外的储锂位点。高能束（激光束、离子束和电子束等）辐射可以精确制造石墨的孔道结构，为锂离子传输提供更多通道。

## 2. 合金型负极材料

合金型负极材料主要指ⅣA 族、ⅤA 族及轻金属中部分元素（M），如 Si、Ge、Sn、Pb 等。这类负极材料可与锂发生合金化反应，结合成锂合金化合物 $Li_xM$。反应机理如下：

$$M + xLi^+ + xe^- \underset{\text{放电}}{\overset{\text{充电}}{\rightleftharpoons}} Li_xM \qquad\qquad (1\text{-}7)$$

锂合金化反应相较于嵌入型负极材料可以接受更多的锂，该类型负极材料具有较高比容量和较好的安全性。然而，在实际应用中，合金型负极材料会产生较大的体积变化和机械应力，体积膨胀率可高达 200%～400%，这会造成电极材料原始结构的破坏和坍塌，甚至从集流体上脱落，从而导致比容量快速衰减，严重影响电极材料的倍率性能和循环性能。

Si 是最典型的合金型负极材料，产量丰富、成本低，具有超高理论比容量。在室温下与锂离子发生反应生成 $Li_{22}Si_4$，理论比容量为 3579mA·h/g，约为石墨的 10 倍；在 415℃高温下反应生成 $Li_{22}Si_5$，理论比容量为 4200mA·h/g。此外，Si 的嵌锂电位低（约为 0.4V），可为电池提供较高的工作电压，而且能够避免锂沉积，提高安全性。但是在锂化期间 Si 会产生很大的体积膨胀（约 400%），难以形成稳定的 SEI 膜，降低材料的循环稳定性及库仑效率。同时，作为一种半导体材料，Si 的电子电导率和锂离子扩散系数低，限制了材料的倍率性能。目前对 Si 负极材料的改进做了很多努力，包括纳米化、形貌控制等。

Ge 作为另一种合金型负极材料，在室温下理论比容量为 1384mA·h/g，低于 Si 的理论比容量。但 Ge 作为锂离子电池负极材料有以下几个优点：①Ge 带隙小（0.6eV），电导率高；②锂离子扩散快；③各向同性的锂化使负极破裂最小。然而，锗基材料稳定性不足，在锂化/脱锂过程中面临着巨大的体积膨胀（>230%）问题，颗粒易粉碎和裂化。

### 3. 转换型负极材料

转换型负极材料主要包括过渡金属氧化物、硫化物及磷化物等（$M_aX_b$，M 可为 Mn、Fe、Co、Ni、Cu、Zn 等，X 可为 O、S、Se、F、N、P 等）。许多转换型负极材料与合金型负极材料相比，成本相对较低。此外，与低锂嵌入电势的石墨负极材料相比，转换型负极材料的反应电位相对较高，可以避免锂枝晶的形成，电池安全性高。转换型负极材料在充放电过程中发生氧化还原反应，涉及化学键的断裂与再生，形成新的化合物。电化学反应中，嵌锂时，材料 $M_aX_b$ 与锂离子反应被还原成金属单质 M，同时形成锂盐；脱锂时，过渡金属又被氧化为化合物形态，锂离子回到正极呈初始状态，反应过程如下：

$$M_aX_b + (b \cdot n)\,Li^+ + (b \cdot n)\,e^- \underset{\text{放电}}{\overset{\text{充电}}{\rightleftharpoons}} aM + bLi_nX \qquad (1-8)$$

由式（1-8）可见，金属元素的化学价态对锂离子储存或脱嵌的数量有举足轻重的影响。转换型负极材料具有理论比容量高、能量密度高、储量丰富、环境友好且价格低廉等优点，但该类材料的商业化应用需克服一些问题：①金属元素价态的变化易引起副反应发生，导致部分锂离子的嵌入、脱出不可逆，电极材料储锂能力降低；②金属化合物在充放电过程中，因产生相变而造成较大的体积膨胀，导致电极材料结构塌陷，从而使锂离子电池寿命缩短、性能降低；③材料导电性能较差，倍率性能不佳。

## 1.3.3 隔膜

隔膜是锂离子电池的重要组成部分，主要具备两个功能，一方面分隔电池的正负极，避免电池工作时两极直接接触而发生短路；另一方面，隔膜能够吸附并传导液体电解质，为锂离子的互通自由提供通道。

根据隔膜的作用，选用为电池隔膜的材料应具备以下性能：

（1）良好的化学稳定性。隔膜材料应具有良好的化学稳定性，自身不与电池中其他物质发生反应，且能够耐受电极活性物质的氧化还原作用，耐受电解质的腐蚀。

（2）良好的热稳定性和机械强度。电池在充放电过程中会因发生化学反应而放热，引起电池内部温度升高，因此隔膜材料必须具有良好的热稳定性和机械强度，避免因放热引起的热收缩破坏电池内部结构。

（3）合适的孔隙及厚度。孔隙率、孔径和厚度的大小不仅与电解质离子运动相关，还与隔膜的结构强度相关。高孔隙率、大孔径虽有利于离子传输，但其结构强度低；厚度越小，锂离子电池的体积越小，即电池的能量密度越大，但其结构强度和安全性能降低。

（4）良好的浸润性和离子迁移速率。隔膜材料的浸润性越高，其吸收电解液的效率越高，能够提高离子迁移速率。

（5）优异的抗枝晶生长性能。电池在充放电过程中形成的枝晶会极大地影响电池的安全性能，因此隔膜材料需要具备优异的抗枝晶生长特性。

作为电池中不可缺少的部分，隔膜自身不参与电化学反应，但其结构和材料性质对电池的安全性和电池性能密切相关。目前，锂离子电池隔膜主要分为三类：聚合物微孔膜、无纺布隔膜、聚合物电解质隔膜。

### 1. 聚合物微孔膜

聚合物微孔膜主要包括聚烯烃类隔膜和其他聚合物隔膜，利用聚合物乳液成膜过程中溶剂蒸发形成的多孔结构吸附有机电解液。目前研究比较成熟的商业化锂离子电池中主要采用聚烯烃类隔膜[27]，包括聚乙烯（PE）、聚丙烯（PP）隔膜以及复合膜（PP/PE/PP）等。聚烯烃隔膜具有孔径大小可控、化学及电化学性质稳定、机械强度适中、高温自关闭、易于加工和成本低廉等优点。

聚烯烃隔膜一般通过干法（熔融拉伸法）和湿法（相分离法）制备。干法制膜是将聚烯烃树脂高温熔化、螺杆挤压形成前驱体，再吹制成结晶性高分子薄膜，结晶化热处理、退火后，得到高度趋向的多层结构。干法制备的隔膜具有明显的缝孔和直孔结构。湿法制膜是将高沸点小分子作为致孔剂添加到聚烯烃中，加热熔融成均匀体系，后降温发生相分离，拉伸后用有机溶剂萃取出小分子，再压制得到相互贯通的微孔膜材料。湿法制备的隔膜具有相互连接的球形或椭圆形孔隙。两种工艺制备的聚烯烃隔膜典型表面形貌如图1-9所示[28]。

聚烯烃隔膜应用广泛，但其材料对电解液的润湿性差，难以调控电极表面的离子浓度，且热稳定性差，抗穿刺性能差，使得聚烯烃隔膜热稳定性和浸润性的改性成为研究热点。一般改性方法包括：①添加无机纳米粒子；②聚合物表面涂覆改性；③表面接枝改性隔膜。

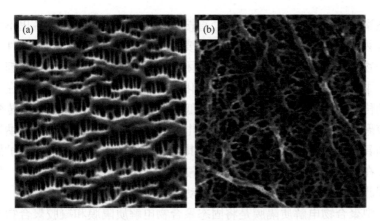

图 1-9　（a）干法和（b）湿法制备聚烯烃隔膜的表面形貌

### 2. 无纺布隔膜

无纺布隔膜是将大量的纺织纤维通过物理、化学或者机械的方法定向排列黏结在一起的纤维状膜，其结构为三维纤维网状结构。相较于聚烯烃隔膜，无纺布隔膜的孔隙率更高，因此无纺布隔膜在电池性能方面具有更好的优势。一方面，三维的网状结构可以避免锂离子脱嵌形成锂枝晶造成电池内部短路，安全性能得到保障；另一方面，孔隙率的提高使得隔膜与电解液以及电极的相容性提高，浸润性更佳。因此，采用无纺布隔膜装配出的锂离子电池，其离子电导率更高。

无纺布隔膜一般通过溶液挤出法和静电纺丝技术制备。溶液挤出法是将通过喷丝嘴的高分子溶剂在高速热气流的作用下拉长，使其变细，进而收集得到无纺布隔膜。溶液挤出法制备的隔膜孔径较大且不均匀，在装配电池过程中，容易出现电池内部短路、持液率较低以及电池自放电等问题。静电纺丝技术是将喷头处的溶液在电场力作用下布满电荷，当电场力足够大时，溶液表面的张力被克服，溶液形成喷射流，沿着电场力的方向加速向收集装置喷射，溶剂挥发后得到固化聚合物。静电纺丝技术制备的隔膜孔隙分布十分均匀，纤维直径小，孔隙度高，是目前应用最广泛的制备无纺布隔膜的方法。

### 3. 聚合物电解质隔膜

聚合物电解质隔膜是隔膜和液态电解质的有机结合，该类型隔膜在锂离子电池中既作为隔膜，又替代液态电解质，具有双重作用[29]。一方面该类型隔膜孔径相对较小，锂枝晶较难形成；另一方面该类型隔膜避免了液态电解质漏液、易燃等安全性问题。因此，聚合物电解质隔膜发展空间广阔。目前，聚合物电解质隔膜主要包括固态聚合物电解质（SPE）隔膜、凝胶聚合物电解质（GPE）隔膜以及复合型聚合物电解质（CPE）隔膜等类型。

固态聚合物电解质隔膜是将锂盐直接溶解在聚合物中从而制备出不含有机溶剂的化合物隔膜。研究较多的聚合物主要为分子本身包含杂原子或极性基团的高分子化合物，通过锂离子与杂原子或基团上的孤电子对进行配位实现锂盐在高分子聚合物中的溶解。然而，部分高分子化合物的结晶特性会阻碍离子在聚合物电解质中的传递，因此制备过程中必须降低聚合物的结晶度以及玻璃化转变温度。

凝胶聚合物电解质隔膜是基于固态电解质的基础，添加增塑剂和纳米无机材料得到的具有较高离子电导率的隔膜，其兼具固体的内聚性和液体的扩散传导性能。但其在制备的过程中需将聚合物膜浸润在液态电解质中发生溶胀，然后再凝胶化，因此该隔膜不是固体也不具有流动性，机械性能较差。

复合型聚合物电解质隔膜是将固态聚合物电解质隔膜和凝胶聚合物电解质隔膜有机结合，得到高离子电导率、优异机械性能的新型隔膜。复合型聚合物电解质隔膜可通过共混共聚、增塑以及与无机纳米粒子复合的方式制备。无机填料（如 $SiO_2$、$Al_2O_3$、$MgO$、$ZrO_2$、$TiO_2$、$Li_3N$、$\gamma\text{-LiAlO}_2$ 等）的引入降低了聚合物的结晶度，有利于锂离子在隔膜中的传输，提升了锂离子电池的电化学性能。

### 1.3.4　电解液

锂离子电池电解液是锂离子电池中离子传输的载体，在电池充放电过程中起到传输离子的作用，对电池性能具有十分重要的影响。电解液分为液态电解液和固态电解液，液态电解液是目前主流的商业电解液。

液态电解液主要由有机溶剂、电解质锂盐及添加剂组成，其电解液的稳定性不仅与溶剂和锂盐的种类相关，也受两者之间的相互作用影响[30]。理想的液态电解液需要具备以下条件：①离子电导率高；②锂离子迁移数较高，锂离子迁移率较低；③成膜能力优异；④热稳定性良好；⑤成分安全等。

#### 1. 有机溶剂

作为电解液的重要组成部分，溶剂需具备较高的锂盐溶解度、高稳定性、高介电常数、低黏度及宽电化学窗口等特点，常用的有机溶剂主要包括有机碳酸酯类、醚类、有机砜类和腈类等。

碳酸酯类被广泛应用于商用锂离子电池中，是最常见的电解液溶剂。根据分子结构不同，常见的碳酸酯类可分为线型和环状两类，线型碳酸酯包括碳酸二甲酯（DMC）和碳酸二乙酯（DEC）等，环状碳酸酯包括碳酸乙烯酯（EC）和碳酸丙烯酯（PC）等。线型碳酸酯具有较小的黏度，但介电常数较小，溶解锂盐的能力较弱。环状碳酸酯介电常数大（40～90），溶解锂盐能力强，且沸点和闪点较高，但其黏度大，单独使用时锂离子电导率较低。因此，线型碳酸酯常与环状碳酸酯混合使用，以确保溶剂体系具有低黏度和高介电常数的特性。

醚类是一种常见的有机试剂，在 20 世纪 80 年代被广泛研究。常见的醚类试剂包括四氢呋喃（THF）、2-甲基四氢呋喃（2-Me-THF）、二乙醚等。醚类试剂作为电解液溶剂时，具有较低的黏度和较高的电子电导率，在短期循环过程中，电池能保持较高的充放电效率，但长期循环过程中，锂枝晶的产生使电化学性能变差，且醚类试剂在循环过程中易被氧化分解。

砜类溶剂具有较高的分解电位、强抗氧化能力和高介电常数等优点，被用于高压电解液中，如环丁砜、甲基砜和四甲基砜等。砜类溶剂作为锂离子电池电解液溶剂时，因具有较高的黏度而难以润湿隔膜和电极材料，且无法在石墨负极产生稳定的 SEI 膜，因此研究者将砜类与其他有机试剂混合使用，提高其电化学性能。

腈类有机试剂作为电解液溶剂具有低黏度、高电子电导率和介电常数等优点，但单独腈类试剂无法在石墨负极生成 SEI 膜，需添加成膜添加剂，且其电化学窗口较窄，限制了其应用。二腈类的有机溶剂热稳定性和耐氧化性较好，短链二腈类比长链更稳定，可用于高压正极材料。

### 2. 锂盐

锂盐作为电解液的溶质，需具备以下特点：①在电解液中完全溶解；②迁移率和电导率高；③稳定性优异且不与电池的隔膜、集流体等发生反应；④抗氧化能力较好。无机阴离子锂盐主要有四氟硼酸锂（$LiBF_4$）、六氟砷酸锂（$LiAsF_6$）、高氯酸锂（$LiClO_4$）和六氟磷酸锂（$LiPF_6$）等，有机阴离子锂盐主要包括硼基类锂盐、磺酸锂盐、烷基锂盐和亚胺锂盐等[31]。

$LiPF_6$ 具有较宽的电化学稳定窗口，在非质子性溶剂中具有高溶解度和电导率，是目前应用最广泛、商用最成功的电解质锂盐。但 $LiPF_6$ 在高温下易分解为 LiF 和 $PF_5$，对水也较敏感，电解液中少量的水也可能导致其分解。$LiClO_4$ 具有高电导率和良好的热稳定性，但具有强氧化性，$LiClO_4$ 在高温条件下易与溶剂发生强烈反应。由 $LiAsF_6$ 和乙醚溶剂组成的电解质具有高电导率，但 $LiAsF_6$ 含有毒害元素砷，环境风险大。

### 3. 添加剂

商业电解液中一般包含多种添加剂，添加剂根据功能主要分为成膜添加剂、安全保护剂和锂沉积改良剂等[32]。通过添加不同种类的添加剂，可促进稳定 SEI 膜的形成，减少不可逆容量和气体产生，提高溶质锂盐的热稳定性，防止过充并起到一定的阻燃效果。

其中成膜添加剂的研究最为广泛，如碳酸亚乙烯酯（VC）、乙烯基碳酸亚乙酯、乙酸乙烯酯、亚硫酸亚乙酯等。成膜添加剂的加入可促进形成一层稳定的 SEI

膜，有效抑制负极石墨层的剥离，提高石墨负极的寿命。安全性能是电池最核心的问题，安全保护剂有阻燃添加剂和防过充添加剂等。阻燃添加剂在一定程度上可起到阻燃效果，如磷酸酯类、亚磷酸酯类和磷腈类等。防过充添加剂可保护电池免受过充，如茂金属、二氢吩嗪衍生物和苯甲醚类等。锂沉积改良剂可用于提高金属锂循环效率，有利于开发高功率锂离子电池，如多硫化物、2-甲基四氢呋喃、2-甲基噻吩等[33]。

# 参 考 文 献

[1] Hermann S，Andreia G. Electricity and vital force：Discussing the nature of science through a historical narrative [J]. Science & Education，2014，24（4）：409-434.

[2] Junda H，Yuhui Z，Yu F，et al. Research progress on key materials and technologies for secondary batteries[J]. Acta Physico-Chimica Sinica，2022：2208008.

[3] Scrosati B. History of lithium batteries[J]. Journal of Solid State Electrochemistry，2011，15（7-8）：1623-1630.

[4] Florian S，Doron A. A brief review：Past，present and future of lithium ion batteries[J]. Russian Journal of Electrochemistry，2016，52（12）：1095-1121.

[5] Ohzuku T，Brodd R J. An overview of positive-electrode materials for advanced lithium-ion batteries[J]. Journal of Power Sources，2007，174：449-456.

[6] Arfwedson J A. Untersuchung einiger bei der eisen-grube von utö vorkommenden fossilien und von einem darin gefundenen neuen feuerfesten alkali[J]. Journal of Chemical Physics，1818，22：93-117.

[7] Berzelius J J. Ein neues mineralisches alkali und ein neues metall[J]. Journal of Chemical Physics，1817，21：44-48.

[8] Brande W T. A Manual of Chemistry[M]. 2nd ed. London：John Murray，1821.

[9] Lewis G N. The potential of the lithium electrode[J]. Journal of the American Chemical Society，1913，35（4）：340-344.

[10] Harris W S. Electrochemical studies in cyclic esters[D]. Berkeley：Univ . California，Berkeley，1958.

[11] Whittingham M S，Gamble F R. The lithium intercalates of the transition metal dichalcogenides[J]. Materials Research Bulletin，1975，10（5）：363-371.

[12] Armand M B. Intercalation Electrodes. In：Murphy D W，Broadhead J，Steele B C H. Materials for Advanced Batteries[C]. NATO Conference Series，vol 2. Boston：Springer，1980.

[13] Mizushima K，Jones P C，Wiseman P J，et al. $Li_xCoO_2$（$0<x<1$）：A new cathode material for batteries of high energy density[J]. Materials Research Bulletin，1980，15（6）：783-789.

[14] Yazami R，Touzain P. A reversible graphite-lithium negative electrode for electrochemical generators[J]. Journal of Power Sources，1983，9（3）：365-371.

[15] Thackeray M M，David W I，Bruce P G，et al. Lithium insertion into manganese spinels [J]. Materials Research Bulletin，1983，18（4）：461-472.

[16] Padhi A K，Nanjundaswamy K S，Goodenough J B. Phospho-olivines as positive-electrode materials for rechargeable lithium batteries[J]. Journal of the Electrochemical Society，1997，144：1188.

[17] Ohzuku T，Makimura Y. Layered lithium insertion material of $LiCo_{1/3}Ni_{1/3}Mn_{1/3}O_2$ for lithium-ion batteries [J]. Chemistry Letters，2001，1（7）：642-643.

[18] Macneil D D, Lu Z, Dahn J R. Structure and electrochemistry of Li[Ni$_x$Co$_{1-2x}$Mn$_x$]O$_2$ (0≤$x$≤1/2) [J]. Electrochemical and Solid-State Letters, 2002, 149 (10):A1332-A1336.

[19] 吴宇平. 锂离子电池：应用与实践[M]. 2 版 . 北京：化学工业出版社, 2012.

[20] Tarascon J M, Armand M. Issues and challenges facing rechargeable lithium batteries [J]. Nature, 2001, 414 (6861): 359-367.

[21] Zhang T, Li D, Tao Z, et al. Understanding electrode materials of rechargeable lithium batteries via DFT calculations[J]. Progress in Natural Science Materials International, 2013, 23 (3): 256-272.

[22] Sun R, Jakes P, Eurich S, et al. Secondary-phase formation in spinel-type LiMn$_2$O$_4$-cathode materials for lithium-ion batteries: Quantifying trace amounts of Li$_2$MnO$_3$ by electron paramagnetic resonance spectroscopy[J]. Applied Magnetic Resonance, 2018, 49: 415-427.

[23] 李渊, 李绍敏, 陈亮, 等. 锂电池正极材料磷酸铁锂的研究现状与展望[J]. 电源技术, 2010, 9(34): 963-966.

[24] Liu Z, Yu Q, Zhao Y, et al. Silicon oxides: A promising family of anode materials for lithium-ion batteries[J]. Chemical Society Reviews, 2019, 48 (1): 285-309.

[25] Fu L J, Liu H, Li C, et al. Surface modifications of electrode materials for lithium ion batteries [J]. Solid State Sciences, 2006, 8 (2): 113-128.

[26] 卢健. 强流脉冲电子束辐照改性石墨显微结构及其储锂性能研究[D], 大连：大连理工大学, 2022.

[27] Choi J, Kim P J. A roadmap of battery separator development: Past and future[J]. Current Opinion in Electrochemistry, 2022, 31: 100858.

[28] Zhang H, Zhou M Y, Lin C E, et al. Progress in polymeric separators for lithium ion batteries[J]. RSC Advances, 2015, 5 (109): 89848-89860.

[29] Luiso Salvatore, Peter F. Lithium-ion battery separators: Recent developments and state of art[J]. Current Opinion in Electrochemistry, 2020, 20: 99-107.

[30] 唐子威, 侯旭, 裴波, 等. 锂离子电池电解液研究进展[J]. 船电技术, 2017, 37 (6).

[31] Tsunekawa H, Narumi A, Sano M, et al. Solvation and ion association studies of LiBF$_4$-propylenecarbonate and LiBF$_4$-propylenecarbonate-trimethyl phosphate solutions[J]. Journal of Physical Chemistry B, 2003, 107 (39): 10962-10966.

[32] 秦凯, 郑钧元, 杨良君. 锂离子电池电解液功能添加剂研究进展[J]. 冶金与材料, 2020, 40 (4): 7-8.

[33] Zhang S S. A review on electrolyte additives for lithium-ion batteries[J]. Journal of Power Sources, 2006, 162: 1379-1394.

# 第 2 章  失效锂离子电池概述

## 2.1  锂离子电池失效

### 2.1.1  锂离子电池的失效现象

虽然锂离子电池能够实现多次循环充放电，但是由于环境变化和自身材料稳定性，在其整个生命周期内仍然存在多种必然或偶然的失效现象，最终导致电池报废。对失效现象总结有助于进一步探索电池的内在失效机理，从而对电池整体性能进行优化。

根据直观与否，锂离子电池的失效现象可以分为显性失效和隐性失效。显性失效是直接可以观察或感知到的失效现象，主要包括发热、起火、燃烧、爆炸、胀气、漏液、外部腐蚀、机械破损、变形等；隐性失效是指不能直观发现的、需要通过拆解或测试后判定的失效现象，主要包括容量衰减、内阻增加、电压/电流异常、自放电、高低温性能异常、析锂、内短路、活性材料溶解、黏结剂失活、集流体腐蚀、隔膜刺穿、隔膜老化、电解液分解等。

然而，作为电化学储能装置，人们更关注的是锂离子电池在使用过程中的性能表现和安全性。若以此分类，锂离子电池的失效现象可以分为性能失效和安全性失效。其中，性能失效是指电池的电化学性能不再能满足用电器正常使用要求的现象，主要包括容量衰减、内阻增加、自放电、极化增强、电压衰减、倍率性能恶化、一致性变差等；而安全性失效是指电池在意外或不当使用条件下，其内部储存的电能或化学能异常释放的现象，主要包括热失控、内短路、产气、析锂、漏液、机械破坏等。

1. 性能失效

1）容量衰减

容量衰减是电池最典型的性能失效现象之一。许多因素都可以导致锂离子电池容量衰减。例如，循环过程中，电极材料与电解液之间的界面副反应会消耗活性 $Li^+$，使电池可逆容量降低；电极材料结构塌陷或溶解导致活性 $Li^+$ 嵌入位点减少也会引发容量衰减；电池内部材料老化引发的阻抗增加会降低电池在大电流下的可逆容量。当电池的可逆容量衰减到一定程度时就不再能满足用电器的正常使用要求，从而使电池面临退役。此外，不同领域对锂离子电池的容量衰减率（保持率）要求不同。对于动力锂离子电池，当可逆容量衰减到初始容量的 80% 以下时，该电池便不适合继续作为动力电池而使用[1]。

2）内阻增加

锂离子电池工作时电流通过内部组件会受到一定的阻力，即电池内阻。电池内阻会因不同的电极材料、接触界面、荷电状态（SOC）、工作环境、循环次数等表现出较大差异。例如，正极材料经多次循环后，结构塌陷的区域会对 $Li^+$ 电化学迁移产生强烈的阻碍作用，使界面阻抗增加；负极材料多次循环后，显著的体积效应会导致 SEI 膜破裂，在新生的界面处诱发 SEI 膜持续生长，致使电池内阻增加；此外，正极材料在电解液中游离 HF 的腐蚀下会发生溶解现象，溶解的金属会通过电解液向负极沉积，引起负极界面阻抗增大，从而导致电池内阻增加。当内阻增大到一定程度后会严重阻碍 $Li^+$ 的电化学迁移，造成电池内部产热，甚至引发热失控。

3）一致性变差

动力锂离子电池通常是指由多个单体电池经串/并联组成的电池组。其中，单体电池在同步使用过程中会表现出一定的性能差异，如容量、电压、SOC、内阻等差异。而动力电池整体性能受限于内部性能较差的单体电池。例如，电池管理系统（BMS）在管控电池充放电时，通常将电压最高的单体电池电压作为充电截止电压，而将电压最低的单体电池电压作为放电截止电压，从而避免电池组内单体电池的过充、过放行为。但是相比于容量较高的单体电池，容量较低的电池在循环过程中总是经历满充、满放状态，从而加剧其内部材料失效进程，使电池组内单体性能差异逐渐放大，最终因性能较差的单体电池失效而导致整个动力电池性能失效。因此，动力锂离子电池内单体电池的一致性是影响整个动力电池性能的重要因素。

2. 安全性失效

1）热失控

热失控是指电池内部产热速率明显高于散热速率，产生的热量不能及时耗散而使电池内部温度升高，在诱发一系列副反应后释放更多热量的异常现象。触发热失控的原因有很多。例如，电池受到撞击或穿刺时，正、负极之间相互接触（内短路）促使电池内储存的电能快速释放，产生大量的热而触发热失控[2]。在热失控诱导下，电池内的电解液会发生剧烈的分解反应，产生 $H_2$、HF、$PF_5$、$POF_3$、CO、$CO_2$、$CH_4$、$C_2H_4$ 等毒性或可燃性气体，进一步引发燃烧甚至爆炸[3,4]；电池循环过程中内阻会随着材料结构转变及界面性质恶化而增大，产生的热量使电池内部温度升高，当温度达到电池内部组件（如隔膜、电解液）的热失效温度时便有可能触发热失控。此外，动力电池内单体电池的热失控很可能通过传热向周围蔓延导致整个动力电池热失控。热失控一旦发生，可能引发严重的起火甚至爆炸事故[5]。

　　2）内短路

　　内短路是电池内部正、负极被直接连通并发生电子转移的现象。引起内短路的内在因素有：①枝晶或其他电极异物刺穿隔膜导致正、负极接触[6]；②隔膜老化、收缩导致电子绝缘性变差；③电池封装过程中极片、极耳错位使正、负极连通。此外，外部异常环境（如机械穿刺、挤压变形、热环境等）也能导致隔膜机械性失效，进而诱发内短路[7]。内短路一旦形成，将使电池内储存的电能快速释放，产生的欧姆热会进一步激发电池内的放热副反应，进而导致热失控，甚至引发起火、爆炸等安全事故[8]。

## 2.1.2　锂离子电池的失效机理

　　失效现象是电池整体失效的外在表现，而锂离子电池失效的根本原因在于其内部材料/组分的不利转变[9]。图 2-1 描述了锂离子电池内部可能发生的失效行为。其中，正极材料中 $Li^+$ 反复脱嵌会使材料产生不同程度的 $Li^+$ 缺失、结构无序化、界面副反应、颗粒破裂和金属溶解等现象，导致电池内阻增加、容量衰减，甚至引发产气、热失控等安全问题。而黏结剂失活和集流体溶解会造成活性材料脱落或与集流体的接触点位减少，从而引起电池容量显著下降；负极材料脱嵌 $Li^+$ 过程中晶体收缩/膨胀产生的体积效应会导致负极颗粒和 SEI 膜破裂，在新暴露的界面

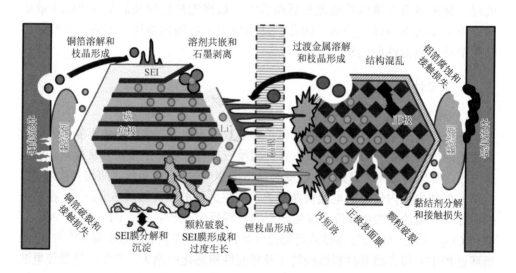

图 2-1　锂离子电池内部的失效机理[10]

处诱发副反应而消耗大量活性 $Li^+$，引发电池容量显著降低。而在过充等条件下，向负极迁移的 $Li^+$ 因无法正常嵌入负极而在负极表面沉积生长形成锂枝晶，进而刺穿隔膜造成内短路。此外，电解液中溶解的金属也容易在负极表面沉积，形成相应的枝晶，不仅阻碍 $Li^+$ 脱嵌，而且容易刺穿隔膜造成局部微短路，使电池性能显著衰退。本节从锂离子电池的正极材料、负极材料、电解液、隔膜等关键材料入手，简单介绍锂离子电池各材料的失效机理。

### 1. 正极材料失效机理

目前，商用的锂离子电池正极材料主要包括钴酸锂（$LiCoO_2$）、三元材料（$LiNi_xCo_yMn_zO_2$）、锰酸锂（$LiMn_2O_4$）和磷酸铁锂（$LiFePO_4$）等。其中 $LiCoO_2$ 和 $LiNi_xCo_yMn_zO_2$ 是典型的层状结构（$R\overline{3}m$），而 $LiMn_2O_4$ 和 $LiFePO_4$ 分别是尖晶石（$Fd\overline{3}m$）和橄榄石（$Pnmb$）结构。由于结构和化学性质差异，它们的 $Li^+$ 迁移通道和失效机理不尽相同。

#### 1）层状正极材料失效

对于早期的 $LiCoO_2$ 材料，由于结构中 $Co^{3+}/Co^{4+}$ 氧化还原过程对晶格 $O^{2-}$ 稳定性的影响，为避免容量快速衰减，仅将充电截止电压限制在 4.2V 左右，相应的 $Li_xCoO_2$ 材料中 $Li^+$ 脱嵌率约为 $x = 0.5$，可逆比容量为 140mA·h/g 左右[11]。然而，随着 3C 电子产品对能量密度需求提升，研究人员相继开发了高电压的 $LiCoO_2$ 材料。当充电截止电压提升至 4.5V 时，$LiCoO_2$ 材料的可逆比容量能够上升到 185mA·h/g 左右，相应的能量密度可达 733.5W·h/kg（表 2-1）[12]。然而，随着截止电压升高，$LiCoO_2$ 材料的结构稳定性趋于恶化，导致其失效行为显著。由图 2-2 可见，当脱锂量在 7%～25%范围内（$x = 0.93～0.75$），$Li_xCoO_2$ 材料的微分容量曲线出现了由电子离域引起的第一个相变峰（O3-O3），此时材料依然保持六方层状结构[13]；当脱锂量达到 $x = 0.5$ 附近时，$Li_xCoO_2$ 材料接连经历六方相向单斜相转变（O3-M）和单斜相再转变为六方相（M-O3）。虽然此时的相变依然是高度可逆的，但是单斜相的出现会引发潜在的结构塌陷，对材料结构稳

表 2-1　$LiCoO_2$ 材料不同充电截止电压下的可逆比容量和能量密度[12]

| 截止电压/V（$vs.$ $Li/Li^+$） | 可逆比容量/(mA·h/g) | 平均电压（V） | 质量能量密度/(W·h/kg) | 体积能量密度/(W·h/L) |
|---|---|---|---|---|
| 4.2V | 140 | 3.91 | 547.3 | 2299 |
| 4.3V | 155 | 3.92 | 607.6 | 2552 |
| 4.4V | 170 | 3.94 | 669.6 | 2812 |
| 4.5V | 185 | 3.97 | 733.5 | 3081 |
| 4.6V | 220 | 4.03 | 885.9 | 3721 |

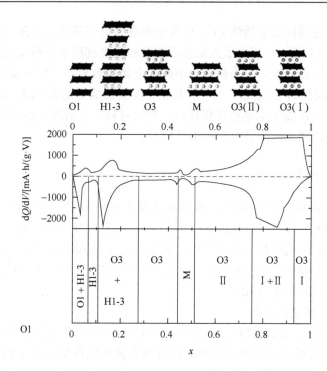

图 2-2　不同脱锂态下 $Li_xCoO_2$ 结构演变及对应的微分容量曲线（M 指单斜的）[16]

定性造成一定负面影响[14]；当 $Li^+$ 脱嵌量超过 55%（$x \leqslant 0.45$）后，$Li_xCoO_2$ 材料又会先后经历 O3 到 H1-3 及 H1-3 到 O1 相变（H1-3 可视为 O3 和 O1 的混合相），导致材料晶格发生剧烈的收缩/膨胀和结构不可逆转变，多次循环后颗粒破裂，引发副反应加剧、容量显著下降。此外，$LiCoO_2$ 材料失效还与表面电解液分解、正极电解质界面（CEI）膜形成及 Co 溶解密切相关[15]。

作为 $LiCoO_2$ 材料的替代者，$LiNi_xCo_yMn_zO_2$ 材料集合了 Ni、Co、Mn 三种过渡金属的优势，使 $LiNi_xCo_yMn_zO_2$ 材料的综合性能优于单一过渡金属组分的层状材料。其中，随着 Ni 含量提升，材料的可逆容量升高，相应的能量密度增加。但是，Ni 含量提升也使材料的结构和化学稳定性恶化，导致容量快速衰减、副反应加剧、颗粒破裂现象严重。相比于普通 $LiNi_xCo_yMn_zO_2$ 材料（$x<0.6$），镍含量高于 60%的高镍 $LiNi_xCo_yMn_zO_2$ 材料（$x \geqslant 0.6$，简称高镍材料）的失效现象更加突出，导致其在动力电池市场应用受限。因此，对高镍材料的失效机理总结能够很好地反映整个三元材料体系的失效特征。现有研究表明，高镍材料的失效原因主要归因于结构中离子混排与不可逆相变、表面残碱与界面副反应、应力诱导微裂纹、过渡金属溶解等（图 2-3）[17]。

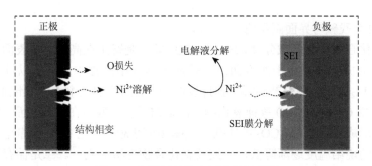

图 2-3　高镍材料的主要失效机理[17]

A. 离子混排与不可逆相变

离子混排是指材料中低价的过渡金属离子向锂层迁移并占据 Li$^+$位的现象。高镍材料中低价过渡金属离子主要以 Ni$^{2+}$存在，并且 Ni$^{2+}$半径（0.69Å）与锂层中 Li$^+$半径（0.76Å）接近，导致二者发生位置互换的概率显著增加[18]，因此高镍材料的离子混排通常是指 Li/Ni 混排，由图 2-4 可见[18-20]。高镍材料的 Li/Ni 混排可以发生于材料合成、储存及电化学过程在内的整个生命周期。合成过程中 Li/Ni 混排主要是由于材料烧结过程中 Ni$^{2+}$难以完全被氧化为 Ni$^{3+}$，导致部分 Li$^+$位被 Ni$^{2+}$占据[21, 22]；储存过程中材料表面不稳定的 Ni$^{3+}$容易自发向 Ni$^{2+}$还原，引起 Li/Ni 混排加剧甚至 NiO 等惰性岩盐相产生[23]。此外，高镍材料在深度脱 Li$^+$态下会产生大量 Li$^+$空位，与此同时相邻的氧原子层之间产生的斥力能够驱动 Ni$^{2+}$向锂层迁移，从而加剧 Li/Ni 混排行为。严重的 Li/Ni 混排会阻碍 Li$^+$在材料内的电化学扩散，因而造成材料可逆容量损失、阻抗增加。经多次循环后，随着 Li/Ni 混排加剧，材料的结构逐步由层状（$R\bar{3}m$）向尖晶石（$Fd\bar{3}m$）和岩盐相（$Fm\bar{3}m$）转变，并伴随晶格 O$^{2-}$损失和 O 空位形成，引起电化学性能进一步恶化[24]。目前，通过 X 射线衍射和中子衍射技术可以定量分析高镍材料的 Li/Ni 混排程度[25]。与此同时，利用高分辨透射电子显微镜、扫描透射电子显微镜等表征手段可以直观观察到高镍材料晶体中的 Li/Ni 混排及不可逆相变行为。

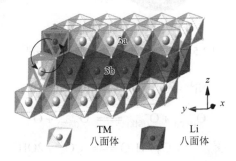

图 2-4　高镍材料离子混排示意图（TM：过渡金属）[19]

### B. 表面残碱与界面副反应

残碱化合物（主要成分 LiOH、$Li_2CO_3$ 等）是寄生在高镍材料表面常见的杂质相。其形成主要来源于两方面：一是前驱体烧结过程中通常配以过量的锂源（LiOH 或 $Li_2CO_3$），在弥补高温下锂挥发的同时能够降低材料 Li/Ni 混排。但是未反应的锂源（主要为 $Li_2O$ 等锂氧化物）在烧结后容易残留在材料表面，接触空气时进一步形成 LiOH、$Li_2CO_3$ 等残碱，由图 2-5 可见[26]。随着 Ni 含量增加，高镍材料所需的烧结温度逐渐降低，导致残碱化合物更易形成[27]。二是储存过程中，高镍材料表面不稳定的 $Ni^{3+}$ 会自发向 $Ni^{2+}$ 转变。为补偿电荷，邻近结构中晶格 $O^{2-}$ 会被氧化而脱离晶格形成表面活性 $O^{2-}$，反应如式（2-1）、式（2-2）所示[28]。当表面逸出的 $Li^+$、活性 $O^{2-}$ 与空气中的 $H_2O$、$CO_2$ 接触时便会形成 LiOH、$Li_2CO_3$ 残碱，反应如式（2-3）、式（2-4）所示[28]。残碱化合物是一类导电性较差的物质，其存在严重阻碍了 $Li^+$ 在材料/电解液界面的电化学传输，增加电池内阻。同时，由于残碱具有较高的 pH 值，在电极制浆过程中容易使黏结剂 PVDF 发生脱氢脱氟反应而分解，造成浆料凝胶化，反应如式（2-5）所示，从而严重影响电极制备过程。此外，残碱化合物在高电压下（>4.3V *vs.* $Li^+/Li$）会氧化分解释放 $CO_2$、$O_2$ 气体，引起电池胀气，反应如式（2-6）所示[29]。深度脱 $Li^+$ 态下，高镍材料表面不稳定的 $Ni^{4+}$ 也会自发还原为 $Ni^{2+}$，同时诱发与电解液的界面副反应形成 CEI 膜并释放 $O_2$[30]。CEI 膜的导电性相对较差，因而造成界面阻抗增加，而释放的 $O_2$ 进一步促使电解液分解导致产气产热，严重时甚至引发爆炸。

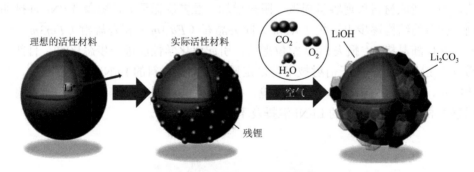

图 2-5　高镍材料表面残碱形成示意图[26]

$$Ni^{3+} + O^{2-}_{(晶格)} \Longleftrightarrow Ni^{2+} + O^-_{(活性)} \tag{2-1}$$

$$O^-_{(活性)} + O^-_{(活性)} \Longleftrightarrow O^{2-}_{(活性)} + O \tag{2-2}$$

$$O^{2-}_{(活性)} + CO_2 / H_2O \Longleftrightarrow CO_3^{2-} / 2OH^- \tag{2-3}$$

$$2Li^+ + CO_3^{2-} / 2OH^- \Longleftrightarrow Li_2CO_3 / 2LiOH \tag{2-4}$$

$$(CH_2 \text{—} CF_2)_n + LiOH \longrightarrow (CH = CF)_n + LiF + H_2O \qquad (2\text{-}5)$$

$$Li_2CO_3 - 2e^- == 2Li^+ + 0.5O_2 \uparrow + CO_2 \uparrow \qquad (2\text{-}6)$$

C. 应力诱导微裂纹

对于多晶高镍材料，其内部应力诱导的微裂纹是导致其失效的另一个主要原因。在充放电过程中，高镍材料会历经不同的相变过程，并且随着 Ni 含量增加，材料的相变更为复杂。当 Ni 含量达 80%以上时，高镍材料通常会先后经历 H1-M、M-H2 及 H2-H3 等相变。在经历 H2-H3 相变时，高镍材料因 Li$^+$大量脱出，晶格参数 $c$ 会产生急剧改变，导致整个晶粒产生显著的异向体积变化[31]。而多晶高镍材料内部紧密排列的晶粒在异向体积变化的作用下会产生应力积累，进而相互挤压演变为晶间微裂纹，由图 2-6 可见[32]。研究表明，高镍材料的微裂纹现象会随着材料 Ni 含量、温度和充电截止电压增加而愈发剧烈，原因在于 Ni 含量增加能够使高镍材料 H2-H3 相变点向低电位偏移，而温度和充电截止电压升高能够增加材料中 Li$^+$脱嵌程度，从而使晶格异向转变更加突出。晶间微裂纹产生会使电解液沿晶界向材料内部渗透，在新暴露的界面处诱发强烈的副反应，加速晶粒表面惰性结构转变，最终导致材料阻抗增加、容量快速衰减。

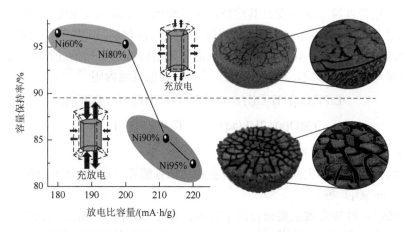

图 2-6　随 Ni 含量增加的高镍材料循环性能和微裂纹演变[32]

除了晶间微裂纹，高镍材料的单个晶粒内也会产生微裂纹，即晶内微裂纹[33]。它是由晶粒内晶格缺陷或错位运动产生的局部微应力引起的，并在后续循环过程中逐渐发展形成微裂纹[34]，见图 2-7。晶内微裂纹的产生通常伴随材料局部晶格 O$^{2-}$损失、Li/Ni 混排加剧和不可逆相变产生，使材料容量衰减、Li$^+$扩散性能恶化[35]。

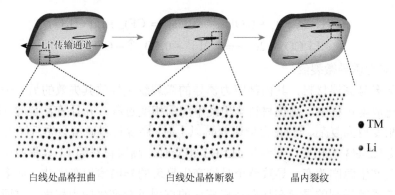

图 2-7　高镍材料晶格缺陷引起的晶内微裂纹形成示意图[33]

**D. 过渡金属溶解**

过渡金属（TM）溶解主要由电解液中产生的 HF 等酸性物质引起。在电池生产过程中，注入的电解液通常夹杂痕量的水分，这些水分能够与 $LiPF_6$ 溶质产生副反应生成 HF 等酸性物质，反应如式（2-7）所示[36]。游离的 HF 与正极材料表面接触会破坏表层晶格结构，造成过渡金属溶解。相比于高价过渡金属，材料中低价过渡金属更容易与酸性物质作用形成可溶性金属盐，导致其溶解现象更为严重，反应如式（2-8）所示。因此，循环过程中材料晶格 $O^{2-}$ 损失和 Li/Ni 混排加剧引起的低价过渡金属转变是其溶解的深层原因，在高温及深度脱锂态下溶解现象更加显著[29]。一方面，过渡金属溶解会造成活性材料 $Li^+$ 脱嵌位点损失，引起容量衰减；另一方面，溶解的过渡金属能够经电解液向负极侧迁移并沉积在负极表面或参与 SEI 膜形成，从而阻碍 $Li^+$ 迁移，增加电池内阻[36, 37]。

$$LiPF_6(aq)+H_2O(l) \rightleftharpoons LiF(s) + 2HF(aq) + POF_3(g) \qquad (2\text{-}7)$$

$$TMO(s)+2HF(aq) \rightleftharpoons TMF_2(aq) + H_2O(l) \qquad (2\text{-}8)$$

**2）尖晶石正极材料失效**

目前，商业化的尖晶石正极材料主要包括锰酸锂（$LiMn_2O_4$）、镍锰二元材料（$LiNi_{0.5}Mn_{1.5}O_4$）等。

$LiMn_2O_4$ 材料失效主要来自两个方面。首先，材料中 Mn 元素溶解，同样是由电解液中游离 HF 造成[38, 39]。HF 与 $LiMn_2O_4$ 材料接触时会促使表面晶格中的 $Mn^{3+}$ 发生歧化溶解反应，如式（2-9）所示。Mn 溶解现象会随着电池温度升高和循环次数增加而加剧，其中溶解的 $Mn^{2+}$ 会经电解液向负极侧迁移，而 $Mn^{4+}$ 则以 λ-$MnO_2$ 的形式残留在正极材料中[39]。早期认为迁移到负极的 $Mn^{2+}$ 能被还原为金属单质沉积到负极表面，而后续研究证明迁移到负极的 $Mn^{2+}$ 与 SEI 膜作用以 Mn(Ⅱ)化合物形式沉积在负极表面[40]。Mn 的溶解不仅会造成活性材料损失，同时沉积在负极表面的 Mn(Ⅱ)化合物会引起 SEI 膜组分改变，造成电池可逆容量下降、内阻增加。其次，Jahn-Teller 效应诱发的结构不可逆转变是 $LiMn_2O_4$ 材料失效的另一个重要原因。$LiMn_2O_4$ 材料深度放电时，材料表面的 Mn 会向 + 3 价转变，从而使表面区域富集更多的 $Mn^{3+}$，积累到一定程度就会诱发 Jahn-Teller 效应使表面晶体结构从立方尖晶石相向四方相转变[41]。该过程不仅会引起较大的晶体体积变化，还会造成结构塌陷，从而引发容量显著衰减。

$$2Mn^{3+}(s) \Longrightarrow Mn^{2+}(aq) + Mn^{4+}(s) \qquad (2\text{-}9)$$

不同于 $LiMn_2O_4$ 材料，$LiNi_{0.5}Mn_{1.5}O_4$ 材料拥有更高的放电平台（4.7V $vs.$ $Li/Li^+$），理论上其电化学反应完全依靠 Ni 元素的价态转化（$Ni^{2+} \rightarrow Ni^{3+}$、$Ni^{3+} \rightarrow Ni^{4+}$），而 Mn 元素在材料中保持 + 4 价[42]。但实际合成的材料会存在少量的氧缺失，导致非化学计量比的 $LiNi_{0.5}Mn_{1.5}O_{4-\sigma}$ 化合物形成，使材料中部分 Mn 以 $Mn^{3+}$ 存在。虽然 $LiNi_{0.5}Mn_{1.5}O_{4-\sigma}$ 中少量 $Mn^{3+}$ 的存在能在一定程度上促进 $Li^+$ 迁移并提升其循环性能，但 $Mn^{3+}$ 引发的歧化反应会造成 Mn 元素溶解，进而向负极表面迁移、沉积，引发容量衰减和内阻增加。此外，$LiNi_{0.5}Mn_{1.5}O_4$ 材料较高的工作电压会使有机电解液的稳定性下降，引起副反应加剧，同时加速隔膜等组件的老化过程。

3）橄榄石正极材料失效

目前，商业化的橄榄石正极材料主要为磷酸铁锂（$LiFePO_4$）。相比于其他正极材料，$LiFePO_4$ 材料中 $PO_4^{3-}$ 聚阴离子提供的 P—O 共价键使其具有优越的结构和热稳定性，因而表现出良好的循环和安全性能。同时，价格低廉的铁和磷元素也使其具有显著的成本优势。但是 $LiFePO_4$ 材料在实际使用中也面临一些挑战。例如，一维的 $Li^+$ 传输通道导致其 $Li^+$ 扩散性较差，容易造成材料内活性 $Li^+$ 损失[43]。与此同时，快速充电或过充电时 $Li^+$ 扩散速率缓慢，容易在负极表面形成锂枝晶，不仅造成容量损失，还会诱发内短路、热失控等安全问题。此外，$LiFePO_4$ 材料在充放电时，其结构在 $LiFePO_4$ 和 $FePO_4$ 之间反复转化，虽然二者具有相同的晶体结构，但是它们在 $a$、$b$、$c$ 方向上的晶胞参数各不相同（$LiFePO_4$：$a = 10.33$Å、$b = 6.01$Å、$c = 4.69$Å；$FePO_4$：$a = 9.81$Å、$b = 5.79$Å、$c = 4.78$Å）[44]，因而在 $Li^+$ 脱嵌过程中会产生一定的晶格失配及微应力积累，经过长循环发展后逐渐形成特定的晶面滑移和微裂纹（图 2-8），造成副反应加剧、可逆容量损失[45]。

2. 负极材料失效机理

常用的锂离子电池负极材料有石墨和硅负极。以它们为例，对负极材料的失效机理进行详细说明。

1）石墨负极失效

石墨负极引起的失效主要包括 SEI 膜破裂、锂枝晶生长、石墨破裂与脱落、铜箔腐蚀等。

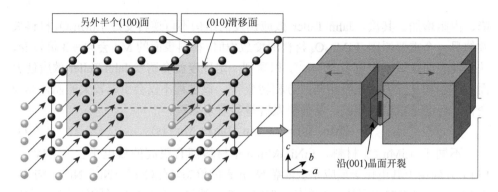

图 2-8　LiFePO$_4$反复循环过程中晶面滑移和裂纹产生示意图[45]

**A. SEI 膜破裂**

在石墨负极的锂电池体系中,石墨首次嵌 Li$^+$会造成电池损失部分可逆容量。这部分容量损失是由电解液在石墨表面分解并形成 SEI 膜造成的[46]。SEI 膜允许 Li$^+$通过,但是隔绝电子迁移,同时能够使石墨表面钝化,有效阻止电解液在石墨表面持续分解[47-49]。因此,石墨表面稳定的 SEI 膜能够显著提升电池的使用寿命和性能[50, 51]。然而,随着电池循环次数增加,石墨颗粒在持续的 Li$^+$脱嵌过程中不断经历体积变化,导致其表面的 SEI 膜稳定性变差甚至破裂脱落,从而暴露出新的石墨表面,由图 2-9 可见。此时,电解液又会在新暴露的石墨表面进一步分解,在消耗活性 Li$^+$的同时形成新的 SEI 膜,从而使电池容量不断衰减,同时引起界面阻抗增加,最终导致电池失效。与此同时,SEI 膜内部的有机成分(如碳酸乙烯锂等)会在循环过程中发生分解,向无机物(如 LiF、Li$_2$CO$_3$ 等)转变,使 SEI 膜脆性增强,更容易发生破裂脱落。此外,SEI 膜中有机物的分解还会伴随气态物质(C$_2$H$_4$、CO$_2$ 等)生成,使 SEI 膜疏松多孔、对负极的保护作用下降[52]。

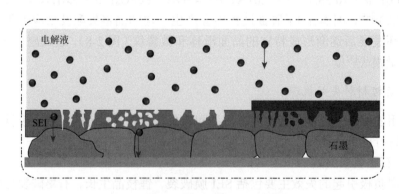

图 2-9　SEI 膜破裂与持续生长示意图[52]

B. 锂枝晶生长

锂枝晶是迁移到负极的 $Li^+$ 无法正常嵌入负极晶格而在其表面沉积生长形成的枝晶状异物。锂枝晶形成通常发生在 SEI 膜形成之后。理想的 SEI 膜是良好的 $Li^+$ 导体，能够阻止电解液与负极接触持续消耗活性 $Li^+$。但是在实际过程中，通过 SEI 膜的 $Li^+$ 仍可能因无法正常嵌入石墨晶格而向其表面某些位点发生聚集性沉积。沉积的锂会在其可延展方向上随机生长并突破 SEI 膜，最终形成锂枝晶。锂枝晶持续生长不仅消耗电池可逆容量，而且能够刺穿隔膜，使正、负极连通形成内短路，进而引发热失控等安全问题[52]。此外，锂枝晶的形成与电池的异常使用密切相关，如电池正负极容量不匹配、大电流充电、过充电、低温充电时都能够加速锂枝晶的形成和生长[53-56]。当锂枝晶生长到一定程度时便会从负极表面脱落，形成"死锂"堆积在负极侧，严重阻碍活性 $Li^+$ 传输并造成容量衰减[57]。

C. 石墨破裂与脱落

石墨负极失效的另一个重要原因是在反复循环过程中体积效应导致的颗粒破裂甚至脱落。石墨具有堆叠的碳层结构（碳原子 $sp^2$ 杂化），层间距约为 0.335nm，碳层之间依靠较弱的范德华力相连[58]。循环过程中，$Li^+$ 脱嵌及溶剂化 $Li^+$ 的嵌入会造成石墨层间距变化，从而导致石墨颗粒发生体积变化甚至出现碳层结构剥离[59, 60]。研究表明，石墨负极随着循环次数增加，其体积膨胀不断加剧[61]。膨胀的石墨颗粒不仅会引起 SEI 膜破裂与持续生长，造成活性 $Li^+$ 消耗和阻抗增加，同时颗粒之间的应力还会导致其自身剥离、破裂甚至脱落，进而暴露出新的石墨表面诱发 SEI 膜过度生长。此外，循环过程中少量有机溶剂也能通过 SEI 膜嵌入石墨层间，并在层间诱发氧化还原反应释放气体，从而进一步造成石墨机械性损伤甚至剥离[62]。

D. 铜箔腐蚀

铜箔是负极材料的载体，为负极材料和外电路提供电子交换场所。然而，随着充放电次数增加，铜箔可能会遭受不同程度的腐蚀。其原因在于当锂电池放电低于截止电压时（过放电），铜箔便可能在电位差的作用下被氧化为 $Cu^{2+}$ 进入电解液。有研究认为进入电解液中的 $Cu^{2+}$ 会在电位差作用下继续向正极侧迁移，最终造成正、负极连通，形成内短路，见图 2-10[63, 64]。也有研究认为析出的 $Cu^{2+}$ 会沉积在负极表面甚至形成枝晶，导致界面阻抗增加，严重时引发内短路[65, 66]。此外，铜箔腐蚀会造成其与负极材料接触点位缺失，引发接触不良，甚至使负极材料从集流体脱落，造成电池容量快速衰减。

2）硅负极失效

硅负极是一种极具发展前景的锂电池负极材料，其最大比容量可高达约 4000mA·h/g[67]，在能量密度方面拥有显著优势。与此同时，硅资源丰富、价格低

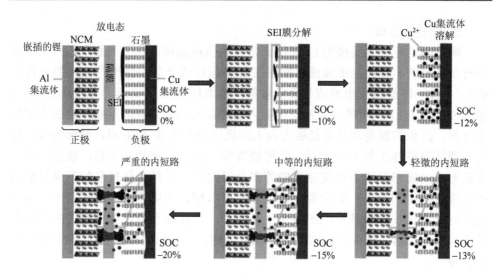

图 2-10　过放电过程中铜箔腐蚀示意图[64]

廉、环境友好，为硅负极的产业化应用创造了有利条件。然而，硅负极在充放电过程中会出现严重的体积收缩/膨胀（体积变化率可达 300%）[68, 69]，导致硅负极颗粒破裂甚至粉化（图 2-11），从而从电极表面脱落，并在新生界面处诱发强烈的副反应，造成容量快速衰减[71]。此外，由于硅负极显著的体积变化，其表面的 SEI 膜机械和化学稳定性变差，在颗粒反复膨胀过程中促使 SEI 膜破裂，暴露出更多的活性表面，从而诱发与电解液的副反应，消耗活性 $Li^+$ 重建新的 SEI 膜，引起容量快速衰减、内阻增加、电池性能失效[72, 73]。

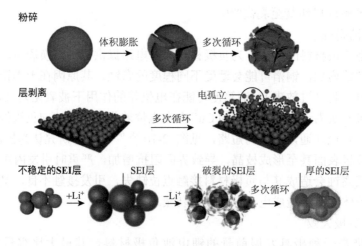

图 2-11　硅负极的失效机理图解[70]

3. 电解液失效机理

作为电池的血液，电解液与电池电化学性能和安全性密切相关。商业化锂离子电池的电解液由锂盐（LiPF$_6$ 等）和非水有机溶剂［EC（碳酸乙烯酯）、DMC（碳酸二甲酯）、DEC（碳酸二乙酯）、EMC（碳酸甲乙酯）、PC（碳酸丙烯酯）等］及特定的添加剂组成。在实际应用中，锂盐和有机溶剂常表现出较强的反应活性和不稳定性。例如，在大电流、高温等产热状态下，LiPF$_6$ 能够分解产生 PF$_5$ 气体和 LiF 盐。PF$_5$ 与电解液中痕量的 H$_2$O 反应生成含磷气体和 HF 酸性物质，反应如式（2-10）～式（2-12）所示[17]。LiF 能够参与 SEI 膜生长导致其厚度增加，从而加剧电池内阻。游离的 HF 会腐蚀电极材料和集流体，不仅造成金属溶解，沉积在电极表面形成枝晶，而且导致活性材料与集流体接触不良甚至脱落，引发电池性能衰退，甚至导致内短路和热失控等安全问题[74]。与此同时，受产热影响，有机溶剂也会发生分解反应生成相应的溶剂化锂和 C$_2$H$_4$、CO、CO$_2$ 等气体，可能的反应如式（2-13）～式（2-16）所示[75]。溶剂化锂能够参与 SEI 膜生长，造成电池可逆容量损失、内阻增加。产生的气体不仅引发电池胀气，C$_2$H$_4$、CO 等可燃气体还增加了电池起火和热失控的风险[76]。

$$LiPF_6(aq) = LiF(s) + PF_5(g) \qquad (2\text{-}10)$$

$$PF_5(g) + H_2O(l) = 2HF(aq) + POF_3(g) \qquad (2\text{-}11)$$

$$POF_3(g) + H_2O(l) = PO_2F(g) + 2HF(aq) \qquad (2\text{-}12)$$

$$2(CH_2O)_2CO(l) + 2e^- + 2Li^+(aq) \longrightarrow LiOCH_2CH_2OCO_2Li(aq) + C_2H_4(g) + CO_2(g)$$
$$EC \qquad (2\text{-}13)$$

$$(CH_2O)_2CO(l) + 2e^- + 2Li^+(aq) \longrightarrow Li_2CO_3(s) + C_2H_4(g)$$
$$EC \qquad (2\text{-}14)$$

$$CH_3OCO_2CH_3(l) + 2e^- + 2Li^+(aq) \longrightarrow 2CH_3OLi(aq) + CO(g)$$
$$DMC \qquad (2\text{-}15)$$

$$CH_3OCO_2C_2H_5(l) + 2e^- + 2Li^+(aq) \longrightarrow CH_3OLi(aq) + CH_3CH_2OCOLi(aq)$$
$$EMC \qquad (2\text{-}16)$$

$$CH_3OCO_2CH_3(l) + 3O_2(g) \longrightarrow 3H_2O(l) + 3CO_2(g)$$
$$DMC \qquad (2\text{-}17)$$

电解液除了自身分解外还会与电极材料产生副反应，在电极表面形成相应的钝化膜。例如，深度脱 Li$^+$ 态下，高镍材料表面不稳定的 Ni$^{4+}$ 能够诱导电解液氧化分解，并在正极表面形成纳米尺度的 CEI 膜。CEI 膜的成分通常由内层的 LiF、$NiF_2$、$Li_2O$、$Li_2CO_3$ 等物质和外层的 $ROCO_2Li$、$Li_xPO_yF$ 等物质组成，导电性相对较差，因而造成电池内阻增加[77]。与此同时，在多次循环、深度脱 $Li^+$ 及高温状态下，正极材料结构转变引起的晶格 $O^{2-}$ 释放也会诱发电解液氧化分解，生成 $CO_2$ 和 $H_2O$，反应如式（2-17）所示[78]。$CO_2$ 引起电池胀气，而 $H_2O$ 的存在又会进一步诱发 $LiPF_6$ 和有机溶剂水解，产生交互促进的链式副反应，导致电池性能急剧下降，严重时引发安全问题[79]。此外，在负极一侧，由于石墨的嵌 $Li^+$ 电位在 0～0.25V（$vs.$ $Li^+$/Li）之间，而电解液的还原电位接近 1.0V（$vs.$ $Li^+$/Li），因此在电池首次充电过程中电解液（包括锂盐、有机溶剂、添加剂等）会在负极表面分解形成 SEI 膜，造成电池部分可逆容量损失[80, 81]。随着循环次数增加，负极体积变化引起的 SEI 膜破裂会使电解液与负极表面重新接触诱发新的副反应，持续消耗活性 $Li^+$，进而造成电池循环性能恶化[82]。此外，由于副反应多为放热反应，产生的热量驱使电池温度进一步升高，进而诱发更严重的电解液分解和界面副反应，最终导致电池性能失效，甚至诱发安全事故[83]。

### 4. 隔膜失效机理

隔膜的作用是将电池正极、负极进行物理隔离，但允许二者之间传递 $Li^+$。在锂离子电池结构（正极-隔膜-负极）中，隔膜是唯一隔绝正极、负极之间电子转移的材料，因此隔膜的材质和性能显著影响电池性能和安全性[84]。造成隔膜失效的原因主要包括电池内枝晶生长或其他异物刺穿隔膜、电池产热引起的隔膜收缩及电池受外力导致的隔膜机械破裂、变形等[85-87]。隔膜失效将直接导致电池内短路，进而引发电池热失控、起火等安全事故[86]。

## 2.2  失效锂离子电池回收概述

### 2.2.1  失效锂离子电池的价值

由于电化学性能优异，锂离子电池被广泛应用于消费类电子产品、电网储能和新能源汽车（动力电池）等领域。面对当前石油短缺和燃油车带来的环境问题，我国正在大力倡导新能源电动汽车的使用，从而进一步加大了对锂离子电池的研发和使用。锂离子电池大量使用的同时也带来了生产原料供应紧张，集中体现在锂、钴、镍等金属资源供应不足[88, 89]。此外，锂离子电池失效后最终进入报废阶段，成为失效锂离子电池[90]。失效锂离子电池通常是电化学性能失活，但是其内部蕴含的组分正是锂离子电池生产所需原料。其中电极材料和集流体内富含大量的锂、镍、钴、锰、铜、铁、铝等金属及石墨资源。不同类型失效锂离子电池内的有价金属含量见图 2-12，其中锂含量可达 1%～4%、镍和钴的总含量可达 10%～20%，普遍高于这些金属在原生矿石中的含量，具有显著的利用价值[91]。例如，某失效三元锂离子电池中钴、镍的金属含量分别达 8.45%、14.84%，而硫化矿中钴和镍的含量分别仅为 0.05%～1.0% 和 1.5%～3%；提炼 1t 锂通常需要开采约 250t 含锂矿物或 750t 卤水，而实现相同目标仅需要回收约 28t 的失效锂离子电池[92]。与此同时，失效锂离子电池内还含有 12%～21% 的石墨负极和 16% 左右的有机电解液，同样具有较高的利用价值[52, 93]。因此，失效锂离子电池可以看作是一座资源丰富的"城市矿山"。

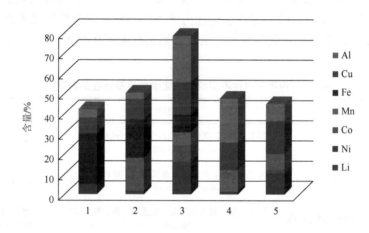

图 2-12　不同类型废电池中有价金属含量[91]

1. $LiFePO_4$；2. $LiCoO_2$；3. $LiNi_xCo_yMn_{1-x-y}O_2$；4. $LiMn_2O_4$；5. 混合型失效锂电池

## 2.2.2　失效锂离子电池的危害

失效锂离子电池内通常包含毒性物质（如电解液）和重金属元素（如钴），如果处置不当便会释放到周围环境中，对周围生物和生态系统构成危害[94]。例如，电解液中的 $LiPF_6$ 热稳定性较差，释放到环境中会分解产生氟、磷等气态污染物，遇水则生成氢氟酸，反应如式（2-10）～式（2-12）所示；电解液的有机溶剂释放到环境中会发生复杂的化学反应生成醇等多种小分子物质等，造成水体污染和温室气体排放，反应如式（2-18）、式（2-19）所示[95]；黏结剂 PVDF 分解会产生氢氟酸、含氟有机物等毒害气体；隔膜在环境中分解会产生刺激性气体。

$$(C_2H_5O)_2CO(l) + H_2O(l) \longrightarrow 2C_2H_5OH(l) + CO_2(g) \qquad （2\text{-}18）$$

$$(CH_3O)_2CO(l) + H_2O(l) \longrightarrow 2CH_3OH(l) + CO_2(g) \qquad （2\text{-}19）$$

此外，人体如果长期接触镍会引起皮肤发炎，出现皮肤疱疹、糜烂甚至引发皮肤癌。镍如果进入消化系统或血液，轻则使人出现恶心、腹泻，重则出现肝、肾功能异常甚至引发心血管疾病。钴扩散到环境中容易造成水体和土壤污染。研究表明，水、土壤中钴浓度达到 5mg/L 时就会显示毒性，达到 10mg/L 时则会引起水生生物及土壤农作物大量死亡。钴也容易被人体富集，引发人体呼吸道及心血管疾病。铝及锰氧化物粉尘吸入人体会对肺部造成危害，长期接触锰还会引起骨骼、神经及泌尿系统病变。此外，负极碳粉释放到环境中容易造成粉尘污染，刺激人的眼睛和皮肤黏膜。锂离子电池内部不同物质的化学特性及潜在的环境危害见表 2-2[96]。鉴于此，失效锂离子电池必须实行无害化处置。

表 2-2　锂离子电池不同组分的化学性质及潜在的危害[96]

| 组分 | 物质 | 化学特性 | 环境潜在危害 |
|---|---|---|---|
| 正极 | $LiCoO_2$ | 与水、酸、强氧化剂反应，加热会分解为锂和钴氧化物 | 重金属钴污染 |
| | $LiMn_2O_4$ | 与有机溶剂、还原剂或强氧化剂（如 $H_2O_2$、$HClO_4$ 等）产生毒性物质 | 金属锰污染，使环境 pH 升高 |
| | $LiNi_xCo_yMn_{1-x-y}O_2$ | 与水、酸、强氧化剂反应生成锂、镍、钴、锰元素 | 镍、钴、锰金属污染，使环境 pH 升高 |
| 负极 | 石墨 | 燃烧产生 CO、$CO_2$ 等，碳粉遇明火会发生爆炸 | 粉尘污染、火灾风险 |
| 电解液盐 | $LiPF_6$ | 强腐蚀，遇水分解产生氢氟酸，燃烧产生 $P_2O_5$ | 氟污染、改变环境 pH |
| 有机溶剂 | 碳酸乙烯酯（EC） | 与酸、碱、氧化剂、还原剂反应，水解产生醛和酸，燃烧产生 $H_2O$ 和 $CO_2$ | 醛、有机酸污染 |
| | 碳酸丙烯酯（PC） | 与水、空气、氧化剂反应，受热分解会产生醛、酮等有害气体，燃烧产生 $H_2O$ 和 $CO_2$ | 醛、酮有机物污染 |
| | 碳酸二甲酯 | 与水、强酸、强碱、氧化剂、还原剂反应，水解产生甲醇，燃烧产生 $H_2O$ 和 $CO_2$ | 甲醇等有机物污染 |
| | 碳酸二乙酯 | 与水、强酸、强碱、氧化剂、还原剂反应，燃烧产生 $H_2O$ 和 $CO_2$ | 乙醇等有机物污染 |
| 黏结剂 | PVDF | 燃烧产生 $CO_2$、醛等 | 有机物污染、氟污染 |
| 隔膜 | PP、PE | 与氟、强酸、强碱反应 | 有机物污染 |

## 2.2.3　失效锂离子电池回收的意义

矿产资源是一种非可再生资源，需要经过漫长的地质成矿作用才能形成，储量有限，并会随着人类开采而不断减少，其主要包括能源矿产、金属矿产、非金属矿产及水气矿产等几大类。在众多矿产资源中，用于制造锂离子电池的锂、镍、钴、锰等金属属于金属矿产，而石墨属于非金属矿产。下面对锂离子电池生产所需的锂、镍、钴、锰、石墨等关键矿产资源现状进行概述。

### 1. 锂

锂是一种银白色的轻金属，质软，密度仅为 $0.534g/cm^3$。锂不仅是制造锂离子电池的重要原料，还是国防尖端科技及现代工业不可或缺的关键元素，被誉为"工业味精""推动世界前进的能源金属"[97]。全球的锂资源丰富，主要分布在以玻利维亚、阿根廷和智利为中心的南美"锂三角"地区[98]。而我国的锂资源储量位居全球第四，主要分布在江西、四川、西藏、青海等省份[98]。目前全球已发现的含锂矿物多达上百余种，由表 2-3 可知，典型的含锂矿物有锂辉石、透锂长石、锂云母、磷锂铝石等[99]。这些含锂矿物中锂的理论含量普遍在 2%～5.5%，但实际矿物中锂含量普遍在 0.5%～2%[99]。若以存在形态分类，锂矿可以分为固态和液态两种形态，固态锂矿主要包含硬岩型（伟晶岩型、花岗岩型和隐爆角砾岩型等）和黏土型，液态锂矿主要包括盐湖型和地下卤水型。从固态锂矿中提锂的方法主要有石灰烧结法、硫酸盐法、硫酸法、氯化焙烧法等[100]，而从液态锂矿中提锂主要采用沉淀法、吸附法、萃取法、膜分离法、电渗析法等[101]。早期的锂资源主要围绕固态锂矿进行开采，例如将锂辉石精矿采用硫酸焙烧后浸出，再经过除杂、沉淀得到碳酸锂产品[101]。随着盐湖提锂技术不断成熟，盐湖及卤水中的锂资源得到广泛开发并逐步成为锂资源的主要来源。

表 2-3　主要的含锂矿物及锂含量

| 矿物 | 化学式 | 锂含量/% |
| --- | --- | --- |
| 锂辉石 | $LiAl(Si_2O_6)$ | 3.7 |
| 透锂长石 | $LiAl(Si_4O_{10})$ | 2.3 |
| 锂云母 | $K(Li, Al)_3(Si, Al)_4O_{10}(OH, F)_2$ | 3.6 |
| 磷锂铝石 | $(Li, Na)Al(PO_4)(F, OH)$ | 4.7 |
| 锂霞石 | $LiAlSiO_4$ | 5.5 |
| 贾达尔石 | $LiNaSiB_3O_7(OH)$ | 3.4 |

锂矿开采的主要产品包括锂金属及碳酸锂、氢氧化锂、氯化锂等锂化合物，其中碳酸锂是锂矿开采最直接的锂产品[97]。而锂资源的消费领域主要涉及电池、陶瓷、玻璃、润滑脂等。随着电子工业、电网储能及电动汽车的蓬勃发展，锂离子电池的需求量大幅攀升，驱动了锂资源的消费逐步向电池领域转变。而在电池领域中，动力锂离子电池的锂消耗量通常高于其他锂离子电池，例如一个100kW·h 的动力锂离子电池需要消耗大约 15kg 锂，而一部智能手机的锂离子电池仅需消耗约 2g 锂[102]。可见，动力锂离子电池的大规模使用将显著加剧锂资源的消耗。随着我国新能源产业的快速发展，我国成为了世界第一的锂资源消费大国，有限的锂资源导致我国锂的对外依存度超过半数[103]。而随着我国新疆、湖南等地锂资源的开发以及青海、西藏等地盐湖锂产量提升，未来我国锂资源的自给率有望提升[103]。

## 2. 镍

镍是一种银白色带金属光泽的铁磁性金属，具有良好的延展性和机械强度，耐高温、耐腐蚀，是生产特种钢材、合金、电镀材料、电池材料的关键原料，广泛应用于国防科技、航空航天及日常生活等领域[104]。全球的镍资源储量丰富，但分布不均，主要集中在澳大利亚、印度尼西亚（印尼）、巴西等国家[105]。全球的陆地镍矿分为红土镍矿和硫化镍矿。其中，红土镍矿约占陆地镍资源的 60%，主要分布在赤道附近的热带及亚热带国家，如古巴、印尼、菲律宾、澳大利亚、新喀里多尼亚、巴西等国家[105]；硫化镍矿约占陆地镍资源的 40%，主要分布在俄罗斯、加拿大、澳大利亚、中国、南非等国家[106]。不仅如此，红土镍矿和硫化镍矿开发的技术路线也存在差异，由图 2-13 可见，硫化镍矿作为镍冶炼的传统原料，主要采用火法冶炼制备高冰镍，高冰镍可用于生产精炼镍和硫酸镍，进而用于合金和电镀行业；红土镍矿主要用于火法冶炼生产镍铁，进而用于制造不锈钢。受电池和电镀行业对镍需求的影响，不少他国企业选择与印尼合作采用湿法工艺对红土镍矿进行冶炼，获得镍中间品，进而生产硫酸镍用于电池和电镀行业[107]；在镍的应用中，不锈钢是当前镍资源的主要应用领域。此外，镍也是镍氢电池、镍镉电池、三元锂电池的重要原料，是新能源动力锂离子电池提升能量密度和续航里程的关键元素，因此随着新能源行业的蓬勃发展，未来镍的应用将会向电池领域扩展[108]。镍的应用最终会产生大量废镍和废不锈钢等含镍废料，可用于进一步回收再制造[109]。

当前，全球的镍资源供应主要来源于印尼，而镍资源消费主要集中在中国、日本、韩国等国家，中国已成为世界第一的镍消费大国[110]。全球镍市场虽然总体呈现供大于求的状态，但是镍市场受到印尼政府对镍供应政策的影响加深。镍资源的消费国和供应国呈现严重分离的态势使镍消费大国（如中国）面临着高度镍供应不足的风险。

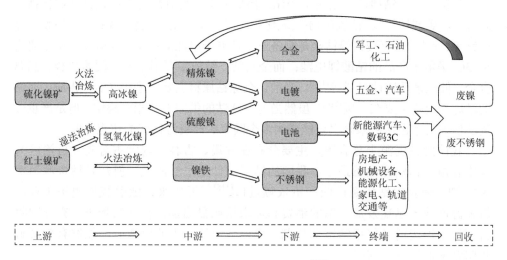

图 2-13　镍产业链示意图[109]

我国的镍资源储量相对匮乏，主要分布在甘肃、新疆和青海等省（自治区）[111]。其中，甘肃金川矿区由于镍矿储量大、品位高，是我国最大的镍资源生产基地，金川也被称为中国的"镍都"。我国不仅是不锈钢制造大国，也是锂离子电池生产大国。随着动力锂离子电池向高镍化发展，未来我国对镍的需求量将持续增长。当前，我国镍资源的对外依存度居高不下，导致我国的镍资源供应存在潜在的风险[103]。在镍回收方面，我国在电镀、铜冶炼、动力电池等行业每年产生大量的含镍废料，但是镍的整体回收率偏低。反观欧洲、美国等发达国家或地区，镍消费有接近半数来源于回收镍[112]。因此，未来我国的废镍资源回收潜力巨大，并且随着新能源产业对镍需求量增加，高效回收含镍废料将成为保障镍供应的重要途径之一。

### 3. 钴

钴是带有银白色的铁磁性金属，具有良好的硬度、耐高温及耐腐蚀性，被广泛应用于合金制造、电池生产、石油化工、航空航天等领域[114]，是制造硬质合金、高温合金、陶瓷颜料、催化剂、电池材料的重要原料，享有"工业味精"和"工业牙齿"的称号[113]。全球的钴资源储量较为丰富，但分布不均匀，大部分分布于刚果（金）、澳大利亚、印尼等国家，刚果（金）的钴资源储量位居世界第一[98]。

自然界中钴矿多伴生于其他矿床中，如镍钴矿、铜钴矿等，因此钴资源开采与铜、镍的开采密切相关[114]。在钴产业链中，含钴矿石经开采、选矿、富集后形成钴品位较高的钴精矿。钴精矿经化工冶炼或电解精炼后可得到钴盐（氯化钴、硫酸钴、碳酸钴等）、钴氧化物/氢氧化物（四氧化三钴、氢氧化钴等）、钴粉、金属钴等产品[115]。硫酸钴等钴盐是制备三元锂离子电池的原料，四氧化三钴主要用于 3C 类电子产品的钴酸锂电池；而金属钴、钴粉主要用于制造硬质合金、高温合金、催化剂及磁性材料等[116]。当前，全球钴原料主要由刚果（金）供应，而钴的精炼和消费主要在中国[114]。虽然当前全球钴的供需态势相对稳定，但是严重分离的供需关系也使钴未来很可能成为多个国家矿产资源博弈的焦点[115]。

我国的钴资源十分有限，主要分布在甘肃、吉林、内蒙古等省（自治区），其中甘肃的钴资源储量最多。我国的钴资源储量虽然匮乏，但却是钴资源消费大国[98]，使我国钴资源供应严重依赖进口[115]。近年来，随着我国电子工业、新能源产业的迅猛发展，钴的消费和需求量明显增加。在此情形下，充分回收再利用含钴废料（包括钴锰催化剂、失效锂电池、工业废渣等）能够有效缓解我国钴资源短缺现状[117]。

### 4. 锰

锰是一种灰白色、带有光泽的过渡金属，质地硬且脆，是冶金工业中重要的基础矿物原料，同时也是钢材生产中除铁之外用量最多的金属（脱氧、脱硫和作为合金元素）[118]。锰含量在 12%～15%的锰钢不仅坚硬而且韧性强，常被用来制造铁轨、架设桥梁、构筑高楼等，素有"无锰不成钢"的称号。此外，锰还广泛应用于电池制造（锰基电池材料）、化工行业（生产各种锰盐）、染料工业、建材行业、农牧业（杀虫剂和饲料添加剂）等[119]。

全球锰资源十分丰富，但分布不均匀，主要分布于南非、乌克兰、巴西、澳大利亚、加蓬、加纳、中国和印度等国家。其中，锰含量在 40%～50%的高品位富锰矿主要分布在南非、澳大利亚、巴西和加蓬等国家[119]，锰含量在 35%～40%的锰矿分布在印度等国家，而锰含量在 30%以下的锰矿分布于中国、乌克兰等国家[120]。此外，海底锰结核蕴藏了丰富的锰资源，但是由于开采技术有限，尚未形成规模化开采。

我国的锰资源主要集中分布于广西、贵州、湖南、重庆等省（自治区、直辖市）[121]。我国的锰矿以碳酸锰为主，品位较低、规模小、成分复杂，导致我国的锰资源开发利用率较低，优质锰矿（氧化锰矿）严重依赖进口，主要进口国为南非、澳大利亚等国家[120-122]。分离的供需关系导致我国的锰资源供应也存在较高风险。

我国的锰资源产业链主要包括锰矿石、锰冶炼、锰材料、锰产品及锰回收。

我国的锰矿以碳酸锰矿为主，还包括氧化锰矿、硅酸锰矿、硫化锰矿和硼酸锰矿等，平均品位较低。这些贫锰矿石需要通过选矿提升品位后才能有效利用，而我国的锰矿物成分复杂，矿石中磷、硫、铁、硅、钴、镍等杂质含量高，同时矿物颗粒细、加工性能差，给选矿作业带来了一定难度；在锰冶炼方面，由于我国的锰矿品位低、加工难度大，必须通过高效的选冶联合提升品位，促使我国的锰冶炼技术达到了世界领先水平。在电解锰、电解二氧化锰、锰合金冶炼等项目上，我国具有明显的技术优势[123]；在锰材料方面，硅锰合金、锰铁合金及电解锰主要应用于制造钢铁，而硫酸锰、电解二氧化锰等广泛用于电池材料制造；在锰产品方面，我国大部分锰资源用于钢铁行业，而其余的锰资源用于电池和化工等产业。在锰回收方面，锰矿加工的矿渣和冶炼渣可用作建筑材料、肥料等，或对其进一步提炼[123]。

### 5. 石墨

石墨是由碳元素组成的晶体矿物，与金刚石、碳纳米管、$C_{60}$ 互为同素异形体。石墨化学性质稳定，耐高温、耐酸碱腐蚀，具有良好的润滑性和可塑性，广泛应用于石油、化工、冶金、机械等传统工业，同时还是新能源等战略新兴产业及核工业的关键原料，享有"工业味精""黑金子""万能非金属材料"等称号[124, 125]。

全球石墨资源丰富，随着当前各国对石墨资源勘查投入增加，石墨资源的总储量也在不断上升[126]。全球石墨资源虽然丰富，但分布相对集中，主要集中在土耳其、中国、巴西、马达加斯加、莫桑比克、坦桑尼亚、印度等国家[127]。其中，土耳其石墨储量位列世界第一，中国和巴西分别位列第二、三位[126]。

根据结晶度，天然石墨可以分为晶质石墨与隐晶质石墨。晶质石墨的晶体片径通常较大，形貌类似于鳞片，故也称其为鳞片石墨；隐晶质石墨的晶体片径较小且灰分多，形貌为微晶团聚体，故也称其为土状或无定形石墨[128]。相比于隐晶质石墨，晶质石墨具有更优异的润滑性、可浮性及膨胀倍率，因此实用价值更高[128]。土耳其的石墨储量虽然丰富，但以隐晶质石墨为主，因此开发利用价值较低[129]。而我国的石墨资源以晶质石墨为主，矿床种类多、品质好、易于采选。此外，莫桑比克、坦桑尼亚、马达加斯加等国的石墨资源也多为优质的鳞片晶质石墨[129]。

我国是石墨资源大国，石墨资源主要分布于黑龙江、内蒙古、山东、吉林、湖南等省（自治区），矿床以大、中型为主，形成了黑龙江萝北/鸡西、内蒙古阿拉善、山东平度等几个大型晶质石墨生产基地和吉林省磐石市、湖南省郴州市北湖区等隐晶质石墨生产基地[128]。

石墨是商业化锂离子电池的主要负极材料，以石墨为负极材料的锂离子电池提供 $1kW·h$ 的电能需要消耗石墨约 $1kg$，照此估算一辆中小型电动汽车所携带的石墨就高达几十千克[130]。我国的石墨资源虽然较为丰富，但是随着新能源产业的快速发展，石墨负极的用量将持续增加，从而加重了石墨产业链的供应压力。一方面，电池负极材料对石墨的品质要求较高，纯度通常需要达到 99.5%。而石墨矿山所生产的品质石墨纯度通常在 90%～98% 范围内，因此为满足负极材料要求，通常需要对石墨进行额外加工提纯[130]。另一方面，失效锂离子电池内的石墨通常具有较高的品质，但是其回收还未形成完整的产业链，大部分失效电池内的石墨被作为废渣、燃料处理，不仅极大浪费石墨资源，还会产生大量粉尘、废渣和尾气污染。因此，失效锂离子电池中石墨的资源回收对于降低电池制造成本、避免环境污染、促进新能源产业可持续发展意义重大。

综上所述，失效锂离子电池内不仅包含大量的有价组分，同时还含有多种毒性物质和污染物，具有资源价值和环境污染双重属性。与此同时，锂离子电池大量生产的同时带来了严重的矿产资源短缺问题，其中锂、镍、钴、锰、石墨等原生矿产消耗较为突出。不仅如此，这些矿产资源带有显著的地域性分布特点，常常使生产国和消费国呈现分离。例如，镍、钴是我国稀缺的金属矿产资源，储量十分有限。但是我国却是主要的镍、钴资源消费国，导致我国镍、钴资源供应高度依赖于进口。一旦这些矿产资源发生枯竭或供应链出现问题，将会导致我国的新能源产业及相关行业出现危机，因此从失效锂离子电池内提取所需的矿产资源具有显著的资源价值。此外，从原生矿石中提炼金属原料通常会释放大量的污染性气体，还可能造成温室效应，但是通过回收失效锂离子电池提炼金属制备产品，能够大幅减少温室气体及 $SO_x$ 等污染物排放[131]。综上所述，发展高效的失效锂离子电池回收技术是锂离子电池乃至新能源产业可持续发展的关键。

# 参 考 文 献

[1] Jin Y, Zhang T, Zhang M. Advances in intelligent regeneration of cathode materials for sustainable lithium-ion batteries[J]. Advanced Energy Materials, 2022, 12 (36): 2201526.

[2] Li W, Zhu J, Xia Y, et al. Data-driven safety envelope of lithium-ion batteries for electric vehicles[J]. Joule, 2019, 3 (11): 2703-2715.

[3] Feng X, Ouyang M, Liu X, et al. Thermal runaway mechanism of lithium ion battery for electric vehicles: A review[J]. Energy Storage Materials, 2018, 10: 246-267.

[4] Sun J, Li J, Zhou T, et al. Toxicity, a serious concern of thermal runaway from commercial Li-ion battery[J]. Nano Energy, 2016, 27: 313-319.

[5] Abada S, Petit M, Lecocq A, et al. Combined experimental and modeling approaches of the thermal runaway of fresh and aged lithium-ion batteries[J]. Journal of Power Sources, 2018, 399: 264-273.

[6] Ren D, Feng X, Liu L, et al. Investigating the relationship between internal short circuit and thermal runaway of lithium-ion batteries under thermal abuse condition[J]. Energy Storage Materials, 2021, 34: 563-573.

[7] Liu B, Jia Y, Li J, et al. Safety issues caused by internal short circuits in lithium-ion batteries[J]. Journal of Materials Chemistry A, 2018, 6 (43): 21475-21484.

[8]　Yuan C, Wang L, Yin S, et al. Generalized separator failure criteria for internal short circuit of lithium-ion battery[J]. Journal of Power Sources, 2020, 467: 228360.

[9]　Kaliaperumal M, Dharanendrakumar M S, Prasanna S, et al. Cause and mitigation of lithium-ion battery failure-A review[J]. Materials, 2021, 14: 5676.

[10]　Birkl C R, Roberts M R, McTurk E, et al. Degradation diagnostics for lithium ion cells[J]. Journal of Power Sources, 2017, 341: 373-386.

[11]　Lyu Y, Wu X, Wang K, et al. An overview on the advances of LiCoO₂ cathodes for lithium-ion batteries[J]. Advanced Energy Materials, 2020, 11 (2): 2000982.

[12]　Yang Q, Huang J, Lia Y, et al. Surface-protected LiCoO₂ with ultrathin solid oxide electrolyte film for high-voltage lithium ion batteries and lithium polymer batteries[J]. Journal of Power Sources, 2018, 388: 65-70.

[13]　Michel Me'ne'trier, Ismael Saadoune, Ste'phane Levasseur, et al. The insulator-metal transition upon lithium deintercalation from LiCoO₂: Electronic properties and $^7$Li NMR study[J]. Journal of Materials Chemistry, 1999, 9: 1135-1140.

[14]　Sun L, Zhang Z, Hu X, et al. Realization of Ti doping by electrostatic assembly to improve the stability of LiCoO₂ cycled to 4.5 V[J]. Journal of the Electrochemical Society, 2019, 166 (10): A1793-A1798.

[15]　Lyu Y, Liu Y, Gu L. Surface structure evolution of cathode materials for Li-ion batteries[J]. Chinese Physics B, 2016, 25 (1): 018209.

[16]　Chen Z, Dahn J R. Methods to obtain excellent capacity retention in LiCoO₂ cycled to 4.5 V[J]. Electrochimica Acta, 2004, 49 (7): 1079-1090.

[17]　Kim D Y, Park I, Shin Y, et al. Ni-stabilizing additives for completion of Ni-rich layered cathode systems inlithium-ion batteries: An *Ab initio* study[J]. Journal of Power Sources, 2019, 418: 74-83.

[18]　Xiao Y, Liu T, Liu J, et al. Insight into the origin of lithium/nickel ions exchange in layered Li(Ni$_x$Mn$_y$Co$_z$)O₂ cathode materials[J]. Nano Energy, 2018, 49: 77-85.

[19]　Yu H, Qian Y, Otani M, et al. Study of the lithium/nickel ions exchange in the layered LiNi$_{0.42}$Mn$_{0.42}$Co$_{0.16}$O₂ cathode material for lithium ion batteries experimental and first principles calculations[J]. Energy & Environmental Science, 2014, 7: 1068-1078.

[20]　Yan P, Zheng J, Lv D, et al. Atomic-resolution visualization of distinctive chemical mixing behavior of Ni, Co, and Mn with Li in layered lithium transition-metal oxide cathode materials[J]. Chemistry of Materials, 2015, 27 (15): 5393-5401.

[21]　Park H, Park H, Song K, et al. In situ multiscale probing of the synthesis of a Ni-rich layered oxide cathode reveals reaction heterogeneity driven by competing kinetic pathways[J]. Nature Chemistry, 2022, 14 (6): 614-622.

[22]　Hua W, Wang K, Knapp M, et al. Chemical and structural evolution during the synthesis of layered Li(Ni, Co, Mn)O₂ oxides[J]. Chemistry of Materials, 2020, 32 (12): 4984-4997.

[23]　Qiu L, Song Y, Zhang M, et al. Structural reconstruction driven by oxygen vacancies in layered Ni-rich cathodes[J]. Advanced Energy Materials, 2022, 12: 2200022.

[24]　Liu N, Chen L, Wang H, et al. Phase behavior tuning enable high-safety and crack-free Ni-rich layeredcathode for lithium-ion battery[J]. Chemical Engineering Journal, 2023, 472: 145113.

[25]　Wang D, Xin C, Zhang M, et al. Intrinsic role of cationic substitution in tuning Li/Ni mixing in high-Ni layered oxides[J]. Chemistry of Materials, 2019, 31 (8): 2731-2740.

[26]　Cho D H, Jo C H, Cho W, et al. Effect of residual lithium compounds on layer Ni-rich Li[Ni$_{0.7}$Mn$_{0.3}$]O₂[J]. Journal of The Electrochemical Society, 2014, 161 (6): A920-A926.

[27] Seong W M, Cho K H, Park J W, et al. Controlling residual lithium in high-nickel（＞90%）lithium layered oxides for cathodes in lithium-ion batteries[J]. Angewandte Chemie International Edition, 2020, 59（42）: 18662-18669.

[28] Seong W M, Kim Y, Manthiram A. Impact of residual lithium on the adoption of high-nickel layered oxide cathodes for lithium-ion batteries[J]. Chemistry of Materials, 2020, 32（22）: 9479-9489.

[29] Zhang S S. Problems and their origins of Ni-rich layered oxide cathode materials[J]. Energy Storage Materials, 2020, 24: 247-254.

[30] Liu L, Li M, Chu L, et al. Layered ternary metal oxides: Performance degradation mechanisms as cathodes, and design strategies for high-performance batteries[J]. Progress in Materials Science, 2020, 111: 100655.

[31] Zhou Y, Zhang H, Wang Y, et al. Relieving stress concentration through anion-cation codoping toward highly stable nickel-rich cathode[J]. ACS Nano, 2023, 17: 20621-20633.

[32] Ryu H H, Park K J, Yoon C S, et al. Capacity fading of Ni-rich Li[$Ni_xCo_yMn_{1-x-y}$]$O_2$（$0.6 \leqslant x \leqslant 0.95$）cathodes for high-energy-density lithium-ion batteries: Bulk or surface degradation? [J]. Chemistry of Materials, 2018, 30（3）: 1155-1163.

[33] Lin Q, Guan W, Zhou J, et al. Ni-Li anti-site defect induced intragranular cracking in Ni-rich layer-structured cathode[J]. Nano Energy, 2020, 76: 105021.

[34] Yi C, Yang Y, Zhang T, et al. A green and facile approach for regeneration of graphite from spent lithium ion battery[J]. Journal of Cleaner Production, 2020, 277: 123585.

[35] Yan P, Zheng J, Gu M, et al. Intragranular cracking as a critical barrier for high-voltage usage of layer-structured cathode for lithium-ion batteries[J]. Nature Communications, 2017, 8: 14101.

[36] Jiang M, Danilov D L, Eichel R A, et al. A review of degradation mechanisms and recent achievements for Ni-rich cathode-based Li-ion batteries[J]. Advanced Energy Materials, 2021, 11（48）: 2103005.

[37] Ko D S, Park J H, Park S, et al. Microstructural visualization of compositional changes induced by transition metal dissolution in Ni-rich layered cathode materials by high-resolution particle analysis[J]. Nano Energy, 2019, 56: 434-442.

[38] Amatucci G G, Schmutz C N, Blyr A, et al. Materials' effects on the elevated and room temperature performance of C/$LiMn_2O_4$ Li-ion batteries[J]. Journal of Power Sources, 1997, 69: 11-25.

[39] Walz K A, Johnsonb C S, Genthea J, et al. Elevated temperature cycling stability and electrochemical impedance of $LiMn_2O_4$ cathodes with nanoporous $ZrO_2$ and $TiO_2$ coatings[J]. Journal of Power Sources, 2010, 195: 4943-4951.

[40] Zhan C, Lu J, Jeremy Kropf A, et al. Mn（Ⅱ）deposition on anodes and its effects on capacity fade in spinel lithium manganate-carbon systems[J]. Nature Communications, 2013, 4: 2437.

[41] Chung K Y, Lee H S, Yoon W, et al. Studies of $LiMn_2O_4$ capacity fading at elevated temperature using *in situ* synchrotron X-ray diffraction[J]. Journal of the Electrochemical Society, 2006, 153: A774-A780.

[42] Santhanam R, Rambabu B. Research progress in high voltage spinel $LiNi_{0.5}Mn_{1.5}O_4$ material[J]. Journal of Power Sources, 2010, 195（17）: 5442-5451.

[43] Liu Q, Liu Y, Yang F, et al. Capacity fading mechanism of the commercial 18650 $LiFePO_4$-based lithium-ion batteries: An *in situ* time-resolved high-energy synchrotron XRD study[J]. ACS Applied Materials & Interfaces, 2018, 10: 4622-4629.

[44] Mukhopadhyay A, Sheldon B W. Deformation and stress in electrode materials for Li-ion batteries[J]. Progress in Materials Science, 2014, 63: 58-116.

[45] Huang S, Wang H Y, Xu Y. Dislocation based stress developments in lithium-ion batteries[J]. Journal of the

Electrochemical Society，2012，159（6）：A815-A821.

[46] Zhang P，Yuan T，Pang Y，et al. Influence of current density on graphite anode failure in lithium-ion batteries[J]. Journal of the Electrochemical Society，2019，166：A5489-A5495.

[47] Zhu H，Russell J A，Fang Z，et al. A comparison of solid electrolyte interphase formation and evolution on highly oriented pyrolytic and disordered graphite negative electrodes in lithium-ion batteries[J]. Small，2021，17：2105292.

[48] Aurbach D. Electrode-solution interactions in Li-ion batteries：A short summary and new insights[J]. Journal of Power Sources，2003，119：497-503.

[49] Agubra V A，Fergus J W. The formation and stability of the solid electrolyte interface on the graphite anode[J]. Journal of Power Sources，2014，268：153-162.

[50] Heiskanen S K，Kim J，Lucht B L. Generation and evolution of the solid electrolyte interphase of lithium-ion batteries[J]. Joule，2019，3（10）：2322-2333.

[51] Utsunomiya T，Hatozaki O，Yoshimoto N，et al. Influence of particle size on the self-discharge behavior of graphite electrodes inlithium-ion batteries[J]. Journal of Power Sources，2011，196：8675-8682.

[52] Qiao Y，Zhao H，Shen Y，et al. Recycling of graphite anode from spent lithium-ion batteries：Advances and perspectives[J]. EcoMat，2023，5（4）：e12321.

[53] Arora P，Doyle M，White R E. Mathematical modeling of the lithium deposition overcharge reaction in lithium-ion batteries using carbon-based negative electrodes[J]. Journal of the Electrochemical Society，1999，146：3543-3553.

[54] Waldmann T，Kasper M，Wohlfahrt-Mehrens M. Optimization of charging strategy by prevention of lithium deposition on anodes in high-energy lithium-ion batteries-electrochemical experiments[J]. Electrochimica Acta，2015，178：525-532.

[55] Ouyang M，Ren D，Lu L，et al. Overcharge-induced capacity fading analysis for large format lithium-ion batteries with $LiNi_{1/3}Co_{1/3}Mn_{1/3}O_2$ + $LiMn_2O_4$ composite cathode[J]. Journal of Power Sources，2015，279：626-635.

[56] Ren D，Smith K，Guo D，et al. Investigation of lithium plating-stripping process in Li-ion batteries at low temperature using an electrochemical model[J]. Journal of the Electrochemical Society，2018，165（10）：A2167-A2178.

[57] Lin D，Liu Y，Cui Y. Reviving the lithium metal anode for high-energy batteries[J]. Nature Nanotechnology，2017，12：194-206.

[58] Wang G，Yu M，Feng X. Carbon materials for ionintercalation involved rechargeable battery technologies[J]. Chemical Society Reviews，2021，50：2388.

[59] Meng X，Xu Y，Cao H，et al. Internal failure of anode materials for lithium batteries—A critical review[J]. Green Energy & Environment，2020，5：22-36.

[60] Winter M，Besenhard J O，Spahr M E，et al. Insertion electrode materials for rechargeable lithium batteries[J]. Advanced Materials，1998，10（10）：725-763.

[61] Dai K，Wang Z，Ai G，et al. The transformation of graphite electrode materials in lithium-ion batteries after cycling[J]. Journal of Power Sources，2015，298：349-354.

[62] 王灿，马盼，祝国梁，等. 锂离子电池长寿命石墨电极研究现状与展望[J]. 储能科学与技术，2021，10：59-67.

[63] Fear C，Juarez-Robles D，Jeevarajan J A，et al. Elucidating copper dissolution phenomenon in Li-ion cells under overdischarge extremes[J]. Journal of the Electrochemical Society，2018，165（9）：A1639-A1647.

[64] Guo R，Lu L，Ouyang M，et al. Mechanism of the entire overdischarge process and overdischarge-induced internal short circuit in lithium-ion batteries[J]. Scientific Reports，2016，6：30248.

[65]　Maleki H，Howard J N. Effects of overdischarge on performance and thermalstability of a Li-ion cell[J]. Journal of Power Sources，2006，160：1395-1402.

[66]　Peng C，Yang L，Fang S，et al. Electrochemical behavior of copper current collectorin imidazolium-based ionic liquid electrolytes[J]. Journal of Applied Electrochemistry，2010，40：653-662.

[67]　Li T，Yang J Y，Lu S G，et al. Failure mechanism of bulk silicon anode electrodes for lithium-ion batteries[J]. Rare Metals，2013，32（3）：299-304.

[68]　Li J Y，Xu Q，Li G，et al. Research progress regarding Si-based anode materials towards practical application in high energy density Li-ion batteries[J]. Materials Chemistry Frontiers，2017，1（9）：1691-1708.

[69]　Kumar R，Tokranov A，Sheldon B W，et al. *In situ* and operando investigations of failure mechanisms of the solid electrolyte interphaseon silicon electrodes[J]. ACS Energy Letters，2016，1：689-697.

[70]　Choi J W，Aurbach D. Promise and reality of post-lithium-ion batteries with high energy densities[J]. Nature Reviews Materials，2016，1（4）：1-16.

[71]　Zhao C，Wada T，Andrade V D，et al. Imaging of 3D morphological evolution of nanoporous silicon anode inlithium ion battery by X-ray nano-tomography[J]. Nano Energy，2018，52：381-390.

[72]　Wagner N P，Asheim K，Vullum-Bruer F，et al. Performance and failure analysis of full cell lithium ion battery with $LiNi_{0.8}Co_{0.15}Al_{0.05}O_2$ and silicon electrodes[J]. Journal of Power Sources，2019，437：226884.

[73]　Guo K，Kumar R，Xiao X，et al. Failure progression in the solid electrolyte interphase（SEI）onsilicon electrodes[J]. Nano Energy，2020，68：104257.

[74]　Liu Y K，Zhao C Z，Du J，et al. Research progresses of liquid electrolytes in lithium-ion batteries[J]. Small，2022，19：2205315.

[75]　Henschel J，Peschel C，Klein S，et al. Clarification of decomposition pathways in a state-of-the-art lithium ion battery electrolyte through $^{13}$C-labeling of electrolyte components[J]. Angewandte Chemie International Edition，2020，59：6128-6137.

[76]　Wang Q，Jiang L，Yu Y，et al. Progress of enhancing the safety of lithium ion battery from the electrolyte aspect[J]. Nano Energy，2019，55：93-114.

[77]　Li W，Dolocan A，Oh P，et al. Dynamic behaviour of interphases and its implication on high-energy-density cathode materials in lithium-ion batteries[J]. Nature Communications，2017，8：14589.

[78]　Kumai K，Miyashiro H，Kobayashi Y，et al. Gas generation mechanism due to electrolyte decomposition in commercial lithium-ion cell[J]. Journal of Power Sources，1999，81：715-719.

[79]　Rinkel B L D，Vivek J P，Garcia-Araez N，et al. Two electrolyte decomposition pathways at nickel-rich cathode surfaces in lithium-ion batteries[J]. Energy & Environmental Science，2022，15：3416.

[80]　An S J，Li J，Daniel C，et al. The state of understanding of the lithium-ion-battery graphite solid electrolyte interphase（SEI）and its relationship to formation cycling[J]. Carbon，2016，105：52-76.

[81]　Peled E，Golodnitsky D，Ardel G. Advanced model for solid electrolyte interphase electrodes in liquid and polymer electrolytes[J]. Journal of the Electrochemical Society，1997，144：L208.

[82]　Wang Q S，Ping P，Zhao X J，et al. Thermal runaway caused fire and explosion of lithium ion battery[J]. Journal of Power Sources，2012，208：210-224.

[83]　Etacheri V，Marom R，Elazari R，et al. Challenges in the development of advanced Li-ion batteries：A review[J]. Energy & Environmental Science，2011，4（9）：3243.

[84]　Terella A，De Giorgio F，Rahmanipour M，et al. Functional separators for the batteries of the future[J]. Journal of Power Sources，2020，449：227556.

[85] Kalnaus S，Wang Y，Turner J A. Mechanical behavior and failure mechanisms of Li-ion battery separators[J]. Journal of Power Sources，2017，348：255-263.

[86] Wang H，Simunovic S，Maleki H，et al. Internal configuration of prismatic lithium-ion cells at the onset of mechanically induced short circuit[J]. Journal of Power Sources，2016，306：424-430.

[87] Roth E P，Doughty D H，Pile D L. Effects of separator breakdown on abuse response of 18650 Li-ion cells[J]. Journal of Power Sources，2007，174（2）：579-583.

[88] Chen Z，Zhang L，Xu Z. Tracking and quantifying the cobalt flows in mainland China during 1994-2016：Insights into use，trade and prospective demand[J]. Science of the Total Environment，2019，672：752-762.

[89] Sun X，Hao H，Zhao F，et al. Tracing global lithium flow：A trade-linked material flow analysis[J]. Resources，Conservation & Recycling，2017，124：50-61.

[90] Xiao J，Li J，Xu Z. Challenges to future development of spent lithium ion batteries recovery from environmental and technological perspectives[J]. Environmental Science & Technology，2020，54（1）：9-25.

[91] 雷舒雅，徐睿，孙伟，等. 失效锂离子电池回收利用[J]. 中国有色金属学报，2021，31（11）：3303-3319.

[92] Larcher D，Tarascon J M. Towards greener and more sustainable batteries for electrical energy storage[J]. Nature Chemistry，2015，7（1）：19-29.

[93] Arshad F，Li L，Amin K，et al. A comprehensive review of the advancement in recycling the anode and electrolyte from spent lithium ion batteries[J]. ACS Sustainable Chemistry & Engineering，2020，8（36）：13527-13554.

[94] Liao C. Electrolytes and additives for batteries. Part I：Fundamentals and insights on cathode degradation mechanisms[J]. eTransportation，2020，5：100068.

[95] Jin S，Mu D，Lu Z，et al. A comprehensive review on the recycling of spent lithium-ion batteries：Urgent status and technology advances[J]. Journal of Cleaner Production，2022，340：130535.

[96] Du K，Ang E H，Wu X，et al. Progresses in sustainable recycling technology of spent lithium-ion batteries[J]. Energy & Environmental Materials，2022，5（4）：1012-1036.

[97] 张苏江，崔立伟，孔令湖，等. 国内外锂矿资源及其分布概述[J]. 有色金属工程，2020，10：95-104.

[98] 白光裕，梁明，齐冠钧. 中国清洁能源关键矿产资源进口依赖性风险与应对策略[J]. 亚太经济，2023，3：141-152.

[99] 王芳. 锂矿资源研究[D]. 北京：中国地质大学，2020.

[100] 王核，黄亮，白洪阳，等. 中国锂资源的主要类型、分布和开发利用现状评述和展望[J]. 大地构造与成矿学，2022，46：848-866.

[101] 王平. 量化分析锂供需与锂价格的联动关系[J]. 无机盐工业，2022，54（9）：1-13.

[102] Wang X，Ding Y L，Deng Y P，et al. Ni-rich/Co-poor layered cathode for automotive Li-ion batteries：Promises and challenges[J]. Advanced Energy Materials，2020，10（12）：1903864.

[103] 徐爱东. 新能源金属镍、钴、锂资源保障形势及政策建议[J]. 资源再生，2023，11：24-26，41.

[104] 张亮，杨卉芃，冯安生，等. 全球镍矿资源开发利用现状及供需分析[J]. 矿产保护与利用，2016，1：64-69.

[105] 张振芳，陈秀法，李仰春，等. “双碳”目标下镍资源的综合利用发展趋势[J]. 矿产综合利用，2022，2：31-39.

[106] 张邦胜，刘贵清，刘昱辰，等. 世界镍矿资源与市场分析[J]. 中国资源综合利用，2020，38：94-98.

[107] 马文军. 印度尼西亚红土镍矿资源特点及未来开发趋势[J]. 中国矿山工程，2019，48：4-8.

[108] 崔守军，李竺畔. 关键矿产“权力三角”基于全球镍产业链的考察[J]. 拉丁美洲研究，2023，45：96-118.

[109] 王珂，夏启繁. 产业链视角下中国关键金属镍贸易格局演化[J]. 世界地理研究，2024，33：40-55.

[110] 郝洪昌，王安建，马哲，等. 镍全球治理框架体系构成、演变及中国参与路径选择[J]. 科技导报，2024，42：61-69.

[111] 吴琪，李政，王楠. 中国镍矿供需形势及对策建议[J]. 科技导报，2024，42：53-60.

[112] 刘贵清，张邦胜，张帆，等. 中国镍矿资源与市场分析[J]. 中国资源综合利用，2020，38：102-105.

[113] 付浩，王加昇，李金龙，等. 全球钴矿资源时空分布及成因类型[J]. 地质科技通报，2024，43（1）：1-22.

[114] 段俊，徐刚，汤中立，等. 我国钴资源产业发展现状、问题与对策[J]. 中国工程科学，2024，26：1-10.

[115] 袁小晶，马哲，王安建，等. 中国钴供应链风险与控制力评价[J]. 地球学报，2023，44：351-360.

[116] 刘超，陈甲斌. 全球钴资源供需形势分析[J]. 国土资源情报，2020，10：27-33.

[117] 黄艳芳，王美美，刘兵兵，等. 含钴二次资源中钴的提取技术研究进展[J]. 矿产保护与利用，2022，42（2）：45-52.

[118] 何鸿. 锰消费规律探讨及中国未来锰需求预测[J]. 中国矿业，2020，29（5）：7-11.

[119] 孙宏伟，王杰，任军平，等. 全球锰资源现状及对我国可持续发展建议[J]. 矿产保护与利用，2022，40（6）：169-174.

[120] 严文泽，刘思为，杨柳毅，等. 锰资源现状及开发利用技术进展[J]. 中国锰业，2024，42：16-21.

[121] 王自国，吴昊，朱利岗. 中央企业锰矿战略布局思考[J]. 中国矿业，2022，31：1-4.

[122] 蒋天锐. 中国锰矿地质特征与勘查评价[J]. 冶金与材料，2019，39（4）：169-171.

[123] 任辉，刘敏，王自国，等. 我国锰矿资源及产业链安全保障问题研究[J]. 中国工程科学，2022，24（3）：20-28.

[124] 陈军元，颜玲亚，刘艳飞，等. 全球石墨资源供需形势分析[J]. 国土资源情报，2020，（10）：90-97.

[125] 李超，王登红，赵鸿，等. 中国石墨矿床成矿规律概要[J]. 矿床地质，2015，34（6）：1223-1236.

[126] 颜玲亚，陈军元，高树学，等. 2021～2022 年石墨资源、勘查投资及供需分析[J]. 中国非金属矿工业导刊，2023，（3）：1-7.

[127] 张苏江，王楠，崔立伟，等. 国内外石墨资源供需形势分析[J]. 无机盐工业，2021，53（7）：1-11.

[128] 郭理想，刘磊，王守敬，等. 中国石墨资源及晶质石墨典型矿集区矿物学特征[J]. 矿产保护与利用，2021，46（6）：9-19.

[129] 刘艳飞，颜玲亚，高树学，等. 全球石墨资源分布与供需格局变化分析[J]. 地质评论，2020，66：129-131.

[130] 蒋龙进. 废旧锂电池负极石墨失效机制及回收利用研究进展[J]. 储能科学与技术，2023，12（3）：822-834.

[131] Leal V M，Ribeiro J S，Coelho E L D，et al. Recycling of spent lithium-ion batteries as a sustainable solution to obtain raw materials for different applications[J]. Journal of Energy Chemistry，2023，79：118-134.

# 第3章　失效锂离子电池回收预处理技术

锂离子电池中含有丰富的有价金属及有机组分，失效锂离子电池回收是实现有价金属循环利用、减少环境污染的有效途径。锂离子电池中外壳、正负极集流体、电解液、隔膜等组分共存，外壳、集流体和隔膜之间靠压力压合在一起，正负极活性材料和铜箔、铝箔之间在黏结剂作用下，以黏合方式结合。预处理的目的在于采用物理、化学的方法对失效锂离子电池中各组分实现解离，高效选择性地富集电池中价值高的成分，为后续正负极材料综合回收利用奠定基础。

在失效锂离子电池预处理工序中，一般先将锂离子电池放电至安全电压，之后进行破碎和分选等，实现正负极材料、外壳、铜、铝等组分的分离回收[1]。

## 3.1　放　　电

失效锂离子电池一般含有不等的电量，当其被拆解和破碎处理时，正极和负极易发生相互接触，产生短路，释放储存的化学能，导致温度瞬时升高，引起火灾甚至爆炸[2]。为避免意外的发生，通常需要在电池拆解和破碎前进行放电处理，释放其内部储存的化学能[3-5]。此外，由于充放电过程中锂离子作为电荷载流子在阳极和阴极之间迁移。在放电过程中，锂离子从负极释放，并与通过外部负载电路流动的电子反应，从而在正极重新形成正极材料[6]。因此，对失效锂离子电池进行放电处理也可以保证锂离子电池负极活性材料上的锂元素回到正极活性材料，提高锂的回收率。

电池放电有许多不同的方法，这些方法有各自的优缺点，在选择放电方法时，需评估放电成本（放电装置的成本、运行过程的成本）、放电速度和对环境的影响等。按放电方式分类，失效锂离子电池放电大体可分为物理放电和化学放电[7]。

### 3.1.1　物理放电

物理放电一般可分为节能回馈放电和物理负载放电。节能回馈放电是采用先进的电力电子技术，利用有源逆变的方法将电池组或单元放出的直流电能转化为交流电并回馈到电网的放电方式。物理负载放电是通过在电池两端连接发热负载，将电能转换成热能散发出去的放电方式。根据负载的种类，其又可分为电阻负载、电子负载以及导电粉末负载。

电阻负载放电通过电池与电阻相连,利用放热过程以消耗电池的电量,能较大限度释放电能,电位反弹小。但由于热辐射会促使周围环境温度上升,容易引发火灾。为了传导热量,负载电阻器常被放置在安装有冷却板的冷却体中[8]。电阻负载放电时,放电电流与放电电压成比例下降,为保证电流不会超过最大电流,可根据欧姆定律确定一恒定电阻进行放电。此外,根据放电设备的不同,放电时也可以设置恒电流放电或恒功率放电。恒电流放电时,放电电流越高,放电速度越快。恒定功率放电时,初始功率和电流比较稳定,但一段时间后,由于电压损失,功率减小,电流降低,电池系统可能会发生短路。恒定电阻的放电装置成本较低,并且由于最大电流有限和功率较低,相对比较安全,但放电时间通常比较长。恒定电流放电装置比恒定电阻放电装置价格更贵,但放电效率高。通过使用电位计可以手动控制放电功率,放电电流可以调节,安全性为中等,但仍然存在过高电流手动过载的风险。电阻负载放电可应用于大型电池(如电动汽车中的电池)放电,但对于电子设备中使用的小型电池,难以完全适用。

电子负载放电通过控制内部功率或晶体管的导通量,依靠功率管的耗散功率消耗电池内残余电能。电子负载放电可统计放电过程实际放电量,适用于单体电芯,但存在放电后电压反弹现象。

导电粉末也可用于放电,如石墨粉、铜粉等碳系和金属系材料,但石墨粉尘存在爆炸风险、金属粉表面易氧化,因此导电粉末放电方法难以应用于大规模放电[2, 9]。

### 3.1.2　化学放电

化学放电是在导电介质作用下,将电池进行短路处理,达到消除多余电量的目的[10, 11]。带电的失效锂离子电池通常具有约 4V 的初始电位(三元电池电压在 3.7V 左右),高于水电解反应理论电位 1.23V。因此,失效锂离子电池可以作为电解池驱动水电解进行放电,水电解反应如式(3-1)和式(3-2)所示。

$$2H_2O \Longrightarrow O_2\uparrow +4e^- + 4H^+ \qquad E_0 = 1.23V \qquad (3-1)$$

$$2H^+ + 2e^- \Longrightarrow H_2\uparrow \qquad E_0 = 0.00V \qquad (3-2)$$

纯水是一种不良导体,为增加其导电性,通常需要添加导电盐,如氯化钠、氢氧化钠及各种硫酸盐等[12]。其中钠盐由于放电彻底,效率高,是常用的盐溶液。

如图 3-1 所示,与纯水相比,氯化钠溶液和硫酸钠溶液可以大大提高放电效率。经过 48h 放电后,置于纯水中的失效锂离子电池电压仅由 3.757V 降至 3.701V,而在 1mol/L 氯化钠溶液和硫酸钠溶液中电压分别由 3.499V、3.755V 降至 0.291V、0.61V。由图可见,氯化钠溶液中电池电压在 1～5h 快速降低,而在硫酸钠溶液中电池电压快速下降时间延长至 10～20h。因此，与纯水和硫酸钠溶液相比，氯化钠溶液放电效率更高且更彻底。

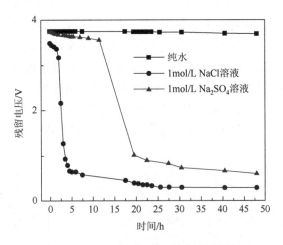

图 3-1　不同放电介质的最佳放电效率比较

　　如图 3-2 所示，放电前的失效锂离子电池正、负极表面光滑，结构完整。在将失效锂离子电池置于氯化钠溶液和硫酸钠溶液中，电池正、负极处有大量气泡产生，气体主要组分为 $H_2$ 和 $O_2$，为水电解析出［式（3-1）和式（3-2）］。在氯化钠溶液中，由于氯离子生成氯气所需电位为 1.36V，因此此在放电过程中有少量氯气生成，如式（3-3）所示[13, 14]。同时，溶液中的离子会加剧正极和负极周围的钢外壳和铝垫圈的腐蚀，使电池的内部结构暴露在溶液中，导致电池组分与溶液中的水发生反应，产生有毒气体，并造成水污染[15]。如有机溶剂和黏结剂分解为 $CH_4$、$C_2H_4$、$C_2H_6$、$C_3H_8$ 和其他有机气体，长期接触这些气体会导致头晕、记忆力减退、情绪波动和嗜睡等症状[2, 16]。

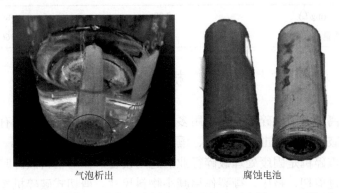

气泡析出　　　　　　　　　　　腐蚀电池

图 3-2　导电盐溶液中正、负极气泡析出现象和放电后失效 18650 型锂离子电池

在放电预处理过程中，放电产生的渣会对环境有严重的危害，通过对收集到的废渣[图 3-3（a）]进行分析。由图 3-3（b）可见，放电渣中主要污染物为 FeOOH，表明在放电过程中存在 Fe 腐蚀现象。锂离子电池在盐溶液中通常会发生两种类型的金属腐蚀，一是由溶液的化学性质引起的化学腐蚀，如强酸、强碱和腐蚀性卤化物离子[17]；二是由于浸入导电溶液中的两种异种金属的电化学反应而发生的电偶腐蚀。相比较而言，卤化物盐（$Cl^-$、$Br^-$ 和 $I^-$）会对正极端造成快速腐蚀，而硫酸盐、碳酸盐腐蚀较慢，这也是氯化钠溶液放电速度快、硫酸钠溶液放电速度慢的原因。值得一提的是，通过外接铂线稳定电池，可以在一定程度上减轻腐蚀。

$$2Cl^- \rightleftharpoons Cl_2 \uparrow + 2e^- \quad E_0 = 1.36V \quad (3\text{-}3)$$

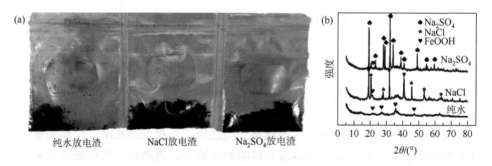

图 3-3　不同介质产生的（a）废渣及（b）XRD 图

表 3-1 为放电溶液中的 F 和 TOC 含量，发现氯化钠溶液和硫酸钠溶液介质中均存在 F 和有机碳。因此，在使用溶液放电时，废水应进行适当处理，不可直接排放。

**表 3-1　放电溶液中 F 和 TOC 含量**

| 项目 | 1mol/L NaCl 溶液 | 1mol/L Na$_2$SO$_4$ 溶液 |
| --- | --- | --- |
| F 含量/(mg/L) | 2.09 | 4.49 |
| TOC 含量/(mg/L) | 393.4 | 366.3 |

## 3.2　机　械　破　碎

失效锂离子电池破碎时一般采用多段作业，常用的破碎机类型有剪切式破碎机、冲击式破碎机、反击式破碎机、锤式破碎机、高速粉碎机等[7]。

剪切式破碎机是固废处理破碎行业的通用设备，在对物料破碎时，由电机带动刀轴，通过剪切、挤压、撕裂作用减小物料尺寸。剪切式破碎机按照主轴数量可分为单轴剪切式破碎机、双轴剪切式破碎机和四轴剪切式破碎机，应用较多的为双轴剪切式破碎机。双轴剪切式破碎机的主要工作部位为破碎箱体,里面有两个相对旋转的刀具,物料在刀轴作用下得到充分破碎,如图 3-4(a)所示。剪切式破碎机产量高、能耗低、效率高、操作简单、维护方便,可以将大件固体废物拆解成 100mm 直径以下的碎片,可用于对失效锂离子电池进行粗碎。

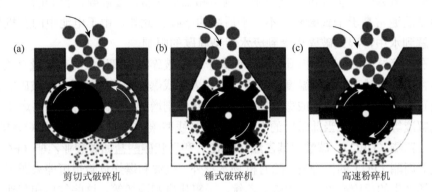

剪切式破碎机　　　　　　　锤式破碎机　　　　　　　高速粉碎机

图 3-4　常用破碎机示意图[7]

冲击式破碎机主要利用高速运动的物料之间互相摩擦而达到粉碎的效果。冲击作用有利于失效锂离子电池内部物料的破碎,当粗碎后物料遭受冲击力作用时,接触点瞬时产生较大的冲力,电池结构被破坏,破碎效果显著。锤式破碎机属于中细碎破碎设备,如图 3-4(b)所示,锤式破碎机工作时,电机带动转子做高速旋转,粗碎后物料进入破碎机箱体内,高速回转的锤头冲击将物料破碎,同时,物料自身的重力作用使物料从高速旋转的锤头冲向架体内筛板,破碎物料中小于筛孔尺寸的粒级通过筛板排出。在锤式破碎机中,粗碎后物料受到锤击作用,经过锤头和啮齿板之间的撞击、捶打,分散成外壳、极片、隔膜等散装物,黏附于铝箔、铜箔表面的黑粉被初步剥离。锤式破碎机操作简单、维护方便、运行稳定、可连续工作。

经粗碎和中细碎后,电池结构被破坏,部分正、负极材料从铝箔、铜箔上剥离收集。然而,正、负极材料主要以黏合方式结合在铜箔、铝箔上,作用力较强,粗碎和中细碎中解离不彻底,需要经高速粉碎机进一步细碎,以实现正、负极材料更高的回收率。如图 3-4(c)所示,物料通过投料口进入粉碎室,在高速粉碎机作用下被挤压、撞击、研磨,存在于高速旋转的磨头和齿圈的间隙中的极片,在撞击惯性力和摩擦力作用下极片粉从其表面脱落,由于旋转运动的同时也引起了气流的流动,所以气流带动着被粉碎的物料透过筛网进入滤袋,空气被排出,物料、粉尘被收集。高速粉碎机对物料适应性强,细度高,能获得良好的粉碎效果。

除破碎机类型不同外,按照破碎方式又可分为干式破碎和湿式破碎。干式破碎操作在空气或惰性气氛中进行,干式破碎时,电池中含有的有机物容易在高温条件下分解,甚至燃烧爆炸[18]。而湿式破碎通常在水或盐溶液中进行,以提供冷却和氧气隔离环境。在失效锂离子电池的干式和湿式破碎中，隔膜、铝箔、铜箔和塑料等主要以粗颗粒形式存在，而正极材料和负极石墨以细颗粒为主。相对于干式破碎，湿式破碎可避免局部高温，降低燃烧爆炸的风险，抑制粉尘扩散，减少粉尘污染，同时破碎产物在水流作用下可及时冲刷出破碎腔，避免过度破碎，提高破碎效率[19]。但在湿式破碎中，铜箔和铝箔容易过度破碎，得到的正、负极材料杂质通常高于干式破碎，不利于后续的回收。此外，由于电池中的有机物容易溶解到水中，湿式破碎也受到废水污染问题的限制。

在破碎过程中，除摩擦升温外，锂离子电池破碎时温度通常与荷电量有关，一般而言荷电量越高，破碎温度就越高，发生火灾或爆炸的风险就越大。破碎时，电池的正极和负极碎片会形成微短路，导致放热急剧增加。破碎过程中的易燃物主要是电解液等有机物，当前常用的电解液溶质是线型碳酸盐如碳酸二甲酯（DMC）、碳酸二乙酯（DEC）、碳酸甲基乙酯（EMC）和环状碳酸盐如碳酸亚乙酯（EC）或碳酸亚丙酯（PC）的混合物。除有机物本身外，火灾和爆炸危险也可能来源于有机物分解产生的反应产物，如甲烷、乙烷、一氧化碳和丙烯等。这些气体和其他气体的产生会引发周围环境的压力上升以及气密性聚集，导致爆炸的风险。

因此，在大规模破碎失效锂离子电池时，需要将安全管理放在首要位置。首先应对源头进行控制，如在破碎处理之前将电池电压放电至安全电压以下，减少电池的内部风险。其次是中间控制，应侧重于提供保护措施，如破碎步骤中，提供惰性气氛和适当的冷却措施，以防止可能的热失控。最后是终端控制，如破碎后检测破碎腔内温度，避免破碎腔打开瞬间着火等。

## 3.3　热　处　理

在高温条件下，失效锂离子电池物料中残余的电解液和极片表面的有机黏结剂等物质会发生分解，降低正、负极活性材料与铝箔、铜箔之间的黏结力，从而实现极片中活性材料与铜箔、铝箔的有效分离[20-22]。

### 3.3.1　正极材料热处理

图 3-5 为失效锂离子电池正极集流体的形貌及相应选区的能谱图，正极集流体主要由铝箔和活性材料组成。集流体表面的正极材料为颗粒状，这些颗粒相互堆积黏附在一起，活性物质中的金属元素主要有镍、钴、锰三种。利用 XRF 对材料中的金属组分进行定量分析，确认该正极废料的金属含量，其结果显示材料中 Ni、Co、Mn 的原子数比为 1：0.985：0.967，与商用正极材料 $LiNi_{1/3}Co_{1/3}Mn_{1/3}O_2$ 中过渡金属元素配比吻合。

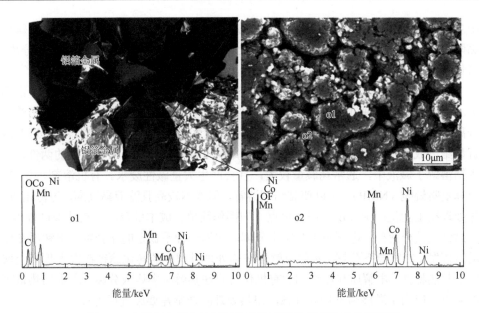

图 3-5　失效锂离子电池正极集流体形貌及相应选区的能谱图

图 3-6（a）和（b）分别为黏结剂聚偏氟乙烯（PVDF）的标准红外光谱图和废旧正极集流体的红外光谱图。在废旧正极集流体的红外光谱图中，存在与纯 PVDF 标准谱图相似的特征峰，如特征峰 2977cm$^{-1}$（C—H 的伸缩振动）、1408cm$^{-1}$（CH$_2$ 的变形摇摆振动）、1170cm$^{-1}$（CF$_2$ 伸缩振动）、1066cm$^{-1}$、880cm$^{-1}$（C—C 骨架振动）和 494cm$^{-1}$（晶相振动）等。由此可知，失效锂离子电池正极集流体

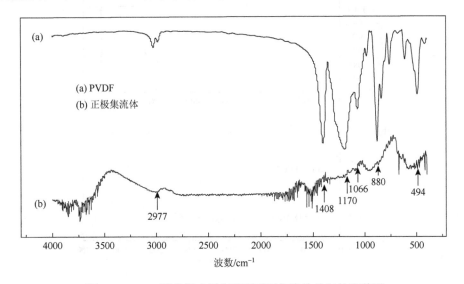

图 3-6　PVDF 聚偏氟乙烯和废旧正极集流体的红外光谱图

中含有常用的黏结剂 PVDF。黏结剂 PVDF 可以将失效锂离子电池正极材料颗粒黏附在一起，并将它们固定在金属铝箔上。因此，要将废旧正极材料和铝箔分离、富集，必须去除黏结剂 PVDF。

在电池组分中，正极材料和负极材料在黏结剂的作用下分别粘在铝箔和铜箔上。然而，在预处理过程中，黏结剂的存在会导致正、负极材料与铝箔、铜箔难以分离。以正极为例，为使正极材料与铝箔分离，可采用碱液溶解铝箔、有机试剂溶解黏结剂或者热处理分解黏结剂等。在使用碱液溶解铝箔时，即利用铝的两性，使铝箔溶解于碱液中，通常耗碱量较大，且会产生大量碱性废水。有机溶剂，如 N-甲基吡咯烷酮（NMP），可以使黏结剂溶解，但成本较高且滤液黏度高，过滤困难。热处理在工业生产中表现出许多优点，如操作简单、成本低等。在热处理过程中，除黏结剂被分解外，电解质也会发生分解。作为一种不稳定的化合物，电解质在低温下挥发，在高温下分解。不同电解质在热处理过程中的转化途径在很大程度上取决于其热特性。电解质和黏结剂的有机化合物在热解时燃烧或分离，产生的热量可以回收，但由于燃烧污染物为气态，在热处理时通常需要废气后处理。

黏结剂 PVDF 的热分解温度在 400～500℃，而金属铝的熔点温度为 660℃，两者的热稳定性存在一定差异。通过控制反应条件（温度 400～660℃、惰性气氛、反应时间等），可以使黏结剂 PVDF 受热分解，而铝箔不发生熔化和氧化，这样不仅可以将黏结剂去除、富集得到正极活性物质，还能有效回收铝资源。图 3-7（a）为失效三元锂离子电池正极集流体的热重曲线，当温度从 50℃上升到 650℃过程中，

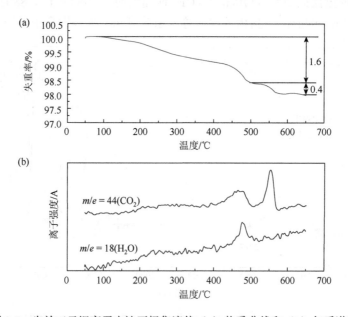

图 3-7　失效三元锂离子电池正极集流体（a）热重曲线和（b）气质谱图

出现两个失重平台，第一个出现在 500℃之前，第二个出现在 500~650℃之间。当温度达到 475℃左右时，气质谱图检测发现有 $CO_2$ 和 $H_2O$ 的特征峰出现[图 3-7（b）]。PVDF 中含有 C、H 元素，而 475℃又满足 PVDF 分解所需温度的要求，因此第一个失重平台（失重率 1.6%）主要源于黏结剂的分解。当温度达到 550℃左右时，仅有 $CO_2$ 气体生成，第二个失重平台（失重率 0.4%）主要源于正极集流体中导电剂乙炔黑的氧化分解。

热处理温度和时间是影响铝箔与正极活性物质分离效果最重要的因素之一。温度过低，黏结剂不能分解，但温度过高，铝箔又容易熔化。将废旧正极集流体剪成 2cm×2cm 的小方块，然后将其置于管式炉中。在热处理之前，为了清除管式炉中的空气，先用纯氮（>99.999%）以 $150cm^3/min$ 的进气速度吹扫炉管 30min。在加热过程中，氮气的流速调整为 $30cm^3/min$，管式炉的升温速率为 $10℃/min$。图 3-8 为在热处理温度分别为 500℃、550℃和 600℃条件下，对废旧正极集流体热处理 1h 后得到的产物。

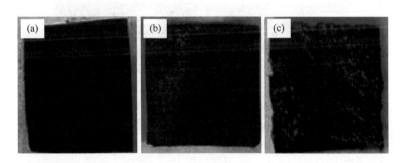

图 3-8　不同温度条件下废旧正极集流体热处理后的照片：（a）500℃；（b）550℃；（c）600℃

与热重分析结果相比，实际处理物料时由于受热不均匀等原因所需温度更高。当热处理温度为 500℃时，废旧正极集流体表面光滑，废旧正极活性物质与铝箔尚无明显分离的迹象 [图 3-8（a）]。当热处理温度为 550℃时，废旧正极集流体表面出现凸起，且有部分正极材料开始脱落 [图 3-8（b）]，但整体的分离效果并不理想。而当热处理温度上升至 600℃时，由于热量在处理物料中的积累，尽管尚未达到 Al 金属的熔点温度，但热处理时间过长时，整个废旧正极集流体表面变得凹凸不平，其颗粒状的凸出物为铝箔金属熔化所致 [图 3-8（c）]。

图 3-9 为热处理温度 600℃，反应时间分别为 5min、15min、30min 和 60min 时，废旧正极活性物质与铝箔的分离效果图。由图 3-9 可见，当热处理时间较短时（5min），废旧正极集流体无明显变化。当热处理时间达到 60min 后，热处理产物的表面凸起更加严重。当热处理时间为 30min 时，正极活性物质与铝箔分离效果明显。这表明在 600℃条件下可实现废旧正极集流体中正极活性物质与铝

箔的分离，通过控制反应时间，可有效避免热量的累积，进而达到理想的处理效果。图 3-10 为废旧正极集流体在 600℃条件下处理 30min，再经过简单振动筛分后分离得到的正极活性物质与铝箔。由图 3-10 可见，正极活性物质与铝箔分离完全，所获得的铝箔产物表面干净，无正极活性材料残余，铝箔可直接回收利用。

600℃, 5min　　　　　　　　600℃, 15min

600℃, 30min　　　　　　　　600℃, 60min

图 3-9　不同反应时间对废旧正极集流体热处理效果的影响

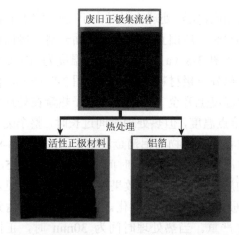

图 3-10　废旧正极集流体中正极活性材料与铝箔的分离效果图

图 3-11 为在 600℃条件下热处理 30min 后富集得到的正极活性物质的 SEM 图。由图 3-11 可见，经过热处理后，原来黏附在一起的正极材料颗粒已经完全分散，活性物质颗粒表面干净，一次颗粒清晰，无附着物，进一步表明通过热处理过程，成功实现了黏结剂的去除。

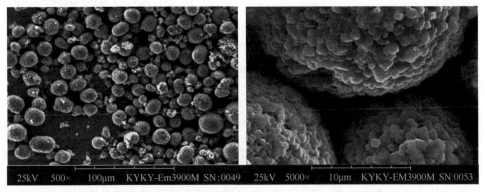

图 3-11　预处理分离得到的正极活性物质的 SEM 图

为了进一步验证分离富集到的正极活性物质是否干净，对分离获取的正极活性物质进行能谱分析，结果如图 3-12 所示。由图 3-12 可见，富集得到的废旧正极材料中仅能检测到镍、钴、锰和氧四种元素，无氟、碳和铝等杂质元素，表明通过热处理过程，不仅有效地去除了黏结剂 PVDF 和导电剂乙炔黑，而且没有铝杂质进入正极活性物质富集产物中，实现了正极活性物质和铝箔的深度分离，为后续正极活性物质中有价组分的浸取奠定了良好的基础。

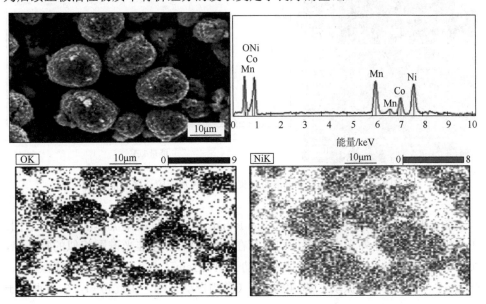

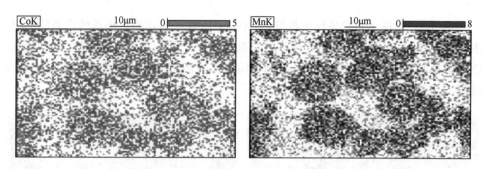

图 3-12　预处理分离得到的正极活性物质的能谱图[23]

## 3.3.2　负极材料热处理

与正极集流体的结构相似，锂离子电池负极集流体主要由铜箔、黏结剂和负极材料（石墨）组成。其中，负极集流体中铜的熔点温度约为 1080℃，远高于正极集流体中铝的熔点温度。图 3-13 为失效锂离子电池负极集流体形貌及相应选区的能谱图。由图 3-13 可见，涂布在金属铜箔表面的材料中主要含有碳和氟两种元素，片状的石墨碳材料通过黏结剂紧紧地黏附到一起。

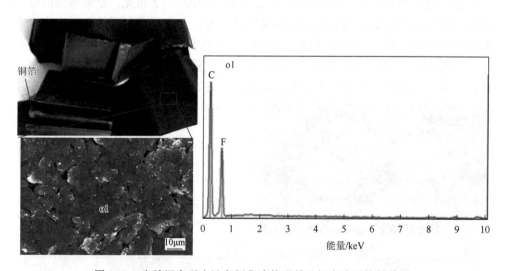

图 3-13　失效锂离子电池负极集流体形貌及相应选区的能谱图

图 3-14（a）和（b）分别为黏结剂 PVDF 和废旧负极集流体的红外光谱图。在负极集流体的红外光谱图中，同样存在与纯 PVDF 标准光谱图相似的特征峰，如特征峰 2977cm$^{-1}$（C—H 的伸缩振动）、1401cm$^{-1}$（CH$_2$ 的变形摇摆振动）、880cm$^{-1}$（C—C 骨架振动）和 494cm$^{-1}$（晶相振动）等。由此可知，失效锂离子

电池负极集流体中含有常用的黏结剂 PVDF。黏结剂 PVDF 可以将失效锂离子电池负极材料颗粒黏附在一起，并使之固定在金属铜箔上。由失效锂离子电池正极集流体热处理的结果可知，通过控制热处理温度、时间等条件，可以实现铝箔与正极材料的深度分离。因此，在铜箔熔点远高于铝箔且黏结剂同为 PVDF 的前提条件下，废旧负极集流体中的铜箔可以采用同样的热处理方法进行回收。

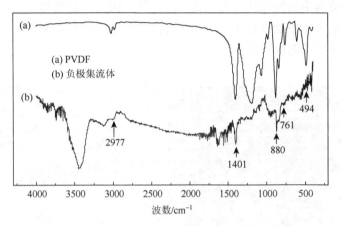

图 3-14 PVDF 和废旧负极集流体的红外光谱图

为了验证废旧负极集流体中铜箔与负极活性物质的分离效果，对废旧负极集流体进行了热处理实验，实验方法与废旧正极集流体处理方法基本相同。将废旧负极集流体剪成 2cm×2cm 的小方块后置于纯氮气保护下的管式炉中，在 600℃条件下热处理 30min，分离的效果如图 3-15 所示。由图 3-15 可见，废旧负极活性物质与铜箔可完全分离，铜箔上无负极活性物质残余。由于铜的热稳定性更好，热处理后得到的铜箔产物表面形貌保持得更加完好，同样可直接回收利用。

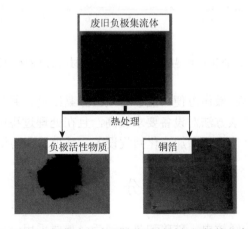

图 3-15 废旧负极集流体中活性物质材料与铜箔的分离效果图

为了进一步探讨负极活性物质与铜箔的分离效果，采用 SEM 和能谱对在 600℃热处理 30min 后分离得到的负极活性材料进行表征，结果如图 3-16 所示。由图 3-16 可见，经过热处理后，原来黏附在一起的负极材料颗粒完全分散，表明通过热处理过程，黏结剂已成功去除。相应的面扫描能谱测试表明，分离得到的负极材料的组成元素仅为碳元素，无氟、铜等其他杂质元素，这更加充分地表明废旧负极集流体中活性物质已与铜箔深度分离。因此，热处理工艺不仅能成功实现废旧正极集流体中活性物质与铝箔的分离预处理，而且完全适用于负极集流体的预处理和铜资源的高效回收利用。

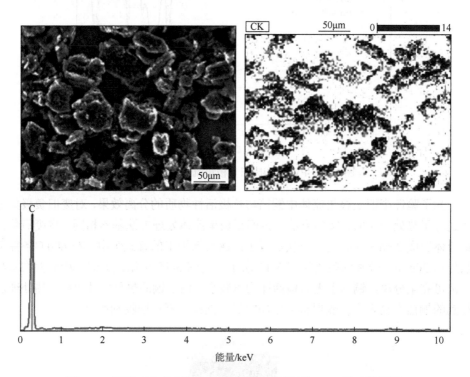

图 3-16　预处理分离得到的负极活性物质材料的 SEM 图及能谱图

热处理工艺简单，操作方便，能够有效去除黏结剂，并且适合处理大量或较复杂的电池组分。但该方法对设备要求较高，且在处理过程中，电池中有机物组分分解会产生有害气体，需增加净化回收设备，减少二次污染。

## 3.4　分　　　选

失效锂离子电池经放电、破碎和热处理后，需要采用分选的方法对不同的组分进行分选，以实现各有价组分的分离和富集。分选方法包括筛分、重选、磁选、电选和浮选等[1,3]。

### 3.4.1　筛分与气流分选

1. 筛分

筛分是一种通过使用不同筛孔的筛子来分离不同颗粒大小物体的方法。不同粒度的物料透筛的难易程度不同，物料颗粒越小，越易透过筛孔，而在物料和筛孔尺寸相近时，透筛较难。一般认为，物料粒度小于筛孔 3/4 的颗粒容易透过筛孔，被称为易筛粒；大于筛孔 3/4 的颗粒，难透过筛孔，称为难筛粒。筛分效率以实际得到的筛分产物量与入筛物料中所含粒度小于筛孔的物料量的比值表示，筛分效率越高，筛分越完全。在物料筛分开始时，易筛粒很快通过筛孔，此时筛分效率很高；随着时间延长，筛面上的易筛粒越来越少，筛分效率越来越低。

$$E = \frac{C}{Q_\alpha} \times 100\% \tag{3-4}$$

$$\frac{\mathrm{d}\omega}{\mathrm{d}t} = -\kappa\omega \tag{3-5}$$

式中，$E$ 为筛分效率（%）；$C$ 为筛下产物质量（g）；$Q_\alpha$ 为入筛原料中小于筛孔级别的物料质量（g）；$\omega$ 为某一时刻存在于筛面上比筛孔小的物料质量（g）；$t$ 为筛分时间（s）；$\kappa$ 为比例系数。

根据筛分机工作原理可分为固定筛、滚筒筛和振动筛等。固定筛筛面由平行排列的筛条组成，工作时固定不动，物料靠自重沿筛面下滑而筛分。固定筛结构简单，制造方便，不耗动力，但生产率低、筛分效率低。如图 3-17 所示，滚筒筛

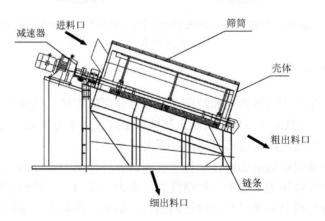

图 3-17　滚筒式筛分机结构

的筛面为圆柱或圆锥状，工作时筛筒绕筒体轴线旋转，物料从筛筒一端给入，并随筛筒旋转被带起至一定高度，受重力作用自行落下，细粒物料从筛筒表面的筛孔通过，粗粒物料从筛筒的出料端排出，在不断起落运动中实现粗细粒物料的分离。滚筒筛工作平稳，但其筛孔易堵塞变形、筛分效率低、生产率低。振动筛利用振子激振产生的往复振动工作。当大量粒度不同的混合物料进入筛面后，只有一部分颗粒与筛面接触，借助筛箱的振动，可使筛上物料层松散，扩大物料间隙，细粒物料乘机穿过间隙到达筛面，小于筛孔者透筛，完成筛分工作。振动筛振动强烈，可减少物料堵塞筛孔的现象，具有较高的筛分效率和生产率，在失效电池预处理过程中应用较多。

由于锂离子电池各组分物理性质不同，破碎后产物粒度呈现较大的差异。如图 3-18 所示，金属外壳和大片隔膜通常富集在 +2mm 破碎产物中，金属箔片和纤维状隔膜则富集在 0.25～2mm 破碎产物中，而正极材料和负极石墨富集在 −0.25mm 破碎产物中。因此，通过筛分，可分离出金属、隔膜和正负极粉等。

图 3-18　（a）+2mm 破碎产物；（b）−2mm 破碎产物；（c）0.25～2mm 破碎产物；（d）−0.25mm 破碎产物

## 2. 气流分选

气流分选是基于颗粒密度和粒度差异进行分离的方法。气流分选时以空气为分选介质，在气流作用下，轻物料从上部被带走或在水平方向被带至较远的地方，而重物料由于气流无法支撑而沉降，进而实现分离。

在流场中非恒定运动的固体颗粒所受到的各种作用力可分为三类：①与流体和颗粒间的相互作用无关的力，如惯性力、重力、浮力；②依赖于流体和颗粒间的相对运动且与相对运动速度方向相同的力，如附加质量力；③依赖于流体和颗粒间的相对运动，但与相对运动速度方向垂直的力，如 Saffman 力、Magnus 力。

颗粒所受惯性力：$F_1 = \dfrac{1}{6}\pi\rho_p d^3 \dfrac{\mathrm{d}\nu_p}{\mathrm{d}t}$ 　　　　　　　　　　　（3-6）

颗粒所受重力：$F_G = \dfrac{1}{6}\pi\rho_p g d^3$ 　　　　　　　　　　　　　（3-7）

颗粒所受浮力：$F_{浮} = \dfrac{1}{6}\pi\rho g d^3$ 　　　　　　　　　　　　　（3-8）

颗粒所受拖拽力：$F_D = 3\pi\mu d(\nu_a - \nu_p)$ 　　　　　　　　　　（3-9）

颗粒所受附加质量力：$F_{附} = -\dfrac{1}{12}\pi\rho g d^3\left(\dfrac{\mathrm{d}\nu_p}{\mathrm{d}t} - \dfrac{\mathrm{d}\nu_a}{\mathrm{d}t}\right)$ 　　　（3-10）

式中，$\rho_p$ 为颗粒的密度（kg/m³）；$d$ 为颗粒的直径（m）；$\nu_p$ 为颗粒的速度（m/s）；$t$ 为时间（s）；$g$ 为重力加速度；$\rho$ 为空气的密度（kg/m³）；$\mu$ 为空气动力黏度（Pa·s）；$\nu_a$ 为流体的速度（m/s）。

在脉动气流流场中对单颗粒有明显作用的主导力有重力、拖拽力和附加质量力。拖拽力 $F_D$ 既取决于颗粒的大小、形状和密度，又取决于流体的密度、黏性和流动状态。在气流分选中，颗粒在流体中变速运动时，推动颗粒的力不仅要为增加颗粒的动能做功，还要为增加颗粒周围流体的动能做功，这个力与颗粒的体积和速度以及流体的密度有关，称为附加质量力 $F_{附}$。

颗粒在流体中运动时受力平衡方程为 $F = F_G + F_D + F_{浮}$。

在锂离子电池中，塑料隔膜密度较小，在气流作用下，容易被分选出来。同时铝粉相较于铜粉较轻，通过控制气流速度和给料速度，也可以实现相互分离。一般而言，随着气流速度的增大，轻产物的产率增大，相对应的重产物的产率减小，密度差异越大，物料越易分离。气流分选效率和精度较高，操作简单，当前已在锂离子电池回收预处理过程中被广泛应用，其不足之处在于气流分选对形状不规则、密度相近的物料分选效果不佳，且气流分选机能耗较高，维护比较复杂，需要定期清洗和更换部件。

## 3.4.2　电/磁分离

### 1. 静电分选

静电分选是利用物料组分在导电特性、摩擦特性、介电常数等性质上的差异，通过电场作用实现物料分离的分选方法。在锂离子电池中，除金属外，塑料聚合物等非金属也占一定比例。在预处理过程中，基于电导率差异，静电分选可实现金属部分和塑料聚合物之间的分离[24]。图 3-19 为常用的辊式静电分选机示意图，在通高压直流电后，电晕电极会对其周围的空气进行电离，被电离出的负电荷飞向转辊电极，在电晕电极与转辊电极之间形成一个离子化区域。当给料进入离子化区域时，金属导体颗粒和塑料聚合物等非导体颗粒进入荷电过程。导体颗粒获得的负电荷被转辊电极传走，表面仅留下正电荷，介电能力强的塑料等非导体颗粒表面负电荷难以被传走，表面带负电，因此金属颗粒和非金属颗粒在静电极激发出的静电场中表现出不同的运动状态。导体颗粒因带正电荷，在电场力、离心力和自身重力的复合作用下，被转辊电极排斥脱离，在静电场中做斜抛运动，最终落入导体颗粒收集区域。非导体颗粒由于自身带负电荷会黏附在转辊表面，随着转辊电极进行转动，最终落入非导体颗粒收集区。而介于导体和非导体颗粒间的中间颗粒则落入中间产物收集区。静电分选效率高，但当物料湿度较高时，物料带电性能减弱，分选效果变差。

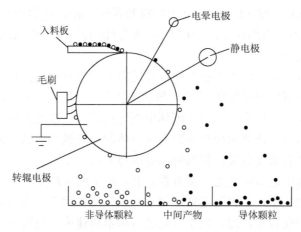

图 3-19　辊式静电分选机的示意图[25]

### 2. 涡流分选

涡流分选被认为是从金属、非金属混合物中分离磁性金属和有色金属的一种清洁和安全的技术。如图 3-20 所示，导体在高频交变磁场中可以产生感应电流，

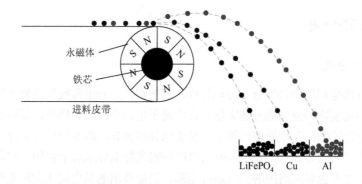

图 3-20　涡流分选回收磷酸铁锂、铜、铝的示意图

而电流又能产生磁场，涡电流分选机工作时会在分选辊表面产生高频交变的强磁场，当金属颗粒进入强磁场分选区运动时，金属颗粒内部产生感应交流电，交流涡流激发粒子周围与原磁场方向相反的新磁场，产生相互排斥作用力，在排斥力作用下金属颗粒被向前抛出，从而实现金属和非金属物的分离。在失效锂离子电池有价组分分选过程中，由于铜、铝、废极粉等磁场感应程度不同，涡流分选被认为是一种分选铜铝和废极粉的有效方法[26-28]。

### 3. 磁选

磁选是基于物料磁性差异而进行分选的一种方法。物料进入磁选机的非均匀磁场中，同时受到磁力和竞争力的作用，二者合力决定了颗粒的运动轨迹。在磁场中分选不同的颗粒物料时，必要的条件是 $F_m > F_c > F_m^*$，$F_m$ 为作用在磁性较强颗粒上的磁力；$F_m^*$ 为作用在磁性较弱颗粒上的磁力；$F_c$ 为作用在颗粒上的竞争力（包括重力、离心力、摩擦力等）。

磁性颗粒在磁场中受到的磁力为

$$F_m = \mu_0 KVH \text{grad} H \tag{3-11}$$

式中，$\mu_0$ 为真空的磁导率（N/A$^2$ 或 H/m）；$K$ 为颗粒的物体磁化系数；$V$ 为颗粒的体积（m$^3$）；$H$ 为磁场强度（A/m），$\text{grad} H$ 为磁场梯度（T/m）。

在实际磁选中，常用比磁力 $f_m$（N/kg）即单位质量磁性颗粒所受的磁力。

$$f_m = \frac{F_m}{m} = \mu_0 \chi H \text{grad} H \tag{3-12}$$

式中，$m$ 为颗粒的质量（kg）；$\chi$ 为物质的比磁化率。

由式可知，物料在磁场中所受的比磁力大小取决于物料本身的磁性和磁场强度及磁场梯度。当磁场一定时，物体比磁化率越高，物料在磁场中所受的比磁力 $f_m$ 越大。如表 3-2 所示，磷酸铁锂、锰酸锂、镍钴锰酸锂是顺磁性固体，而钴酸锂、石墨、铜箔、铝箔可以被视为逆磁性的[29]。因此，理论上可通过磁选从失效锂离子电池组分中分离正极材料（钴酸锂除外）、石墨、铜箔和铝箔[30, 31]。但是，磁选对所分离物质粒度要求较高，在使用磁选分离正负极和其他物质时，由于机械夹杂和吸引夹杂等现象，尚难以实现正、负极材料的完全分离。

**表 3-2 锂离子电池中各组分比磁化率（ $10^{-9}$ m$^3$/kg）[29]**

| 组分 | LiFePO$_4$ | LiMnO$_2$ | LiNi$_{1/3}$Co$_{1/3}$Mn$_{1/3}$O$_2$ | LiCoO$_2$ |
|---|---|---|---|---|
| 比磁化率 | 741 | 574 | 331 | 17 |
| 组分 | C | Cu | Al | |
| 比磁化率 | −84 | −1.12 | 8.15 | |

### 3.4.3　浮选

#### 1. 浮选原理

浮选是基于材料表面物理和化学性质差异实现不同组分分离的技术。当原料浸入水中时,疏水性物料在浮选药剂的作用下随气泡上升至液面,而亲水性物料则沉于溶液底部,从而实现不同组分间的分离。在锂离子电池中,石墨是负极材料中最常用的,石墨晶体具有完整的层状结构,裂解面主要由共价键组成,不饱和度低,表面极性弱,偶极子与水分子相互作用小,具有天然的疏水性。而具有α-NaFeO$_2$型层状结构的LiCoO$_2$和三元材料以及橄榄石结构的LiFePO$_4$都属于离子晶体,其裂解面主要由离子键和高不饱和键能组成,具有强极性,从而对水分子表现出强吸引力[32-34]。

图3-21(a)展示了石墨的XRD图,位于26.47°、54.54°处的衍射峰分别对应于石墨晶体的(002)和(004)晶面,衍射峰峰形尖锐且强度较高,这是2H多型石墨的典型特征峰,属于六方晶系,$P63/mmc$（194）空间群,晶格常数是$a^* = b^* = 2.4704$Å,$c^* = 6.7244$Å,$\alpha^* = \beta^* = 90°$,$\gamma^* = 120°$,(002)晶面间距$d = 3.376$Å。石墨的碳原子按照六方网状紧密堆积,具有良好的化学稳定性,不易受强酸、强碱及有机溶剂侵蚀。图3-21(b)显示了LiFePO$_4$的XRD图,位于17.13°、20.76°、22.70°、24.08°、25.57°、29.72°、33.24°、35.59°、36.54°处的衍射峰分别对应于(200)、(101)、(210)、(011)、(111)、(211)、(301)、(311)、(121)晶面。

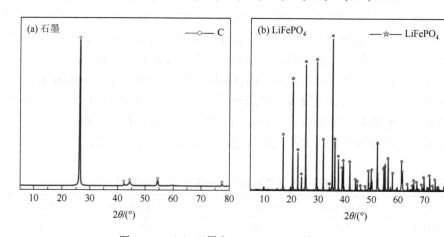

图3-21　（a）石墨和（b）LiFePO$_4$的XRD图

电池制备用石墨的拉曼光谱图如图3-22(a)所示,在1351.76cm$^{-1}$、1583.86cm$^{-1}$和2703.26cm$^{-1}$处有三个典型的带,分别对应D带、G带和2D带。G带显示了石墨层的完整程度，D 带是由石墨碳的键角紊乱、键长紊乱、空位和边缘缺陷等引起的。总的来说，G 带和 D 带的强度比（$I_G/I_D$）与石墨碳无序程度有很好的相关性。在 2703.26cm$^{-1}$ 处的二维波段是 D 信号峰值的二阶激发，证实了多层石墨骨架的存在。LiFePO$_4$ 的拉曼光谱图如图 3-22（b）所示，位于 2838.40cm$^{-1}$ 处 D 信号峰处有强度较低的二维波段，说明 LiFePO$_4$ 表面有包覆的碳层，但没有完全以多层石墨骨架的形式排列，详细参数见表 3-3。

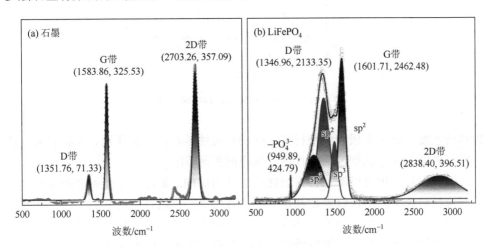

图 3-22　（a）石墨和（b）LiFePO$_4$ 的拉曼拟合光谱

括号内数据分别是特征峰的位置和强度

表 3-3　LiFePO$_4$ 的拉曼光谱拟合峰的位置和面积

| 名称 | 波数/cm$^{-1}$ | 面积比例/% |
| --- | --- | --- |
| $-PO_4^{3-}$ | 949.89 | 0.48 |
| D 带（sp$^2$） | 1369.69 | 35.95 |
| G 带（sp$^2$） | 1599.98 | 27.82 |
| D 带（sp$^3$） | 1245.49 | 24.49 |
| G 带（sp$^3$） | 1503.45 | 11.27 |

采用 K100 表面张力仪对石墨和 LiFePO$_4$ 的表面润湿速率进行测试，结果如图 3-23 所示。由图可见，石墨因具有天然疏水性，在 40s 左右即达到吸附饱和，而 LiFePO$_4$ 由于其表面包覆的碳层，在测试前 40s 时浸润速率与石墨相当，但随着测试时间的延长，LiFePO$_4$ 表现出亲水性，润湿速率迅速增加。

2. 浮选试剂

在失效锂离子电池材料浮选分离过程中，浮选试剂主要用于选择性吸附在电

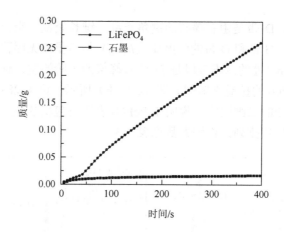

图 3-23　石墨和 LiFePO$_4$ 的表面润湿性

极材料表面，增加正极和负极材料之间的润湿性差异，以实现正、负极材料浮选分离。典型的浮选试剂包括捕收剂、起泡剂和调节剂。

捕收剂是一种可以增加材料表面疏水性的试剂，是浮选中最重要的试剂。捕收剂与材料表面的活性位点相互作用，使其疏水并黏附在气泡表面，然后随气泡上升到表面。即使是石墨等天然疏水矿物，也应适当添加非极性捕收剂，以提高其可浮性和分离效率。常见的捕收剂包括煤油、柴油、磺酸盐和胺等[35]。

起泡剂是指能降低水的表面张力促进形成气泡，并使气泡附着于上浮颗粒表面的一类活性剂。起泡剂一端具有亲水性极性基团，另一端具有疏水性非极性基团。浮选过程中，起泡剂主要吸附在液气界面，非极性基团面向气相，极性基团面向液相，在液气界面形成定向排列，降低水的表面张力，增加空气在浆料中的分散，形成稳定且尺寸合适的泡沫。常见的起泡剂包括松油、异戊醇和甲基异丁基甲醇（MIBC）等。

调节剂主要包括 pH 调节剂、分散剂、抑制剂、絮凝剂等。在浮选过程中，浆料的 pH 值非常重要，各种物料在适当的 pH 值下才能有效地上浮。分散剂同时具有亲油和亲水两种特性，可以促进物质颗粒在介质中的均匀分散，或均匀分散难以溶解在液体中的固体颗粒，还可以防止固体颗粒的沉降和团聚，是形成稳定悬浮液所必需的一种试剂。分散剂在泡沫浮选中既可以选择性分散细颗粒，也可以防止细颗粒附着在可浮物料颗粒上，以提高物料的选择性。抑制剂的主要功能是选择性地破坏或削弱捕收剂对某些矿物颗粒的吸附，并增强特定物料表面的亲水性，以在可浮性相似的情况下实现目标物料和非目标物料之间的分离。絮凝剂是多功能的分子有机化合物，可以多点吸附到物料颗粒与水的界面上并引起絮凝。在细粒物料的泡沫浮选中使用絮凝剂，可改变目标物料颗粒的表面性质，从而适当絮凝增大粒度，促进目标物料与非目标物料分离。

### 3. 纯料浮选

如图 3-24 所示,在浮选中,石墨由于其疏水性,倾向于分布在气液界面处,黏附在气泡上并漂浮在表面上,而正极材料由于亲水性倾向于沉入浮选槽的底部。泡沫浮选作为一种非破坏性的物理化学过程,保持了正、负极材料结构和功能的完整性。目前,从失效锂离子电池中分离正极和负极活性材料时,常使用非极性捕收剂,如煤油和十二烷。研究表明,非极性捕收剂可以与石墨相互作用,增加其疏水性,但它们选择性较差,同样可以吸附在正极材料上,导致正极材料附着在气泡上上浮。

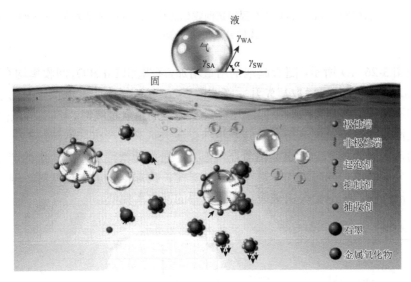

图 3-24  接触角和浮选示意图[36]

在矿物浮选过程中,pH 值决定了矿物表面的电荷状态和带电性,直接影响浮选选择性和分离效率。特别是对表面带电的物料,pH 值不仅会影响颗粒表面的电性,还会影响矿物表面的疏水性。对纯的 $LiFePO_4$ 和石墨材料分别进行浮选实验,pH 值对浮选回收率的影响如图 3-25 所示。由于石墨的天然疏水性,在 pH 值 4～12 范围内,石墨的回收率始终保持在 95%以上,而 $LiFePO_4$ 在较强酸性或较强碱性条件下,回收率出现降低的趋势 [图 3-25 (a)]。低 pH 值条件下,$LiFePO_4$ 部分浸出,回收率较低。在碱性环境下,$LiFePO_4$ 中的 $Fe^{2+}$ 与 $OH^-$ 反应生成 $Fe(OH)_2$ 覆盖在颗粒表面,$LiFePO_4$ 表面亲水性增加,回收率下降。因此,在碱性条件下,$LiFePO_4$ 和石墨的 Gaudin 选择性分离指数较高 [图 3-25 (b)]。

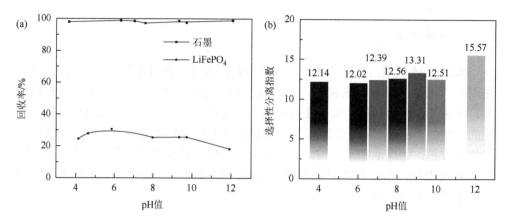

图 3-25　（a）pH 值对纯 LiFePO$_4$ 和石墨浮选回收率的影响；（b）pH 值对纯 LiFePO$_4$ 和石墨选择性分离指数的影响

　　如图 3-26（a）所示，随着起泡剂用量增加，石墨和 LiFePO$_4$ 回收率均有增加，但 Gaudin 选择性分离指数却先升后降［图 3-26（b）］，表明过低或过高的起泡剂用量均不利于 LiFePO$_4$ 与石墨的浮选分离。起泡剂用量过高时，气泡机械强度增大，气泡尺寸减小，泡沫持久性强，泡沫黏度大，夹带严重，泡沫层的二次富集作用弱，大部分 LiFePO$_4$ 也会附着在气泡上，进而随气泡上浮进入泡沫产品，影响浮选分离精度，同时增加了后续消泡的难度；而起泡剂用量过低时，泡沫不易形成，泡沫中的气泡会很快破裂，导致石墨的回收率偏低。

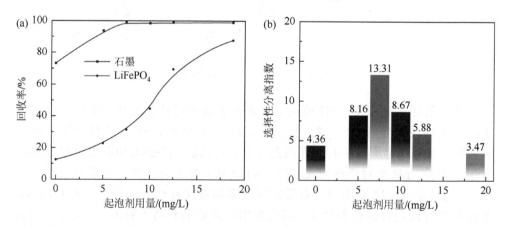

图 3-26　（a）起泡剂用量对纯 LiFePO$_4$ 和石墨浮选回收率的影响；（b）起泡剂用量对纯 LiFePO$_4$ 和石墨浮选选择性指数的影响

　　如图 3-27（a）所示，随着捕收剂用量增加，LiFePO$_4$ 和石墨的回收率增加。

结果表明，捕收剂用量对石墨具有良好的捕收性能，但当捕收剂用量增加到一定程度时，Gaudin 选择性分离指数下降，选择性效果变差 [图 3-27（b）]。由图 3-28 可见，抑制剂对石墨和 LiFePO₄ 的分离显示出较好的效果，石墨的回收率几乎不受抑制剂浓度的影响，但 LiFePO₄ 受到抑制剂的影响较大，选择性分离指数最大达到 28.37，LiFePO₄ 和石墨实现了有效分离。

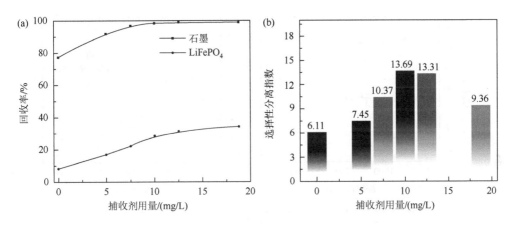

图 3-27　（a）捕收剂用量对纯 LiFePO₄ 和石墨回收率的影响；（b）捕收剂用量对纯 LiFePO₄ 和石墨选择性分离指数的影响

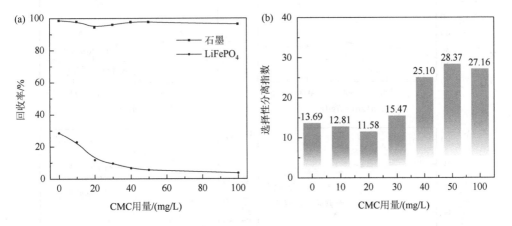

图 3-28　（a）CMC 用量对石墨和 LiFePO₄ 浮选回收率的影响；（b）CMC 用量对石墨和 LiFePO₄ 选择性分离指数的影响

### 4. 混合废料浮选

如上所述，在浮选分离纯料时，正极材料和石墨表现出不同的浮选行为，但对实际混合废料浮选分离仍存在一定的难度。图 3-29 为失效电池破碎分选后得到的三元材料和石墨混合废料浮选分离效果图。由图 3-29（a）可见，在分散剂六偏磷酸钠（6p）用量为 0 时，精矿产率为 59.45%，尾矿产率为 40.55%，精矿和尾矿中石墨回收率分别为 85.6% 和 14.4%。随着分散剂用量增加，石墨回收率变化较小，大量的三元材料随石墨进入泡沫精矿中，无法实现有效分离。

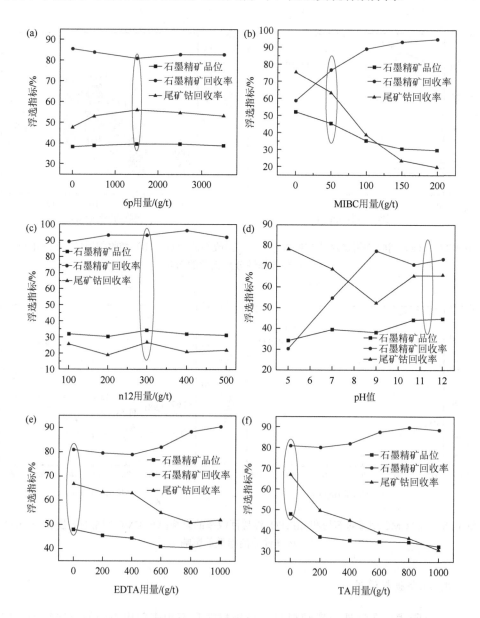

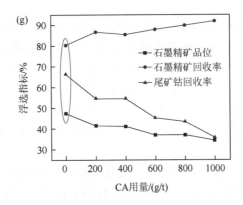

图 3-29 正负极混合物料不同参数下的浮选实验结果

由图 3-29（b）可见，随着起泡剂甲基异丁基甲醇（MIBC）用量增大，精矿中石墨回收率逐渐升高，尾矿中钴回收率不断降低，起泡剂的使用促使矿浆中产生大量气泡，这些气泡不仅携带石墨浮于水面，三元材料同样被泡沫带走，用量越大，选择性效果越差。图 3-29（c）为捕收剂 N-十二烷基乙二胺（n12）用量对浮选的影响，在分离效果最佳时，石墨回收率为 96.02%，而钴回收率仅有 28.3%，三元材料回收效果较差。图 3-29（d）为矿浆 pH 值对浮选效果的影响，在弱酸性或中性条件下，石墨和三元材料大多数沉于底部，不随气泡上浮。随着 pH 值进一步增加至 12，石墨回收率稍微下降，而三元材料回收率却有所升高，表明碱性条件下对正负极物料分离更为有利。图 3-29（e）～（g）为抑制剂乙二胺四乙酸（EDTA）、酒石酸（TA）和柠檬酸（CA）用量对浮选效果的影响，随着三种试剂用量的增加，石墨回收率均有所升高，然而三元材料的回收率却不断下降。以上表明，在对混合废料浮选时，正极材料易于随石墨同时上浮，从而损失于石墨精矿中。

正极材料在精矿中的损失不仅是由夹带造成的，更多的是实际正极材料疏水性造成的。电池组装过程中，正极活性材料、导电剂（如炭黑）和黏结剂（如 PVDF）混合并涂覆在铝箔上。预处理时，若无热处理工序，解离的正极材料表面被 PVDF 和炭黑覆盖，两者都具有高度疏水性，导致正极材料表面的疏水性增加，减少了正极和负极活性颗粒之间的润湿性差异，大量正极材料随着气泡上浮，从而损失于精矿中。此外，由于循环后石墨表面固态电解质界面（SEI）膜的生长，石墨的可浮性由于丰富的氧亲和位点也有所下降。

5. 强化浮选

影响失效锂离子电池正极和负极材料浮选分离的因素主要包括：材料表面黏结剂（PVDF 等）、石墨中含有的杂质锂离子及石墨表面产生的 SEI 膜。电极材料表面黏附的 PVDF 会导致正极和负极材料之间的润湿性能差异减小，降低浮选分离的选择性。电池的充放电过程实际上是锂离子在阴极和阳极之间来回移动的过程。在充电时，锂离子到达负极，嵌入石墨层中。在放电时，锂离子从石墨层中释放。但由于石墨层中的锂通常并不能完全释放，石墨层中一般包含有一部分"死锂"，其在浮选过程中溶解在矿浆中，成为影响浮选的杂质离子。此外，在电池循环过程中石墨表面上产生的 SEI 膜，可降低石墨的疏水性，影响石墨可浮性。

因此，为了提高失效锂离子电池正极材料和负极材料的浮选分离效果，需进行强化处理。目前，强化浮选主要采用去处废料表面有机层的策略（图 3-30），可分为芬顿氧化强化、机械研磨强化和热处理强化等[37-40]。

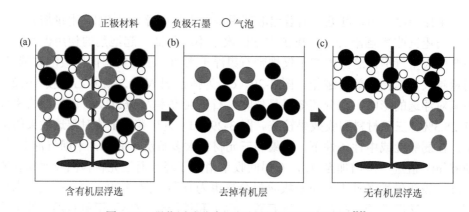

图 3-30　强化浮选分离正极材料和石墨的示意图[32]

1）芬顿氧化强化

用芬顿（Fenton）试剂对混合废料表面进行改性时，PVDF 分解成小分子，有机物被氧化成 $CO_2$ 和 $H_2O$，电极材料表面大部分有机涂层被去除，有机碳含量明显降低，正极材料和石墨暴露出其原始表面[32]。然而，尽管芬顿试剂可以去除电极材料表面的有机涂层，但其副产物 $Fe(OH)_3$ 覆盖在材料表面，正、负极材料的表面性质变得相似，浮选分离效率仍不理想。

2）机械研磨强化

在研磨介质产生的水平剪切力下，石墨的层状结构滑动并剥落，露出大量新的疏水表面，而正极材料表面的有机涂层在研磨作用下发生部分磨损，恢复一定程度的亲水性。此外，研磨还可以活化正极材料表面的锂离子，破坏 PVDF 中的 C—F 键，促进锂与氟离子相互作用形成 Li—F 键，增加正极材料与石墨的润湿性差异。但是，该方法也存在一些缺点，如在垂直轧制压力下，正极材料和石墨颗粒会相互黏附，并随着研磨时间的延长更加严重，导致正极材料颗粒跟随石墨进入泡沫层，降低正极材料的回收率。同时，研磨过程能耗较高，导致处理成本升高。

3）热处理强化

热处理是分解有机物、改善浮选效果的一种有效方法。热解温度、保温时间和升温速率是影响热解效果的重要因素。一方面，如果热解温度太低，保温时间太短，或升温速率太快，有机黏结剂和残留电解质不能完全分解。另一方面，如果热解温度过高，热解炭会烧结并聚集在电极颗粒表面，增加电极材料的疏水性，并且正极和负极材料会发生氧化还原反应，破坏电极材料结构[41, 42]。因此，合适的热解条件对浮选分离正负极材料十分关键。

图 3-31 为经过热处理后石墨与正极材料浮选分离的效果图。由图 3-31（a）可见，分散剂用量改变，对石墨和三元材料回收率影响较小。图 3-31（b）为起泡剂对浮选的影响效果图。在起泡剂用量由 50g/t 增加至 300g/t 时，石墨回收率由 1.58% 升至 63%，三元材料回收率由 95.41% 降至 92.01%。图 3-31（c）验证了捕收剂对浮选的影响，随着捕收剂用量增加，石墨回收率不断升高，而三元材料回收率变化不大。矿浆 pH 值对热处理后物料仍有明显影响 [图 3-31（d）]，弱酸性和中性条件下三元材料和石墨回收率较低，其中三元材料回收率随 pH 值增加而增加，而在 pH 值为 7 时，石墨回收率最高。但总体而言，在碱性条件 pH 值为 11 时正、负极分选效果更好。图 3-31（e）～（g）为抑制剂 EDTA、TA 和 CA 对热处理后混合废料浮选分离的影响效果图。如图所示，随着抑制剂的使用，石墨和三元材料回收率均有所下降，浮选效果变差。通过与未经热处理的混合物料分选结果对比可以发现，热处理后物料石墨回收率下降，三元材料回收率显著升高，热处理提高了正、负极材料浮选分离效果。

与其他回收方式相比，浮选具有简单、高效、经济、环保等优点，在失效锂离子电池的回收利用中具有很大的应用潜力，但也存在一些问题，如浮选过程中使用的试剂多为有机物，产生有机废水，同时浮选还导致电极材料中可溶性锂溶解，难以有效回收。

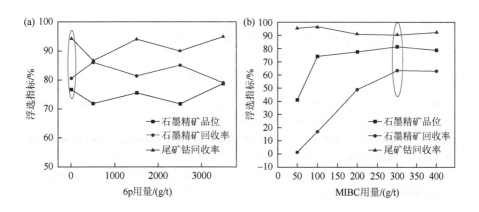

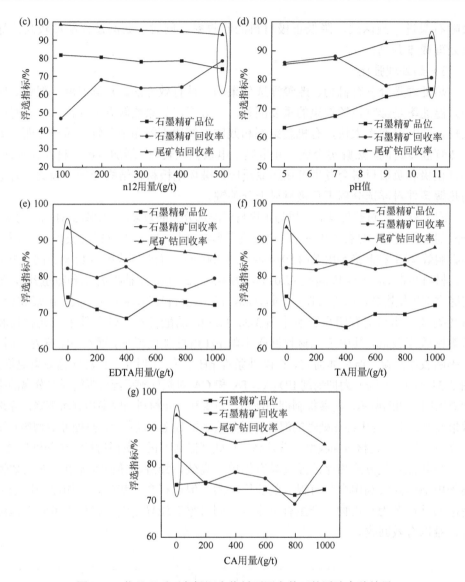

图 3-31　热处理后正负极混合物料不同参数下的浮选实验结果

# 参 考 文 献

[1]　Yu W，Guo Y，Xu S，et al. Comprehensive recycling of lithium-ion batteries：Fundamentals，pretreatment，and perspectives[J]. Energy Storage Materials，2023，54：172-220.

[2]　Yao L P，Zeng Q，Qi T，et al. An environmentally friendly discharge technology to pretreat spent lithium-ion batteries[J]. Journal of Cleaner Production，2019，245（3）：118820.

[3]　Ali H，Khan H A，Pecht M. Preprocessing of spent lithium-ion batteries for recycling：Need，methods，and trends[J]. Renewable and Sustainable Energy Reviews，2022，168：112809.

[4]　Feng X，Ren D，He X，et al. Mitigating thermal runaway of lithium-ion batteries[J]. Joule，2020，4（4）: 743-770.

[5]　Gaines L，Richa K，Spangenberger J. Key issues for Li-ion battery recycling[J]. MRS Energy & Sustainability，2018，5（1）: 12.

[6]　Pitek J，Afyon S，Budnyak T M，et al. Sustainable Li-ion batteries: Chemistry and recycling[J]. Advanced Energy Materials，2020，11（43）: 2003456.

[7]　Sommerville R，Shaw-Stewart J，Goodship V，et al. A review of physical processes used in the safe recycling of lithium ion batteries[J]. Sustainable Materials and Technologies，2020，25: e00197.

[8]　Chen Y，Kang Y，Zhao Y，et al. A review of lithium-ion battery safety concerns: The issues，strategies，and testing standards[J]. Journal of Energy Chemistry，2021，59（8）: 83-99.

[9]　Jin D，Park J，Ryou M H，et al. Structure-controlled Li metal electrodes for post-Li-ion batteries: Recent progress and perspectives[J]. Advanced Materials Interfaces，2020，7（8）: 1902113.

[10]　Ojanen S，Lundstr M，Santasalo-Aarnio A，et al. Challenging the concept of electrochemical discharge using salt solutions for lithium-ion batteries recycling[J]. Waste Manag，2018，76: 242-249.

[11]　Torabian M，Jafari M，Bazargan A. Discharge of lithium-ion batteries in salt solutions for safer storage，transport，and resource recovery[J]. Waste Management & Research，2022，40（4）: 402-409.

[12]　Lu M，Zhang H，Wang B，et al. The re-synthesis of $LiCoO_2$ from spent lithium ion batteries separated by vacuum-assisted heat-treating method[J]. International Journal of Electrochemical Science，2013，8（6）: 8201-8209.

[13]　Yu D，Huang Z，Makuza B，et al. Pretreatment options for the recycling of spent lithium-ion batteries: A comprehensive review[J]. Minerals Engineering，2021，173（1）: 107218.

[14]　He L，Sun S，Song X，et al. Recovery of cathode materials and Al from spent lithium-ion batteries by ultrasonic cleaning[J]. Waste Management，2015，46: 523-528.

[15]　Xiao J，Guo J，Zhan L，et al. A cleaner approach to the discharge process of spent lithium ion batteries in different solutions[J]. Journal of Cleaner Production，2020，255（6）: 120064.

[16]　Li S. Research progresses in treatment technologies for volatile organic compounds[J]. Environmental Protection of Chemical Industry，2008，28（1）:1-7.

[17]　Safizadeh F，Ghali E，Houlachi G. Electrocatalysis developments for hydrogen evolution reaction in alkaline solutions-A Review[J]. International Journal of Hydrogen Energy，2014，40（1）: 256-274.

[18]　Or T，Gourley S，Kaliyappan K，et al. Recycling of mixed cathode lithium-ion batteries for electric vehicles: Current status and future outlook[J]. Carbon Energy，2020，2（1）: 38.

[19]　Diekmann J，Hanisch C，Fröböese L，et al. Ecological recycling of lithium-ion batteries from electric vehicles with focus on mechanical processes[J]. Journal of the Electrochemical Society，2017，164（1）: A6184-A6191.

[20]　Zhang G，He Y，Wang H，et al. Removal of organics by pyrolysis for enhancing liberation and flotation behavior of electrode materials derived from spent lithium-ion batteries[J]. ACS Sustainable Chemistry & Engineering，2020，8（5）: 2205-2214.

[21]　Zhong X，Liu W，Han J，et al. Pyrolysis and physical separation for the recovery of spent $LiFePO_4$ batteries[J]. Waste Management，2019，89: 83-93.

[22]　Zhao C，Zhong X. Retracted: Reverse flotation process for the recovery of pyrolytic $LiFePO_4$[J]. Colloids and Surfaces A: Physicochemical and Engineering Aspects，2020，596: 124741.

[23]　Yang Y，Huang G，Xu S，et al. Thermal treatment process for the recovery of valuable metals from spent lithium-ion batteries[J]. Hydrometallurgy，2016，165: 390-396.

[24] Silveira A，Santana M，Tanabe E，et al. Recovery of valuable materials from spent lithium ion batteries using electrostatic separation[J]. International Journal of Mineral Processing，2017，169：91-98.

[25] 温剑. 废旧磷酸铁锂电池破碎产物的高压静电分选研究[D]. 合肥：合肥工业大学，2022.

[26] 朱华炳,柏宇轩,何双华. 废旧磷酸铁锂电池破碎产物的涡流分选研究[J]. 合肥工业大学学报（自然科学版），2018，41（10）：7.

[27] Bi H，Zhu H，Zu L，et al. A new model of trajectory in eddy current separation for recovering spent lithium iron phosphate batteries[J]. Waste Management，2019，100：1-9.

[28] Bi H，Zhu H，Zu L，et al. Eddy current separation for recovering aluminium and lithium-iron phosphate components of spent lithium-iron phosphate batteries[J]. Waste Management & Research，2019，37（12）：1217-1228.

[29] Hu Z，Liu J，Gan T，et al. High-intensity magnetic separation for recovery of $LiFePO_4$ and graphite from spent lithium-ion batteries[J]. Separation and Purification Technology，2022，297：121486.

[30] Li J，Wang G，Xu Z. Environmentally-friendly oxygen-free roasting/wet magnetic separation technology for *in situ* recycling cobalt，lithium carbonate and graphite from spent $LiCoO_2$/graphite lithium batteries[J]. Journal of Hazardous Materials，2016，302：97-104.

[31] Huang Z，Lin M，Qiu R，et al. A novel technology of recovering magnetic micro particles from spent lithium-ion batteries by ultrasonic dispersion and waterflow-magnetic separation[J]. Resources Conservation and Recycling，2021，164（3）：105172.

[32] He Y，Zhang T，Wang F，et al. Recovery of $LiCoO_2$ and graphite from spent lithium-ion batteries by Fenton reagent-assisted flotation[J]. Journal of Cleaner Production，2016，143：319-325.

[33] Huang Y，Han G，Liu J，et al. A stepwise recovery of metals from hybrid cathodes of spent Li-ion batteries with leaching-flotation-precipitation process[J]. Journal of Power Sources，2016，325：555-564.

[34] Zhu X，Nie C，Zhang H，et al. Recovery of metals in waste printed circuit boards by flotation technology with soap collector prepared by waste oil through saponification[J]. Waste Management，2019，89：21-26.

[35] Pan B. Significance of a solid electrolyte interphase on separation of anode and cathode materials from spent Li-ion batteries by froth flotation[J]. ACS Sustainable Chemistry & Engineering，2021，9（1）：531-540.

[36] Golmohammadzadeh R，Faraji F，Jong B，et al. Current challenges and future opportunities toward recycling of spent lithium-ion batteries[J]. Renewable and Sustainable Energy Reviews，2022，159：112202.

[37] Zhang T，He Y，Wang F，et al. Chemical and process mineralogical characterizations of spent lithium-ion batteries：An approach by multi-analytical techniques[J]. Waste Management，2014，34（6）：1051-1058.

[38] Zhang T，He Y，Wang F，et al. Surface analysis of cobalt-enriched crushed products of spent lithium-ion batteries by X-ray photoelectron spectroscopy[J]. Separation and Purification Technology，2014，138：21-27.

[39] Zhang G，Du Z，He Y，et al. A sustainable process for the recovery of anode and cathode materials derived from spent lithium-ion batteries[J]. Sustainability，2019，11（8）：2363.

[40] Yu J，He Y，Qu L，et al. Exploring the critical role of grinding modification on the flotation recovery of electrode materials from spent lithium ion batteries[J]. Journal of Cleaner Production，2020，274：123066.

[41] Wang F，Zhang T，He Y，et al. Recovery of valuable materials from spent lithium-ion batteries by mechanical separation and thermal treatment[J]. Journal of Cleaner Production，2018，185：646-652.

[42] Ruism R，Tommi R，Anna K，et al. Integrating flotation and pyrometallurgy for recovering graphite and valuable metals from battery scrap[J]. Metals，2020，10（5）：680.

# 第4章 废旧三元材料回收

## 4.1 引 言

目前，废旧三元材料的回收，主要目的是提取其中的镍、钴、锰、锂等有价金属，回收方法可分为火法冶金和湿法冶金。火法冶金在高温下进行，将三元电池中的铜、镍、钴、铁等组分以合金形式富集回收，具有处理流程短、操作简单、处理量大的优势。但在实际应用中，该回收方法存在石墨难以回收、金属锂和锰损失等问题。同时，由于反应在高温下进行，电解液、黏结剂、隔膜、塑料和石墨燃烧会产生有害气体，造成大气污染。

相比于火法冶金，湿法冶金不仅能将失效正极材料中的有价金属组分进行分离和富集，得到可溶性金属盐或金属化合物等，而且具有投资少、生产灵活、金属回收率高等优点，在我国、韩国和日本等国家受到推崇，并得到产业化推广应用。废旧三元材料的湿法回收主要包括湿法浸出、净化分离和材料产品再生制备等步骤。湿法浸出分为全元素浸出和优先提锂-过渡金属浸出两种工艺。全元素浸出是将正极废料直接浸出，得到富含镍离子、钴离子、锰离子和锂离子的浸出液。优先提锂-过渡金属浸出是利用硫酸化焙烧或碳热还原将锂转化为水溶性盐，通过水浸实现选择性提锂，然后将剩余的过渡金属溶出。以碳热还原为例，利用失效石墨的还原性及蕴含的热量，实现了锂向碳酸锂、高价过渡金属向低价金属氧化物的可控转变。还原结束得到的焙烧产物先经水浸回收锂，剩余浸出渣的处理方法类似于全元素浸出，最终得到富含镍离子、钴离子和锰离子的浸出液。相比于全元素浸出，优先提锂能提高锂的回收率、减少后续过渡金属浸出的试剂用量。浸出完成后，为保证回收产品的纯度，通常需要对浸出液中的杂质离子（如铜、铁、铝等离子）进行净化除杂。常见的除杂方法有沉淀法、萃取法等。净化后，浸出液中的有价金属可分步回收制备金属盐产品或直接再生制备三元前驱体及其正极材料。制备金属盐采用溶剂萃取、化学沉淀等方法逐一分离金属离子，得到硫酸镍、硫酸钴、硫酸锰和碳酸锂等金属盐产品。制备三元前驱体材料以过渡金属离子浸出液为原料，加入金属盐调整浸出液中金属离子的元素比例，直接制备过渡金属氢氧化物或碳酸盐等。该方法不仅可以规避元素分离烦琐的难题，而且能显著提升再生产品的附加值，提高回收效率和经济性，实现失效锂离子电池材料的闭路循环。

# 4.2　火　法　冶　金

火法冶金是在高温下从电池废料中提炼金属的方法。在处理废电池方面，比利时优美科的火法熔炼工艺堪称典范。该方法将拆解后的废电池单体不经预处理直接投入高温熔炼炉中，使镍、钴等高价金属氧化物在高温下还原熔炼，如图4-1所示。其中，电解液、黏结剂、隔膜等有机物挥发或烧掉，产生的热量用于高温金属熔炼，从而在一定程度上节省能耗[1]；当温度超过 1000℃时，废电池中的碳、铝充当还原剂，使正极废料中的镍、钴等金属发生碳热或铝热反应被还原，并与铜等金属形成合金产物，反应如式（4-1）～式（4-3）[2]。与此同时，物料中硅、铝、锰等元素形成氧化物进入渣相[1, 3]。该过程的产物主要包括铜钴镍铁合金、炉渣、废气等。产生的铜钴镍铁合金可以通过进一步湿法分离得到相应的金属产品，而炉渣可用于建筑材料或进一步提取锂、铝、锰等金属。

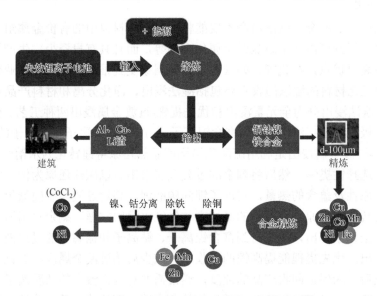

图 4-1　火法冶金还原熔炼废电池的工艺流程图[4]

$$2LiCoO_2 + 2Al \Longrightarrow Li_2O + 2Co + Al_2O_3 \qquad (4\text{-}1)$$

$$2LiCoNiO_2 + 3C \Longrightarrow Li_2O + 2Co + 2Ni + 3CO\uparrow \qquad (4\text{-}2)$$

$$2LiCoNiO_2 + 2Al \Longrightarrow Li_2O + 2Co + 2Ni + Al_2O_3 \qquad (4\text{-}3)$$

火法冶金的优势在于适合规模化生产、原料适应性强、试剂消耗量小。但是熔炼产生的烟气容易造成大气污染。锂元素夹杂在烟气中容易造成锂流失，并且渣相中铝、锰等金属难以回收[5]。同时，随着 $LiFePO_4$、$LiMn_2O_4$ 等低成本正极材料大量投入使用，废料中镍、钴含量降低，未来火法冶金工艺面临一定的成本挑战[1]。

## 4.3　湿　法　冶　金

湿法冶金处理失效三元电池材料是指将活性材料与溶液进行化学反应，将活性材料中的有价金属从固相转移至液相，然后利用化学沉淀、萃取、电化学等方法将溶液中的金属分离回收。废旧三元材料湿法回收主要包括湿法浸出、净化除杂及材料再生等过程（图 4-2）。

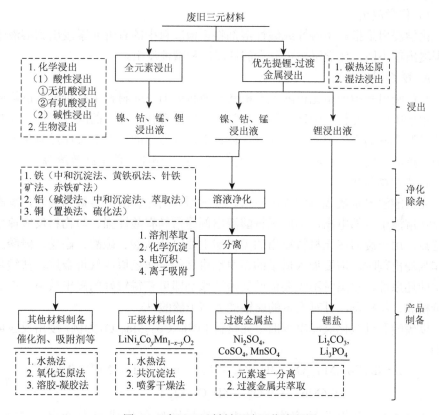

图 4-2　废旧三元材料湿法回收流程图

### 4.3.1　浸出

浸出是利用浸出剂将废旧三元材料中的有价金属溶解到溶液中。在大多数情况下，还原剂有助于将废旧三元材料中的高价金属还原为低价金属。浸出采用的溶剂称为浸出剂。浸出剂的选择应满足低成本、来源广泛、无污染、对设备损害小等要求。

影响浸出效果的因素包括浸出剂浓度、还原剂用量、液固比、浸出时间、温度、搅拌速率等。本节主要对废旧三元材料的湿法浸出环节进行详细介绍，包括全元素浸出和优先提锂-过渡金属浸出。

1. 全元素浸出

全元素浸出是将正极废料中的有价金属元素全部溶解到溶液中，为后续金属分离富集奠定基础。根据浸出剂及浸出原理不同，废旧三元材料的浸出可分为化学浸出和生物浸出。

1）化学浸出

化学浸出是指利用酸性或碱性溶剂将正极废料中的有价元素浸出到溶液中。根据浸出剂不同，化学浸出可分为酸性浸出和碱性浸出。

A. 酸性浸出

酸性浸出是指使用无机酸或有机酸溶液将废旧三元材料中有价金属溶解的过程。由于废旧三元材料中钴、锰元素常以高价态存在，单一的酸性浸出往往难以实现过渡金属的高效溶解，需向浸出体系中加入适当的还原剂（如过氧化氢、葡萄糖、抗坏血酸、亚硫酸氢钠等），使金属在酸性还原条件下高效溶解。

a. 无机酸浸出

无机酸浸出是最成熟的浸出技术。浸出用到的无机酸大多数为强酸，氢离子可以在溶液中全部电离，因此无机酸浸出剂通常具有酸性强、与物料反应速率快等特点。用于废旧三元材料浸出的无机酸主要包括盐酸、硫酸、硝酸、磷酸。硫酸作为浸出剂时，需要加入适量的还原剂将高价金属还原成低价金属。盐酸具有一定的还原性，浸出时不需要借助其他还原剂即可获得较好的浸出效果。但盐酸的价格高、易挥发，且对设备的腐蚀能力高于硫酸[6]。

以硫酸和过氧化氢浸出废旧三元材料 $LiNi_{0.5}Co_{0.2}Mn_{0.3}O_2$ 为例，浸出反应可表示为

$$2LiNi_{0.5}Co_{0.2}Mn_{0.3}O_2 + 3H_2SO_4 + H_2O_2 \Longrightarrow 2Li^+ + Ni^{2+} + 0.4Co^{2+}$$
$$+ 0.6Mn^{2+} + 3SO_4^{2-} + 4H_2O + O_2 \uparrow \tag{4-4}$$

式（4-4）中相关反应物及生成物的标准摩尔生成吉布斯自由能 $\Delta_f G_m^{\ominus}$（298.15K）详见表 4-1。由此计算得到酸浸反应式（4-4）的标准摩尔吉布斯自由能 $\Delta_f G_m^{\ominus}$（298.15K）= −502.35kJ/mol<0。该酸浸体系下，浸出反应在自发状态下沿正向进行，从而判定 $LiNi_{0.5}Co_{0.2}Mn_{0.3}O_2$ 材料中镍、钴、锰、锂金属的溶解在热力学上是可行的。

对上述浸出反应的硫酸浓度、反应时间、过氧化氢浓度、反应温度、液固

比等反应参数进行逐一优化（图 4-3），得到浸出反应的最优条件：硫酸浓度为 2mol/L、过氧化氢浓度为 0.97mol/L、液固比为 10mL/g、反应温度为 80℃、浸出时间为 30min。在此条件下，锂、镍、钴金属离子的浸出率接近 100%，锰离子的浸出率达 94.36%。

**表 4-1  浸出反应涉及的热力学数据（298.15K）**

| 物质种类 | $\Delta_f G_m^\ominus$ /(kJ/mol) | 物质种类 | $\Delta_f G_m^\ominus$ /(kJ/mol) |
|---|---|---|---|
| $LiNi_{0.5}Co_{0.2}Mn_{0.3}O_2$ | −640.04 | $Co^{2+}$ | −54.4 |
| $H_2SO_4$ | −690.003 | $Mn^{2+}$ | −228.1 |
| $H_2O_2$ | −120.4 | $SO_4^{2-}$ | −744.5 |
| $Li^+$ | −293.3 | $H_2O$ | −237.129 |
| $Ni^{2+}$ | −45.6 | $O_2$ | 0 |

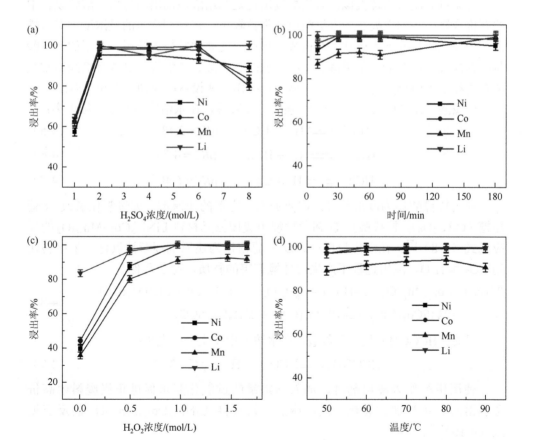

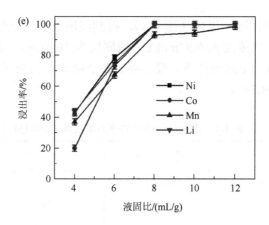

图 4-3　$H_2SO_4$-$H_2O_2$ 浸出废旧三元材料 $LiNi_{0.5}Co_{0.2}Mn_{0.3}O_2$ 的效果图：（a）硫酸浓度的影响；（b）反应时间的影响；（c）$H_2O_2$ 浓度的影响；（d）反应温度的影响；（e）液固比的影响

b. 有机酸浸出

与无机酸浸出原理类似，有机酸浸出也是利用酸电离出的氢离子溶解废料中的有价金属。不同之处在于有机酸电离常数较小，在相同物质的量浓度下有机酸溶液的酸度明显低于无机酸，有机酸浸出反应速率通常较为缓慢。常用的有机酸包括柠檬酸、酒石酸、苹果酸、草酸、乳酸、甲酸、乙酸等。这些有机酸通常是从食物和草本植物中提取的，对人体的毒害作用和设备的腐蚀作用相对微弱。

柠檬酸（$H_3Cit$）是一种酸性较强的三元羧酸，在水溶液中发生三级电离：

$$H_3Cit \Longrightarrow H^+ + H_2Cit^- \qquad pK_1 = 3.13 \qquad (4\text{-}5)$$

$$H_2Cit^- \Longrightarrow H^+ + HCit^{2-} \qquad pK_2 = 4.76 \qquad (4\text{-}6)$$

$$HCit^{2-} \Longrightarrow H^+ + Cit^{3-} \qquad pK_3 = 6.40 \qquad (4\text{-}7)$$

使用柠檬酸作为浸出剂时，需要加入一定量的还原剂，如过氧化氢或 D-葡萄糖（$C_6H_{12}O_6$）。柠檬酸加 D-葡萄糖浸出废旧三元材料 $LiNi_{1/3}Co_{1/3}Mn_{1/3}O_2$ 的反应见式（4-8）[7]。在浸出反应中，D-葡萄糖作为还原剂逐渐被氧化，最终转化为 $CO_2$ 和 $H_2O$。浸出过程不产生对环境有害的物质，绿色环保。

$$24LiNi_{1/3}Co_{1/3}Mn_{1/3}O_2 + 24H_3Cit + C_6H_{12}O_6 \longrightarrow 8Li_3Cit + 2419Ni_3(Cit)_2$$
$$+ 2419Co_3(Cit)_2 + 2419Mn_3(Cit)_2 + 42H_2O + 6CO_2 \uparrow \qquad (4\text{-}8)$$

甲酸（HCOOH）是一元羧酸，在水溶液中发生一级电离：

$$HCOOH \Longrightarrow HCOO^- + H^+ \qquad pK = 3.77 \qquad (4\text{-}9)$$

使用甲酸作为浸出剂时，加入一定量的过氧化氢可促进正极废料中高价金属溶解。甲酸加过氧化氢浸出废旧三元材料 $LiNi_{1/3}Co_{1/3}Mn_{1/3}O_2$ 的反应见式（4-10）[8]：

$$6LiNi_{1/3}Co_{1/3}Mn_{1/3}O_2 + 18HCOOH + 3H_2O_2 \longrightarrow 2C_2H_2NiO_4 \\ + 2C_2H_2CoO_4 + 2C_2H_2MnO_4 + 6CHLiO_2 + 12H_2O + 3O_2 \uparrow \tag{4-10}$$

乙酸（$CH_3COOH$）是一种中强酸，在水溶液中电离后可提供较多的氢离子用于浸出正极材料［见式（4-11）］。在浸出过程中引入还原剂，可将高价金属还原为低价态，浸出反应见式（4-12）[9]。

$$CH_3COOH \rightleftharpoons CH_3COO^- + H^+ \quad pK = 4.757 \tag{4-11}$$

$$3LiNi_{1/3}Co_{1/3}Mn_{1/3}O_2 + 9CH_3COOH + 4.5H_2O_2 \longrightarrow (CH_3COO)_2Ni \\ + (CH_3COO)_2Co + (CH_3COO)_2Mn + 3CH_3COOLi + 9H_2O + 3O_2 \uparrow \tag{4-12}$$

酒石酸（$C_4H_6O_6$）是一种二元羧酸，在水溶液中发生两级电离：

$$C_4H_6O_6 \rightleftharpoons C_4H_5O_6^- + H^+ \quad pK_1 = 2.98 \tag{4-13}$$

$$C_4H_5O_6^- \rightleftharpoons H^+ + C_4H_4O_6^{2-} \quad pK_2 = 4.34 \tag{4-14}$$

类似地，以酒石酸作为浸出剂需要加入还原剂，浸出反应见式（4-15）[10]。

$$10LiNi_{0.5}Co_{0.2}Mn_{0.3}O_2 + 15C_4H_6O_6 + 5H_2O_2 \longrightarrow 5C_4H_4O_6Li_2 + 5C_4H_4O_6Ni \\ + 2C_4H_4O_6Co + 3C_4H_4O_6Mn + 20H_2O + 5O_2 \uparrow$$

$$\tag{4-15}$$

乳酸（$C_3H_6O_3$）溶于水溶液后，其羧基释放出一个质子而产生乳酸根离子[$CH_3CH(OH)COO^-$]，其酸性弱于柠檬酸。使用乳酸作为浸出剂时，同样需要加入一定量的还原剂。乳酸和过氧化氢浸出废旧三元材料 $LiNi_{1/3}Co_{1/3}Mn_{1/3}O_2$ 的反应见式（4-16）[11]。

$$3LiNi_{1/3}Co_{1/3}Mn_{1/3}O_2 + 9C_3H_6O_3 + 0.5H_2O_2 \longrightarrow 3C_3H_5O_3Li + (C_3H_5O_3)_2Ni \\ + (C_3H_5O_3)_2Co + (C_3H_5O_3)_2Mn + 5H_2O + O_2 \uparrow$$

$$\tag{4-16}$$

苹果酸（$C_4H_6O_5$）作为浸出剂，也需要加入还原剂。苹果酸和过氧化氢浸出废旧三元材料 $LiNi_{0.6}Co_{0.2}Mn_{0.2}O_2$ 的反应见式（4-17）[12]：

$$5LiNi_{0.6}Co_{0.2}Mn_{0.2}O_2 + 15C_4H_6O_5 + 7.5H_2O_2 \longrightarrow 5C_4H_5O_5Li + 3(C_4H_5O_5)_2Ni \\ + (C_4H_5O_5)_2Co + (C_4H_5O_5)_2Mn + 15H_2O + 5O_2 \uparrow$$

$$\tag{4-17}$$

草酸（$H_2C_2O_4$）是一种二元羧酸，在水溶液中发生两级电离：

$$H_2C_2O_4 \rightleftharpoons HC_2O_4^- + H^+ \quad pK_1 = 5.7 \times 10^{-2} \tag{4-18}$$

$$HC_2O_4^- \rightleftharpoons C_2O_4^{2-} + H^+ \quad pK_2 = 5.4 \times 10^{-5} \tag{4-19}$$

从电离常数来看，草酸的酸性较强，相同物质的量浓度下可为反应提供更多的氢离子，有利于浸出[13]。以草酸浸出废旧三元材料 $LiNi_{1/3}Co_{1/3}Mn_{1/3}O_2$ 的反应见式（4-20）。

$$2LiNi_{1/3}Co_{1/3}Mn_{1/3}O_2 + 4H_2C_2O_4 \longrightarrow Li_2C_2O_4 + 2(Ni_{1/3}Co_{1/3}Mn_{1/3})C_2O_4 + 4H_2O + 2CO_2 \uparrow$$

$$(4-20)$$

B. 碱性浸出

碱性浸出是使用碱性溶液将废旧三元材料中的有价元素选择性溶解到溶液。氨水和铵盐是常用的碱性浸出剂。利用不同金属离子与氨形成配合物的稳定常数不同,实现金属元素的选择性浸出。常见金属离子与氨配合物的稳定常数见表 4-2。其中,镍、钴、铜等金属离子容易与氨形成配离子而溶解,锰、铁、铝等金属离子和氨的配合能力弱,难以被氨溶解到溶液中,进而实现金属元素的选择性浸出分离。

表 4-2  金属离子与氨配合物的稳定常数 ($f$ 指配位数)

| 金属离子种类 | $\lg K_f$ | | | | | |
| --- | --- | --- | --- | --- | --- | --- |
| | 1 | 2 | 3 | 4 | 5 | 6 |
| $Ni^{2+}$ | 2.80 | 5.04 | 6.77 | 7.96 | 8.71 | 8.74 |
| $Co^{2+}$ | 2.11 | 3.47 | 4.52 | 5.28 | 5.46 | 4.84 |
| $Mn^{2+}$ | 0.8 | 1.3 | — | — | — | — |
| $Fe^{2+}$ | 1.4 | 2.2 | — | — | — | — |
| $Cu^{2+}$ | 4.15 | 7.65 | 10.54 | 12.68 | — | — |

在氨或铵盐浸出体系中,硫酸铵 [$(NH_4)_2SO_4$] 或碳酸铵 [$(NH_4)_2CO_3$] 通常作为 pH 缓冲剂,维持浸出液 pH 值相对稳定,而亚硫酸铵[$(NH_4)_2SO_3$]或亚硫酸钠($Na_2SO_3$) 可作为还原剂。以废旧三元材料 $LiNi_xCo_yMn_{1-x-y}O_2$ 浸出为例,浸出反应如式 (4-21) 所示[14]:

$$2LiNi_xCo_yMn_{(1-x-y)}O_2 + SO_3^{2-} + (2xz_1 + 2yz_2)NH_3 + H_2O = 2Li^+ + 2x[Ni(NH_3)_{z_1}]^{2+}$$
$$+ 2y[Co(NH_3)_{z_2}]^{2+} + 2(1-x-y)Mn^{2+} + SO_4^{2-} + 4OH^-$$

$$(4-21)$$

虽然过渡金属镍离子、钴离子、锰离子的理化性质相似,但与氨的配合能力不同,镍离子、钴离子倾向于与氨形成金属配合物离子,而锰主要以自由离子的形式存在。这一结果与氨配合物的溶解度和稳定性有关。此外,$[Co(NH_3)_{z_2}]^{2+}$ 和$[Ni(NH_3)_{z_1}]^{2+}$的溶解 pH 值范围分别为 9～11 和 8.5～10.5,但二价锰离子与氨形成的配合物不稳定,最终会以 $(NH_4)_2Mn(SO_3)_2 \cdot H_2O$ 的形式残留在浸出渣中[14]。

$$Mn^{2+} + 2NH_4^+ + 2SO_3^{2-} + H_2O = (NH_4)_2Mn(SO_3)_2 \cdot H_2O \qquad (4-22)$$

在浸出过程中,致密的 $(NH_4)_2Mn(SO_3)_2 \cdot H_2O$ 容易覆盖在未反应物料表面,阻碍正极材料持续溶解,从而降低金属离子的浸出效率。有研究发现,减少亚硫酸盐的用量可以有效避免$(NH_4)_2Mn(SO_3)_2\cdot H_2O$ 的形成。此时，锰的反应过程可表示为

$$Mn^{2+} + 2OH^- = Mn(OH)_2 \downarrow \tag{4-23}$$

$$6Mn(OH)_2 + O_2 = 2Mn_3O_4 + 6H_2O \tag{4-24}$$

利用氨浸的选择性，可减少后续浸出液中金属离子分离的步骤，提高金属回收效率。但氨易挥发，实际操作难度大，同时会产生氨氮废水，环境风险大。因此，如何实现氨的循环利用，避免二次污染，是氨浸工艺能否实现产业化的关键问题。

2）生物浸出

生物浸出是利用微生物新陈代谢所产生的酸浸出正极材料的方法。能够用于生物浸出的微生物种类繁多，主要包括原核生物、异养型细菌和真菌等。例如，嗜酸性氧化亚铁硫杆菌就是利用 $Fe(II)$ 和单质 S 作为能源物质，在好氧条件下将 $Fe(II)$ 和单质 S 氧化成 $Fe(III)$ 和 $H_2SO_4$，从而溶解正极废料中的有价金属，其代谢产酸及浸出原理如式（4-25）～式（4-29）所示[15]。

$$4Fe^{2+} + O_2 + 4H^+ = 4Fe^{3+} + 2H_2O \tag{4-25}$$

$$2S + 3O_2 + 2H_2O = 2H_2SO_4 \tag{4-26}$$

$$Li_2O + 2H^+ = 2Li^+ + H_2O \tag{4-27}$$

$$M^{3+}/M^{4+}(M = Mn, Co, Ni) + Fe^{2+} = M^{2+}(MO) + Fe^{3+} \tag{4-28}$$

$$MO + 2H^+ = M^{2+} + H_2O \tag{4-29}$$

在蔗糖充当能源物质时，通过调控溶液环境，黑曲霉菌代谢可产生多种有机酸，如草酸、柠檬酸、葡萄糖酸等，产酸原理如式（4-30）～式（4-34）所示，这些有机酸对正极废料中的有价金属也具有良好的溶解效果。

$$C_{12}H_{22}O_{11}(蔗糖) + H_2O = C_6H_{12}O_6(葡萄糖) + C_6H_{12}O_6(果糖) \tag{4-30}$$

$$C_6H_{12}O_6(葡萄糖) + 1.5O_2 = C_6H_8O_7(柠檬酸) + 2H_2O \tag{4-31}$$

$$C_6H_8O_7(柠檬酸) = C_6H_7O_7^- + H^+ \tag{4-32}$$

$$C_6H_{12}O_6(葡萄糖) + 4.5O_2 = 3H_2C_2O_4(草酸) + 3H_2O \tag{4-33}$$

$$H_2C_2O_4(草酸) \rightleftharpoons HC_2O_4^- + H^+ \tag{4-34}$$

基于生物浸出的原理，微生物的活性对浸出效率有明显影响，而微生物活性在培养过程中容易受到其他因素的影响。此外，微生物的培养周期长、浸出过程耗时长，导致金属物料的回收率和处理效率偏低。因此，生物浸出法还处于实验研究阶段，尚未工业化使用。

综上所述，为更直观对比不同浸出方法的特点，表 4-3 总结了部分采用湿法浸出研究处理废旧三元材料的工艺参数和处理效果。

表 4-3　不同浸出方法处理废旧三元材料的实验条件和结果

| 浸出方法 | | 条件 | 浸出率 |
|---|---|---|---|
| 酸性浸出 | 无机酸浸出 | 2mol/L $H_2SO_4$，10% $H_2O_2$，30mL/g，70℃ | 98.46% Co，98.56% Ni，99.76% Li，98.62% Mn |
| | | 2mol/L $H_2SO_4$，0.97mol/L $H_2O_2$，10mL/g，30min，80℃ | >99% Li，Ni，Co，94% Mn |
| | | 2.75mol/L $H_3PO_4$，10mL/g，40℃，10min | 99.1% Li，1.2% Ni，4.5% Co，96.3% Mn |
| | | $H_2SO_4$+$H_2O_2$，50℃，3h | 90% Mn，>96% Co |
| | 有机酸浸出 | 3.5mol/L 乙酸，40g/L，4% $H_2O_2$，60℃，90min | 99.97% Li，92.67% Ni，93.62% Co，96.32% Mn |
| | | 马来酸 + $H_2O_2$ | 95.74% Li，98.27% Ni，98.06% Co，98.54% Mn |
| | | 1.5mol/L 柠檬酸，2% $H_2O_2$，30min，95℃ | 95%Co，97% Li，99% N |
| | | 1mol/L DL-苹果酸，2% $H_2O_2$，30min，95℃ | 98% Co，96% Li，99% Ni |
| 碱性浸出 | | 1.5mol/L $NH_3·H_2O$，1mol/L$(NH_4)_2SO_3$，$NH_4HCO_3$ 20mL/g，180min，60℃ | 60.53% Li，100% Ni，80.99% Co，100% Cu |
| | | 6mol/L $NH_3·H_2O$，0.5mol/L $NH_4Cl$，0.5mol/L $(NH_4)_2SO_3$，10mL/g，30min，150℃ | 90.3% Li，100% Co，98.3% Ni |
| 生物浸出 | | 黑曲霉，1%（$w/v$）矿浆浓度，130r/min，30℃，处理 30 天 | 100% Li，94% Cu，72% Mn，45% Ni，38% Co |
| | | 氧化亚铁硫杆菌，36.7g/L 硫酸铁，5.0g/L 硫黄，处理 16 天，初始 pH 值为 1.5 | 99.2% Li，50.4% Co，89.4% Ni |

### 2. 优先提锂-过渡金属浸出

从湿法浸出过程可知，由于废旧三元材料中部分过渡金属元素以稳定的高价态存在，浸出时需要加入大量的酸或碱溶液。此外，还需引入强还原剂将高价金属还原，以完全破坏正极材料的晶体结构，将有价金属释放到溶液中。但是，过氧化氢极易发生副反应（在温度高于 50℃时会自分解，释放出氧气），使用时需要过量。因此，需要保证金属回收率高的前提下，降低试剂用量，提高有价元素提取效率。

在化学反应过程中，常用的强还原剂包括氢气、碳、一氧化碳等，恰巧在失效锂离子电池中含有大量的碳（负极活性材料石墨）。因此，借助失效锂离子电池中的碳，可在高温处理下将废旧三元材料中的高价过渡金属转化为简单低价氧化物或单质，再采用湿法浸出回收金属元素。因此优先提锂-过渡金属浸出技术包括碳热还原、湿法浸出两部分内容。

1）碳热还原

以废旧三元材料 $LiNi_{1/3}Co_{1/3}Mn_{1/3}O_2$ 和废旧石墨的混合物为原料，碳热还原过程存在的反应如式（4-35）～式（4-43）所示[16]：

$$2NiO + C \rightleftharpoons 2Ni + CO_2 \uparrow \tag{4-35}$$

$$NiO + CO \rightleftharpoons Ni + CO_2 \tag{4-36}$$

$$CO_2 + C \rightleftharpoons 2CO \tag{4-37}$$

$$4MnO_2 + C \rightleftharpoons 2Mn_2O_3 + CO_2 \uparrow \tag{4-38}$$

$$2Mn_2O_3 + C \rightleftharpoons 4MnO + CO_2 \uparrow \tag{4-39}$$

$$2Co_3O_4 + C \rightleftharpoons 6CoO + CO_2 \uparrow \tag{4-40}$$

$$Co_3O_4 + 4CO \rightleftharpoons 3Co + 4CO_2 \tag{4-41}$$

$$2CoO + C \rightleftharpoons 2Co + CO_2 \uparrow \tag{4-42}$$

$$CoO + CO \rightleftharpoons Co + CO_2 \tag{4-43}$$

反应温度是影响反应能否发生的主要因素。在分析不同温度下热还原过程中可能发生的反应时，采用 HSC Chemistry 6.0 软件计算碳热还原过程中不同反应的吉布斯自由能变（$\Delta G$）和温度的关系，结果如图 4-4 所示。

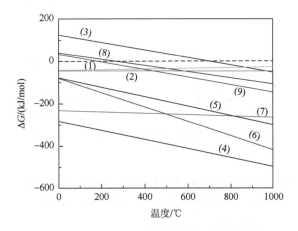

图 4-4　不同热处理反应的 $\Delta G$ 与温度的关系[图中 1～9 的顺序分别对应式（4-35）～式（4-43）]

由图 4-4 可见，当温度高于 250℃时，上述反应式中涉及镍、钴、锰还原反应式的 $\Delta G$ 值均小于零，表明在较高温度下废料中镍、钴、锰的还原反应均可发生。但在实际反应过程中，当温度高于 550℃时才发生还原反应。这是因为三元正极材料结构稳定且存在强的 M—O 键（M 指 Ni、Co、Mn），使得实际热处理反应过程的温度偏高。在 550～700℃温度区间内，反应式（4-35）～式（4-43）中除式（4-37）外，所有反应式的 $\Delta G$ 值均小于零。此时废旧三元材料的热处理产物的组分为镍、钴、锰的低价氧化物或单质及 $Li_2CO_3$。

为了验证从图 4-4 得出的结果，在废旧三元材料 $LiNi_{1/3}Co_{1/3}Mn_{1/3}O_2$ 和废旧石墨的物质的量比为 1、热处理时间 3h 的条件下，进行不同热处理温度实验，分析不同温度下热处理产物的成分，实验结果如图 4-5 所示。由图 4-5 可见，随着热处理温度升高，废旧三元材料 $LiNi_{1/3}Co_{1/3}Mn_{1/3}O_2$ 的特征峰逐渐消失，废旧石墨特征峰的峰强逐渐减弱，镍、钴、锰的低价氧化物或单质及 $Li_2CO_3$ 等热处理产物的特征峰显露。尤其当热处理温度为 650℃时，属于 Ni、Co、MnO 和 $Li_2CO_3$ 的特征峰最为突出。而当热处理温度过高（>700℃），热处理产物体积缩小严重，同时出现板结现象，硬度很大，研磨困难，导致热处理产物粒度不达标，不利于后续浸出（700℃ 下的热处理产物如图 4-6 所示）。因此，废旧三元材料 $LiNi_{1/3}Co_{1/3}Mn_{1/3}O_2$ 和废旧石墨混合热处理的最佳温度为 650℃。

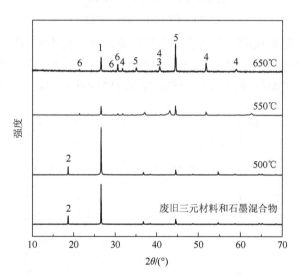

图 4-5 废旧三元材料 $LiNi_{1/3}Co_{1/3}Mn_{1/3}O_2$ 和废旧石墨混合物在不同温度下热处理产物的 XRD 图

1. C；2. LiNiCoO；3. CoO；4. MnO；5. NiO；6. $Li_2CO_3$

图 4-6 700℃下的热处理产物实物图

　　采用 SEM 和 EDS 测试分析碳热还原前后正极材料的形貌特征和元素分布，测试结果如图 4-7 所示。由图 4-7（a）和图 4-7（b）的对比可见，焙烧产物中仍然存在球形形貌的废旧三元正极材料。同时，可以看到 Mn、Co、Ni 元素在正极材料中分布均匀［图 4-7（c）～（f）］。这些结果表明，碳热还原过程不会破坏废旧三元正极材料的颗粒形状，且废旧正极材料在合适的反应温度下不会形成团聚体，有利于后续的浸出过程。

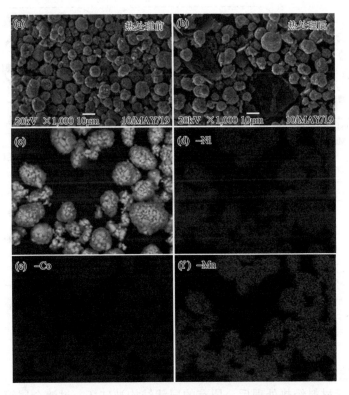

图 4-7　废旧三元材料 $LiNi_{1/3}Co_{1/3}Mn_{1/3}O_2$ 和废旧石墨混合物（a）碳热处理前和（b）碳热处理后的 SEM 图；（c～f）碳热还原产物的 Mapping 图

　　碳热还原过程中正极材料结构的变化过程如图 4-8 所示。$LiNi_{1/3}Co_{1/3}Mn_{1/3}O_2$ 为 α-NaFeO$_2$ 层状结构，属于六方晶系。在这种晶体结构中，氧原子占据 6c 位置，形成面心立方堆叠的结构框架。Mn、Ni、Co 随机占据 3b 位置。每一个 Ni、Co 和 Mn 被六个氧原子包围，形成八面体结构（MO$_6$），其中 Li$^+$ 嵌在八面体层之间。废旧三元材料 $LiNi_{1/3}Co_{1/3}Mn_{1/3}O_2$ 的还原过程可分为晶体结构的转变和坍塌两个过程。在热处理过程中，随着温度升高，$LiNi_{1/3}Co_{1/3}Mn_{1/3}O_2$ 材料骨架中的晶格氧释放，晶体结构的稳定性降低。与此同时，锂元素向外迁移，Mn$^{4+}$、Ni$^{2+}$ 和 Co$^{3+}$ 从过渡金属层迁移至锂层，

$LiNi_{1/3}Co_{1/3}Mn_{1/3}O_2$ 材料的结构由层状结构转变为尖晶石结构。从晶体结构中扩散的氧和锂结合生成 $Li_2O$。当温度进一步升高，晶体结构被破坏，正极废料被还原为金属氧化物和单质。$Li_2CO_3$ 是在碳热还原反应结束后，该反应过程中生成的 $Li_2O$ 吸收环境中的 $CO_2$ 生成 $Li_2CO_3$。因此，$LiNi_{1/3}Co_{1/3}Mn_{1/3}O_2$ 和石墨的热还原反应可表示如下：

$$9LiNi_{1/3}Co_{1/3}Mn_{1/3}O_2 + 5.25C \longrightarrow 3Ni + 3MnO + 3Co + 4.5Li_2O + 5.25CO_2 \quad (4\text{-}44)$$

$$Li_2O + CO_2 \longrightarrow Li_2CO_3 \quad (4\text{-}45)$$

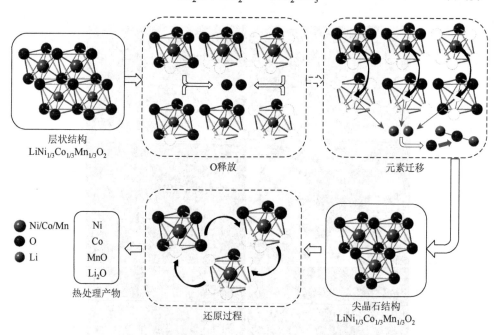

图 4-8　碳热还原过程 $LiNi_{1/3}Co_{1/3}Mn_{1/3}O_2$ 的转化图

### 2）湿法浸出

废旧三元材料经热处理后，原有的层状结构被破坏，过渡金属镍、钴、锰最终以金属氧化物或单质存在，锂则以碳酸锂的形式存在，这使得锂的分离更加容易。因此，在湿法回收金属元素过程中，采用优先提锂、酸浸回收过渡金属元素的方法实现金属元素的分离提取。

### A. 优先提锂

优先提锂是利用碳酸锂和过渡金属单质或氧化物间溶解度的差异，采用水浸法回收热处理产物中的碳酸锂。由于碳酸锂的溶解度随温度的升高而降低（表 4-4），考虑到实际应用，选择在室温下浸出。除浸出温度外，液固比、浸出时间和浸出过程溶液的 pH 值是影响锂浸出率的主要因素。液固比不仅影响锂的浸出率，还会影响浸出液中锂离子的浓度，进而影响碳酸锂的回收率。浸出时，可先根据热处理产物中的锂含量计算得到大致的液固比再进行实验。通过控制浸出过程 pH 值可提高锂的浸出率，这有利于减小液固比、提高浸出液中锂离子浓度。需要注意的是，浸出过程中 pH 值过低会将热处理产物中部分镍、钴和锰浸出。

表 4-4　不同温度下碳酸锂的溶解度

| 温度/℃ | 溶解度/(g/100g 水) | 温度/℃ | 溶解度/(g/100g 水) |
| --- | --- | --- | --- |
| 0 | 1.54 | 50 | 1.07 |
| 10 | 1.43 | 70 | 0.92 |
| 20 | 1.33 | 90 | 0.78 |
| 30 | 1.24 | | |

以 650℃下碳热还原处理后的废旧三元材料 $LiNi_{1/3}Co_{1/3}Mn_{1/3}O_2$ 为原料，分别探究 pH 值和液固比对锂浸出率的影响（图 4-9）。结果表明，在液固比为 25mL/g、浸出时间为 2h、初始 pH 值为 11（浸出时不需要用酸或碱溶液调节浸出液 pH 值）和浸出温度为常温的条件下，锂的浸出率达到 99%，同时镍、钴、锰的浸出率基本为零。

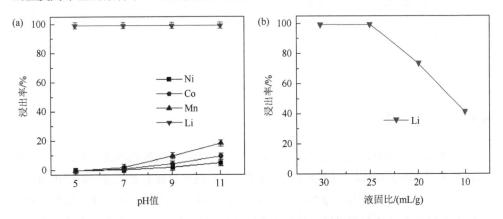

图 4-9　水浸出热处理产物的工艺参数优化图：（a）pH 值的影响；（b）液固比的影响

水浸过滤后，采用现有成熟的碳酸盐沉淀法将浸出液中的锂离子以 $Li_2CO_3$ 的形式沉淀回收，回收得到的碳酸锂的 SEM 图如图 4-10 所示。

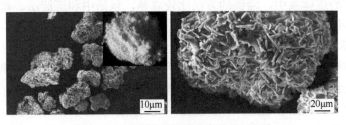

图 4-10　回收得到的碳酸锂的 SEM 图

B. 过渡金属浸出

以优先提锂后的浸出渣为原料，采用硫酸浸出过渡金属，得到富含二价金属离子的混合溶液。在实验过程中，优化了关键浸出参数，如硫酸浓度和液固比等，如图 4-11 所示。结果表明，在硫酸浓度为 3mol/L、液固比为 10mL/g、反应温度为 80℃和浸出时间为 90min 的浸出条件下，Ni、Co、Mn 的浸出率分别达到 99.5%、97.21%和 99.43%。

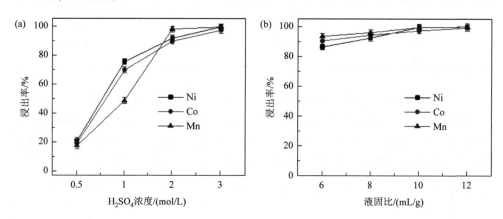

图 4-11　$H_2SO_4$ 浸出热处理产物水浸渣的工艺参数优化图：（a）酸浓度的影响；（b）液固比的影响

### 4.3.2　溶液净化

在锂离子电池中，Fe、Al、Cu 分别以铁壳、铝箔、铜箔的形式存在。前端预处理时多采用物理法分选，各组分分选不彻底，导致这些金属容易混进锂离子电池正极材料粉末中，在酸性浸出时随 Ni、Co、Mn、Li 金属进入溶液。这些杂质的存在对有价值金属离子的分离和回收以及从浸出液中再生正极材料的电化学性能有很大影响。因此，在获得最终产品前，需对 Fe、Al、Cu 等杂质净化去除。

1. 铁的净化

在湿法冶炼体系中，除铁的方法比较成熟，包括中和沉淀法、黄铁矾法、针铁矿法、赤铁矿法等。

1）中和沉淀法

中和沉淀法是除铁的常用方法，原理是通过向溶液中加入碱中和剂调节 pH 值，使三价铁离子生成难溶的氢氧化物沉淀。常用的中和剂有石灰、苏打和苛性钠等。其中，石灰由于来源广、价格低，是使用最多的中和剂。

表 4-5 为三元正极材料浸出液中主要金属离子氢氧化物的溶度积。在这些氢

氧化物中，$Fe(OH)_3$ 溶解度最小，其次为 $Al(OH)_3$，溶解度最大的为 $Mn(OH)_2$。根据氢氧化物 $K_{sp}^\ominus$ 值，假设离子浓度即为离子活度，通过式（4-46）和式（4-47）对各种金属 M 在不同 pH 值下溶解度（$S$）进行计算，如图 4-12 所示。可见在较低的 pH 值下 $Fe^{3+}$ 即可沉淀完全，而 $Fe^{2+}$ 沉淀所需 pH 值较高，与镍离子、钴离子、锰离子的水解酸度接近，因此将 $Fe^{2+}$ 氧化为 $Fe^{3+}$，中和沉淀除铁效果更好。

$$M(OH)_m(s) \Longrightarrow M^{m+}(aq) + m(OH)^-(aq) \tag{4-46}$$

$$S = [M^{m+}] = \frac{K_{sp}^\ominus[M(OH)_m]}{[OH^-]^m} \tag{4-47}$$

表 4-5　浸出液中主要金属氢氧化物溶度积

| 种类 | $K_{sp}^\ominus$ | 种类 | $K_{sp}^\ominus$ |
|---|---|---|---|
| $Fe(OH)_2$ | $4.87 \times 10^{-17}$ | $Co(OH)_2$ | $5.92 \times 10^{-15}$ |
| $Fe(OH)_3$ | $2.79 \times 10^{-39}$ | $Cu(OH)_2$ | $4.8 \times 10^{-20}$ |
| $Al(OH)_3$ | $1.0 \times 10^{-34}$ | $Mn(OH)_2$ | $4.0 \times 10^{-14}$ |
| $Ni(OH)_2$ | $5.48 \times 10^{-16}$ | | |

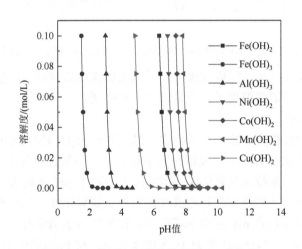

图 4-12　金属氢氧化物溶解度-pH 值曲线

中和沉淀法成本低，操作简单，但生成的氢氧化铁沉淀通常为无定形的絮状胶体沉淀，渣量多、含水率高、沉降性能差，过滤十分困难。为克服氢氧化铁难过滤的缺点，在沉淀过程中有时会添加各种絮凝剂，如氯化铁、硫酸铁、聚合硫酸铝、明矾等，絮凝剂的添加有助于提高氢氧化铁的过滤速度。但氢氧化铁胶体对金属离子存在吸附作用，导致有价金属的损失大。

2）黄铁矾法

黄铁矾法广泛应用于硫酸浸出液体系除铁。黄铁矾为黄色晶体，分子式常写为 $MFe_3(SO_4)_2(OH)_6$ 或 $M_2Fe_6(SO_4)_4(OH)_{12}$，其中 M 代表一价阳离子，如 $Na^+$、$K^+$、$NH_4^+$ 等，根据阳离子的种类，分别称为黄钠铁矾、黄钾铁矾、黄铵铁矾。

黄铁矾法沉淀除铁时，通常将 pH 值调整到 1.6～1.8，当有足够的碱金属阳离子存在时，硫酸体系下反应过程如式（4-48）所示，随着反应的进行，溶液酸度增加，pH 值降低，黄铁矾沉淀除铁率和除铁速率都将减小，因此反应过程中需补加碱进行中和，保证黄铁矾有效析出。

$$3Fe_2(SO_4)_3 + 12H_2O + M_2SO_4 = M_2Fe_6(SO_4)_4(OH)_{12} + 6H_2SO_4 \quad (4\text{-}48)$$

影响黄铁矾析出的因素除体系 pH 值，还包括温度、晶种、搅拌速度、阳离子量等。黄铁矾沉淀为吸热反应，反应温度通常需要大于 85℃，尽管低温下也可在溶液中生成黄铁矾，但形成速率较慢。晶种对于黄铁矾沉淀有促进作用，与无晶种存在的情况相比，有晶种存在时黄铁矾沉淀所需的温度和 pH 值范围更低。搅拌速度对黄铁矾析出的影响与添加晶种相似，加强搅拌强度能加快溶液及固体黄铁矾颗粒的运动，减少黄铁矾扩散结晶阻力，加快黄铁矾沉淀速率。阳离子量对除铁效率有明显影响，当阳离子量不足时，铁离子会与氢离子或水合氢离子生成草黄铁矾，如式（4-49）所示。草黄铁矾的沉降性能较差，不利于过滤和洗涤。

$$3Fe_2(SO_4)_3 + 14H_2O = (H_3O)_2Fe_6(SO_4)_4(OH)_{12} + 5H_2SO_4 \quad (4\text{-}49)$$

黄铁矾法操作简单，除铁效果好，形成的黄铁矾渣颗粒粗，过滤性能好。但黄铁矾会带走大量硫酸根离子，渣量较大且难处理。

3）针铁矿法

针铁矿一般被称为 α 型一水氧化铁，组成为 $\alpha\text{-}Fe_2O_3 \cdot H_2O$ 或 $\alpha\text{-}FeOOH$，该法主要应用于低铁浓度下除杂。根据热力学数据，在弱酸性条件下，$Fe^{3+}$ 的水解产物应是针铁矿而不是胶状氢氧化铁，但实际上溶液中 pH 值较大，同时 $Fe^{3+}$ 浓度较高时，水解产物大多是或都是不易过滤的胶状氢氧化铁。因此在用针铁矿法除铁时应严格控制体系的 pH 值和 $Fe^{3+}$ 浓度。在使用该法除铁时一般需先将体系中的 $Fe^{3+}$ 还原为 $Fe^{2+}$，再在 pH 值为 4～5 的条件下，将 $Fe^{2+}$ 缓慢氧化为 $Fe^{3+}$，水解得到针铁矿，且氧化速率不能大于其水解速率，反应式如下：

$$Fe^{3+} + 2H_2O = FeOOH\downarrow + 3H^+ \quad (4\text{-}50)$$

针铁矿法适合于多种酸性介质浸出液，与黄铁矾法相比，无须外加其他阳离子，且渣量少，含铁量较高。但由于针铁矿沉淀形成时同样伴随着酸度的提高，因而也必须加入碱性物质中和，以控制 pH 值的变化。此外，针铁矿法需严格控制 $Fe^{3+}$ 浓度，工艺条件要求苛刻，难于控制和掌握。

4）赤铁矿法

赤铁矿法是指在高温高压条件下，使溶液中的 $Fe^{3+}$ 主要以赤铁矿（$Fe_2O_3$）形态沉淀除去的方法。赤铁矿有 $\alpha\text{-}Fe_2O_3$ 和 $\gamma\text{-}Fe_2O_3$ 两种形态，天然赤铁矿结构上属于 $\alpha\text{-}Fe_2O_3$。在用赤铁矿法除铁时，从溶液中析出的首先为针铁矿，随着温度升高至 160℃，针铁矿开始向 $\gamma\text{-}Fe_2O_3$ 转变，继续加热至 400℃，$\gamma\text{-}Fe_2O_3$ 转变为 $\alpha\text{-}Fe_2O_3$。赤铁矿法通常需在高温 180～200℃和低 pH 值（pH 值为 2～3）的条件下进行，其反应式如下：

$$Fe_2(SO_4)_3 + 3H_2O == Fe_2O_3 + 3H_2SO_4 \qquad (4\text{-}51)$$

赤铁矿法可在低 pH 值下进行，无须添加阳离子，且渣量少，铁含量高，浸出渣易处理，能够作为炼铁原料回收利用，但赤铁矿法的反应条件较为苛刻，需要使用高温高压设备，能耗大，生产成本较高。

2. 铝的净化

针对正极材料中混杂的铝，可采用碱浸法在酸浸之前除掉铝，或者在酸浸液中通过沉淀法和萃取法除铝。

1）碱浸法

Al 为两性金属，可溶于碱溶液中，而三元正极材料不会溶解，因此在酸浸前可通过碱浸法溶解铝箔，使 Al 溶解为 $AlO_2^-$，再通过固液分离达到 Al 和正极材料分离的目的。目前常用的碱浸试剂主要是 NaOH 和 $NH_3\cdot H_2O$。

$$2Al + 2NaOH + 2H_2O == 2NaAlO_2 + 3H_2 \uparrow \qquad (4\text{-}52)$$

碱浸法是在浸出前从源头上进行铝杂质的脱除。当铝箔粒度较大时，可采用球磨、超声等辅助手段，辅助铝的浸出，铝的浸出率一般可达 90%以上。碱浸出液中溶解的 Al，可通过酸调节 pH 值，析出氢氧化铝沉淀，实现铝的回收。该方法容易操作，易于工业化，但在铝含量较高时，浸出和沉铝过程中酸碱耗量较大，成本较高，且铝一般无法除净，仍有少部分铝随正极材料进入浸出液。

2）中和沉淀法

中和沉淀除铝和除铁相似，失效锂离子电池正极材料经过酸浸后，通过向浸出液中加入碱性物质，如 NaOH、$Na_2CO_3$ 等调节溶液 pH 值，使 $Al^{3+}$ 以 $Al(OH)_3$ 的形式沉淀下来，再经过固液分离脱除铝杂质，当浸出液中铝含量低时，可与除铁过程同时进行。

但由于 $Al^{3+}$ 沉淀所需 pH 值较 $Fe^{3+}$ 高，调节 pH 值时，采用高浓度碱容易造成局部过碱，导致镍离子、钴离子、锰离子沉淀，采用稀碱会造成溶液体积扩大，后续回收有价金属困难。此外，与氢氧化铁类似，氢氧化铝同样呈絮状胶体状态，过滤困难。

3）萃取法

萃取法是采用萃取剂萃取铝，再回收萃余液中的镍、钴、锰等，常用的萃取剂有 P204〔二(2-乙基己基)磷酸酯〕、P507（2-乙基己基磷酸单 2-乙基己基酯）、P272〔二(2, 4, 4-三甲基戊基)膦酸〕等，与金属离子作用如式（4-53）所示。在结合金属离子后，萃取剂中的 $H^+$ 释放，使溶液体系酸度增加。为有效控制反应酸度，常使用氢氧化钠皂化处理，以钠离子取代萃取剂中的部分氢离子，此外煤油一般作为稀释剂，用于调控萃取剂浓度。

$$M^{m+} + n(HR)_{2org} \Longrightarrow MR_m \cdot (2n - m)HR_{org} + mH^+ \qquad (4\text{-}53)$$

萃取剂对金属离子的萃取受体系酸度影响，以 P204 萃取剂而言，萃取金属所需 pH 值从低至高依次为 $Fe^{3+} < Al^{3+} < Mn^{2+} < Ni^{2+} \approx Co^{2+}$。其中，铝杂质在 pH 值为 2 时，可以被有效萃取。萃取完成后，可使用硫酸、盐酸等溶液进行反萃，使金属重新进入溶液中。萃取法工业应用已经比较成熟，具有选择性好、能耗低等优点，但萃取剂本身为有机试剂，会导致溶液化学需氧量（COD）增加，后续需考虑废水的处理。

### 3. 铜的净化

除去废旧三元材料酸性浸出液中的铜常采用置换法和硫化沉淀法。

#### 1）置换法

置换法是采用比铜活性更强的金属，如铁粉、镍粉、钴粉、锰粉。铜离子与更活泼的金属作用之后，形成海绵状的沉淀并从溶液中析出，主要的化学反应为

$$Cu^{2+} + Fe \Longrightarrow Cu + Fe^{2+} \qquad (4\text{-}54)$$

$$Cu^{2+} + Ni \Longrightarrow Cu + Ni^{2+} \qquad (4\text{-}55)$$

$$Cu^{2+} + Co \Longrightarrow Cu + Co^{2+} \qquad (4\text{-}56)$$

$$Cu^{2+} + Mn \Longrightarrow Cu + Mn^{2+} \qquad (4\text{-}57)$$

$$Cu + 2Fe^{3+} \Longrightarrow Cu^{2+} + 2Fe^{2+} \qquad (4\text{-}58)$$

废旧三元材料浸出液中金属活动性顺序为锂＞铝＞锰＞铁＞钴＞镍＞铜，由于铜具有最高的电负性，当加入活泼金属于浸出液中时，铜会优先析出，如式（4-54）～式（4-58）所示。需要说明的是，采用锰粉置换铜时，由于锰的活性更强，镍、钴会同时析出，但是当镍离子、钴离子被金属锰粉置换析出待沉淀时，又能置换残存于溶液中的铜，再度变为离子形式而溶解。应当指出，在有 $Fe^{3+}$ 存在时，活泼金属会优先与 $Fe^{3+}$ 反应，即使置换出铜也会被 $Fe^{3+}$ 氧化〔式（4-58）〕，因此在除铜前应尽量先除去铁。

置换法除铜工艺简单，运行操作简便，但酸性条件下活泼金属会被酸消耗。此外，析出的铜容易沉积在金属表面，导致置换不彻底，金属用量大，置换效率低。

#### 2）硫化沉淀法

硫化沉淀法是采用硫化剂将溶液中的金属离子硫化沉淀，如式（4-59）所示。

由于各种硫化物溶解度差异较大，硫化沉淀法可用于分离多种金属元素，常用的硫化剂为硫化氢、硫化钠、硫氢化钠。

$$M^{2+} + S^{2-} \rightleftharpoons MS\downarrow \tag{4-59}$$

如表 4-6 所示，废旧三元材料浸出液中包括的 Fe、Al、Cu、Ni、Co、Mn 的硫化物均为难溶于水的沉淀，但硫化铜溶解度远小于其他硫化物，硫离子更易与铜离子结合形成沉淀。

**表 4-6　常见硫化物溶度积**

| 硫化物种类 | $K_{sp}$ | 硫化物种类 | $K_{sp}$ |
|---|---|---|---|
| $Al_2S_3$ | $2\times10^{-7}$ | $\alpha$-CoS | $4.0\times10^{-21}$ |
| MnS（无定形） | $2.5\times10^{-10}$ | $\beta$-CoS | $2.0\times10^{-25}$ |
| MnS（晶体） | $2.5\times10^{-13}$ | $\beta$-ZnS | $2.5\times10^{-22}$ |
| FeS | $6.3\times10^{-18}$ | $\alpha$-ZnS | $1.6\times10^{-24}$ |
| $\alpha$-NiS | $3.2\times10^{-19}$ | PbS | $8.0\times10^{-23}$ |
| $\beta$-NiS | $1.0\times10^{-24}$ | CdS | $8.0\times10^{-27}$ |
| $\gamma$-NiS | $2.0\times10^{-26}$ | CuS | $6.3\times10^{-36}$ |

硫化物溶解度小，即使在低 pH 值条件下，硫化物也不易溶解。硫化法除铜彻底，对铜选择性高，且沉淀速率快，沉淀渣易过滤。但硫化剂的用量须严格控制，硫化剂不足，铜难以去除干净，用量过大，其他金属同样会形成硫化沉淀，导致有价金属损失。此外，由于浸出液体系呈酸性，$S^{2-}$ 结合 $H^+$ 形成 $H_2S$，$H_2S$ 有臭鸡蛋味道，对呼吸道和眼睛有刺激作用，危害较大。

# 4.4　产品制备

## 4.4.1　金属盐

废旧三元材料的浸出液经净化除杂后，溶液中含有大量的镍、钴、锰和锂金属离子。将这些金属离子分别以金属盐的形式回收需要先对其进行分离。由于镍、钴和锰均属于过渡金属元素，化学性质相近，分离十分困难，为了从多金属离子混合溶液中分离相似金属元素，常需借助化学沉淀或溶剂萃取等分离方法。

化学沉淀法是通过向浸出液中加入沉淀剂，使目标金属离子生成难溶于水的沉淀物而分离。目前，常用来处理正极废料浸出液的沉淀剂包括氢氧化钠、磷酸钠、高锰酸钾、次氯酸钠、碳酸钠、二甲基乙二肟和硫化钠等。例如，采用高锰酸钾、二乙酰肟、氢氧化钠和碳酸钠可以分别沉淀浸出液中的锰离子、镍离子、钴离子和锂离子，在最佳的沉淀条件下得到较高的金属离子回收率，但回收产品的纯度仅为95%左右，需要进一步提纯。

相比于化学沉淀法，溶剂萃取法具有良好的可调控性，可以控制目标产品的组成，获得纯度较高的材料。此外，溶剂萃取法还具有回收率高、元素分离效果好、实验条件温和、操作简单等优点，是回收失效锂离子电池最常用的方法之一。溶剂萃取法是用一种或多种与水不相混溶的有机试剂从水溶液中选择性地提取目标组分的工艺过程。萃取结束后，采用反萃取剂（多为稀硫酸）将负载于有机相中的目标组分反萃取到水相中，再进一步处理得到金属盐产品。反萃取后的有机相可循环使用。

有机相组成常为萃取剂、稀释剂和添加剂中的一种或几种。添加稀释剂降低萃取剂的黏度和密度，增强萃取性能，磺化煤油是常用的稀释剂。萃取过程中加入添加剂可防止生成第三相、避免产生乳化现象，起到协萃作用、增强分相能力，磷酸三丁酯是萃取分离失效材料浸出液中有价元素最常用的添加剂。

目前，用于回收失效正极材料浸出液中金属元素的萃取剂可分为中性萃取剂和酸性萃取剂。酸性萃取剂又可分为有机磷酸萃取剂和羧酸萃取剂。有机磷酸萃取剂包括二（2-乙基己基）磷酸（D2EHPA）、二-2, 4, 4-三甲基戊基二硫代膦酸（Cyanex 301）、2-乙基己基磷酸单-2-乙基己酯（PC-88A）、二-2, 4, 4-三甲基戊基膦酸（Cyanex 272）。羧酸萃取剂包括新癸酸（Versatic 10）和LIX 84。中性萃取剂包括磷酸三丁酯和三正辛基氧化磷。几种常用萃取剂的结构式和主要应用见表4-7。

表4-7　用于回收正极材料的萃取剂的结构式和主要应用

| 类型 | 名称（简称） | 结构式 | 应用 |
|---|---|---|---|
| 有机磷酸萃取剂 | D2EHPA | $C_8H_{17}$—O，O，P，$C_8H_{17}$—O，OH | 萃取 Mn<br>从 Ni、Co、Mn、Li 混合溶液中共萃取 Ni、Co 和 Mn<br>Ni、Co 分离 |
| | PC-88A | $C_8H_{17}$，O，P，$C_8H_{17}$—O，OH | Co、Li 分离<br>Ni、Co 分离 |
| | Cyanex 272 | $C_8H_{17}$，O，P，$C_8H_{17}$，OH | Co、Li 分离<br>Co、Ni 分离 |
| | Cyanex 301 | $C_8H_{17}$，S，P，$C_8H_{17}$，OH | 共萃取 Ni 和 Co |

续表

| 类型 | 名称（简称） | 结构式 | 应用 |
|---|---|---|---|
| 羧酸萃取剂 | Versatic 10 | $\begin{array}{c} O \\ \parallel \\ C_9H_{19}-C-OH \end{array}$ | 共萃取 Ni 和 Co |
| 中性萃取剂 | 磷酸三丁酯（TBP） | $\begin{array}{c} C_4H_9 \\ C_4H_9-P=O \\ C_4H_9 \end{array}$ | 分散剂<br>从盐酸中分离 Ni 和 Co |
| | 三正辛基氧化膦（TOPO） | $\begin{array}{c} C_8H_{17} \\ C_8H_{17}-P=O \\ C_8H_{17} \end{array}$ | 协同萃取剂 |

采用溶剂萃取法分离浸出液中的金属离子时，可用式（4-60）和式（4-61）分析萃取效果。

$$\lg D = \lg K + n\lg[H_2R_2] + m\mathrm{pH} \tag{4-60}$$

$$\beta = \frac{D_2}{D_1} \tag{4-61}$$

式中，$K$ 代表萃取反应式的平衡常数；$[H_2R_2]$ 代表萃取剂浓度；$n$ 代表斜率；$m$ 代表金属离子价态，$n=1$ 或 2；$\beta$ 代表分配系数；$D_1$ 和 $D_2$ 分别代表金属 1 和金属 2 的分配比。

由式（4-60）可得，萃取分离效果与金属离子的价态、萃取剂浓度和萃取反应 pH 值密切相关。在相同的浸出条件下，二价金属离子的分配比大于一价金属离子，相对应的二价金属离子分配系数较高，表明二价金属离子比一价金属离子更容易被萃取。因此，从钴酸锂、锰酸锂正极材料浸出液中萃取分离锂和钴或锂和锰相对容易。

与废旧锰酸锂或钴酸锂材料的浸出液相比，废旧三元材料的浸出液元素组成复杂，金属离子分离困难。因此，从钴、锂、锰和镍的复杂混合溶液中萃取分离金属离子备受关注。针对废旧三元材料 $LiNi_{1/3}Co_{1/3}Mn_{1/3}O_2$ 浸出液中的有价金属，萃取一般首先萃取锰，然后从萃余液中分离镍和钴，最终得到硫酸锰、硫酸镍和硫酸钴金属盐产品。虽然 $LiNi_{1/3}Co_{1/3}Mn_{1/3}O_2$ 等低镍型正极废料的金属萃取回收工艺已相对成熟，但对于高镍型正极废料 $LiNi_{0.5}Co_{0.2}Mn_{0.3}O_2$ 或 $LiNi_{0.8}Co_{0.1}Mn_{0.1}O_2$ 的回收研究较少。高镍型正极材料中镍的含量高，从浸出液中逐一分离镍、锰和钴容易造成镍的损失；另外，在萃取分离镍、锰和钴的过程中会引起锂的损失，导致锂的回收率降低，金属离子回收率整体偏低。近年来，共萃取技术因对高镍材料分离适应性好，受到广泛关注。基于元素共萃取，不仅能实现元素的逐一分离制备金属盐，还能简化流程，有助于再生制备三元前驱体。

### 1. 元素逐一分离

针对废旧高镍三元材料，通过锰钴共萃、镍锂萃取分离、沉淀回收锂和锰钴沉淀分离，可实现元素逐一分离[6]。

1）锰钴共萃

锰、钴共萃取以 PC-88A 作为萃取剂，萃取反应式如式（4-62）所示：

$$n(\mathrm{HA})_{2(\mathrm{org})} + 2\mathrm{M}^{n+} \longrightarrow 2\mathrm{MA}_{n(\mathrm{org})} + 2n\mathrm{H}^+ \tag{4-62}$$

式中，M 代表金属锰、钴、镍或锂；$n$ 表示金属离子价态，$n = 1$ 或 2。根据式（4-62），分配比（$D$）如式（4-63）所示：

$$\lg D = \lg K + n\lg[(\mathrm{HA})_2]_{(\mathrm{org})} + n\mathrm{pH} \tag{4-63}$$

同时，分配比又可表示为

$$D = C_1 / C_0 \tag{4-64}$$

式中，$C_1$ 为被萃物在有机相中的平衡总浓度；$C_0$ 为被萃物在水相中的平衡总浓度。

由式（4-62）～式（4-64）可得到影响金属离子浸出率的因素。由式（4-62）可知，pH 值升高导致溶液中氢离子含量降低，促进反应式（4-62）向萃取金属离子的方向进行，萃取率增大。由式（4-63）和式（4-64）可知，萃取剂浓度、萃取反应 pH 值与分配比成正比。此外，有机相体积变化会导致单位体积溶液中萃取剂分子的含量发生变化，萃取剂和金属离子碰撞概率增大/减小，从而影响萃取率。因此，探究不同 pH 值、油水比（O∶A）和 PC-88A 浓度对金属离子镍、锰、锂和钴萃取率的影响。如图 4-13 所示。由图可见，萃取剂 PC-88A 对锰和钴有较

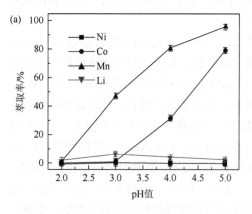
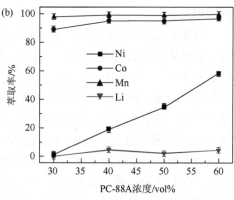

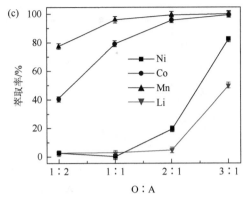

图 4-13  （a）pH 值、（b）PC-88A 浓度和（c）O∶A 对镍、钴、锰和锂萃取率的影响

高的萃取选择性，可通过控制反应参数实现锰、钴共萃取，从而与镍、锂分离。在 pH 值 = 5、PC-88A 浓度为 30vol%（体积分数）、O∶A = 2∶1、常温下萃取时间 10min 的最佳萃取条件下，锰和钴的萃取率分别为 98.37% 和 89.41%。

2）镍锂萃取分离

以 Versatic 10 作为萃取剂萃取分离镍和锂，Versatic 10 和镍的萃取反应式如式（4-65）所示：

$$n(HA)_{2(org)} + Ni^{2+} \longrightarrow NiA_2(HA)_{2n-2(org)} + 2H^+ \tag{4-65}$$

萃取前用 10mol/L NaOH 溶液皂化萃取剂，皂化率为 60%。Versatic 10 的皂化反应如式（4-66）所示：

$$0.5(HA)_{2(org)} + Na^+ \longrightarrow NaA_{(org)} + H^+ \tag{4-66}$$

类似于锰、钴共萃取，不同 pH 值、O∶A 和 Versatic 10 浓度对镍萃取率的影响如图 4-14 所示。由图可见，在 pH 值为 4、O∶A = 1∶3 和 30vol% Versatic 10 的最佳条件下，镍的萃取率几乎达到 100%，锂的损失量可忽略不计。

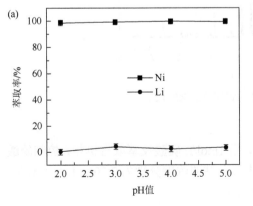

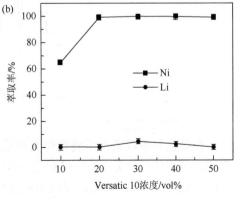

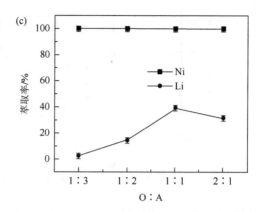

图 4-14 　（a）pH 值、（b）Versatic 10 浓度和（c）O：A 对萃取率的影响

**3）沉淀回收锂**

镍分离后，采用碳酸盐沉淀法对萃余液中的锂进行回收。在 90℃下，将饱和的 $Na_2CO_3$ 溶液逐滴加到萃余液中，锂离子以 $Li_2CO_3$ 的形式沉淀回收，反应方程式如式（4-67）所示：

$$2Li^+ + CO_3^{2-} = Li_2CO_3 \downarrow \tag{4-67}$$

反应完成后，经过滤、干燥得到白色沉淀物，其 XRD 图如图 4-15 所示。由图 4-15 可见，用 $Na_2CO_3$ 溶液沉淀得到碳酸锂的 XRD 特征峰峰形明显，且没有观察到其他杂质峰，表明回收到了较纯的 $Li_2CO_3$。

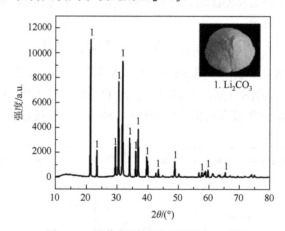

图 4-15 　回收得到的碳酸锂的 XRD 图

**4）锰钴沉淀分离**

在最佳共萃取条件下将锰钴共萃后，用 1mol/L 硫酸反萃取有机相，控制硫酸和萃取相的体积比为 1：1，得到反萃液中锰和钴的浓度分别为 7.206g/L 和 5.5g/L。再用 $KMnO_4$ 沉淀回收锰，反应方程式如下：

$$2KMnO_4 + 3Mn^{2+} + 2H_2O = 5MnO_2 \downarrow + 2K^+ + 4H^+ \qquad (4\text{-}68)$$

在 KMnO$_4$ 浓度为 0.076mol/L、pH 值为 0.5、80℃和反应时间为 60min 的条件下，得到黑色沉淀物，接着测量滤液中锰和钴的浓度计算得出锰的沉淀率。沉淀率及沉淀产物的 XRD 图如图 4-16 所示。由图 4-16（a）可见，锰的沉淀率在 90% 以上。XRD 结果表明 [图 4-16（b）]，利用 KMnO$_4$ 沉淀回收锰得到的黑色沉淀物的 XRD 图和 MnO$_2$ 的 XRD 标准谱图（PDF#30-0820）一致。

综上所述，通过锰钴共萃取、镍锂萃取分离、沉淀回收锂和锰钴沉淀分离，可实现废旧三元材料酸性浸出液中相似元素梯级逐一分离。分离回收流程图如图 4-17 所示。

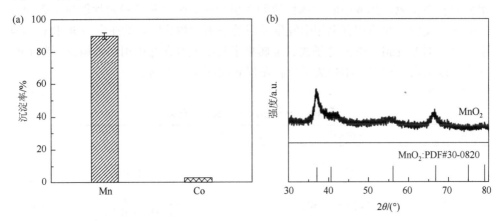

图 4-16　（a）KMnO$_4$ 沉淀锰的效果图；（b）沉淀物的 XRD 图

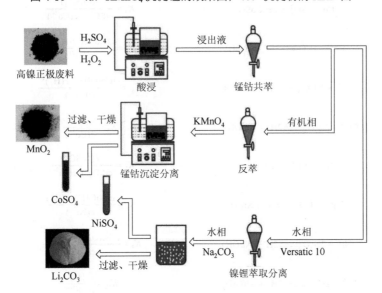

图 4-17　金属离子梯级分离流程图

### 2. 过渡金属镍、锰和钴共萃取

在元素逐一分离可知，Versatic 10 具有分离过渡金属镍离子和锂离子的能力。如果能充分利用 Versatic 10 对过渡金属组分的选择性萃取性质，从硫酸浸出液中将镍、锰和钴共萃取并实现其与锂分离，一方面，可以一步实现过渡金属和锂组分的分离；另一方面，可以萃取分离得到镍、锰和钴的混合溶液，该溶液可直接作为三元正极材料前驱体制备的原料液，缩短有价组分提取分离的流程[17]。

#### 1）共萃取机理

表 4-8 中列出萃取时在水相中发生的反应。萃取剂与金属离子在有机相和水相界面发生反应，形成的配合物扩散到有机相中。配合物的稳定性取决于表 4-9 中的化学反应。水相和有机相中发生反应的平衡常数分别归纳在表 4-8 和表 4-9 中。萃取剂 Versatic 10 的分子式、金属离子与萃取剂在有机相和水相界面发生的反应，以及水相和有机相中离子的存在形式如图 4-18 所示。

**表 4-8　水相中反应式及平衡常数**

| 序号 | 化学反应 | 平衡常数 | lg$K$ |
|------|----------|----------|-------|
| 1 | $H^+ + HSO_4^- \rightleftharpoons H_2SO_4$ | $K_1 = \dfrac{c(H_2SO_4)}{c(HSO_4^-) \cdot c(H^+)}$ | −3 |
| 2 | $H^+ + SO_4^{2-} \rightleftharpoons HSO_4^-$ | $K_2 = \dfrac{c(HSO_4^-)}{c(SO_4^{2-}) \cdot c(H^+)}$ | 1.98 |
| 3 | $Co^{2+} + SO_4^{2-} \rightleftharpoons CoSO_4$ | $K_3 = \dfrac{c(CoSO_4)}{c(SO_4^{2-}) \cdot c(Co^{2+})}$ | 2.34 |
| 4 | $Co^{2+} + H_2O \rightleftharpoons H^+ + CoOH^+$ | $K_4 = \dfrac{c(CoOH^+) \cdot c(H^+)}{c(Co^{2+})}$ | −9.2 |
| 5 | $Co^{2+} + 2H_2O \rightleftharpoons 2H^+ + Co(OH)_2$ | $K_5 = \dfrac{c[Co(OH)_2] \cdot c(H^+)^2}{c(Co^{2+})}$ | −18.6 |
| 6 | $Co^{2+} + 2H_2O \rightleftharpoons 2H^+ + Co(OH)_2 \downarrow$ | $K_6 = \dfrac{c(H^+)^2}{c(Co^{2+})}$ | −12.2 |
| 7 | $Ni^{2+} + SO_4^{2-} \rightleftharpoons NiSO_4$ | $K_7 = \dfrac{c(NiSO_4)}{c(SO_4^{2-}) \cdot c(Ni^{2+})}$ | 2.29 |
| 8 | $Ni^{2+} + H_2O \rightleftharpoons H^+ + NiOH^+$ | $K_8 = \dfrac{c(NiOH^+) \cdot c(H^+)}{c(Ni^{2+})}$ | −9.5 |
| 9 | $Ni^{2+} + 2H_2O \rightleftharpoons 2H^+ + Ni(OH)_2$ | $K_9 = \dfrac{c[Ni(OH)_2] \cdot c(H^+)^2}{c(Ni^{2+})}$ | −20.01 |
| 10 | $Ni^{2+} + 2H_2O \rightleftharpoons 2H^+ + Ni(OH)_2 \downarrow$ | $K_{10} = \dfrac{c(H^+)^2}{c(Ni^{2+})}$ | −10.5 |

续表

| 序号 | 化学反应 | 平衡常数 | lg$K$ |
|---|---|---|---|
| 11 | $Mn^{2+} + SO_4^{2-} \rightleftharpoons MnSO_4$ | $K_{11} = \dfrac{c(MnSO_4)}{c(SO_4^{2-}) \cdot c(Mn^{2+})}$ | 2.26 |
| 12 | $Mn^{2+} + H_2O \rightleftharpoons H^+ + MnOH^+$ | $K_{12} = \dfrac{c(MnOH^+) \cdot c(H^+)}{c(Mn^{2+})}$ | −10.7 |
| 13 | $Mn^{2+} + 2H_2O \rightleftharpoons 2H^+ + Mn(OH)_2 \downarrow$ | $K_{13} = \dfrac{c(H^+)^2}{c(Mn^{2+})}$ | −15.7 |
| 14 | $Li^+ + SO_4^{2-} \rightleftharpoons Li_2SO_4$ | $K_{14} = \dfrac{c(Li_2SO_4)}{c(SO_4^{2-}) \cdot c(Li^+)}$ | 2.29 |
| 15 | $Li^+ + H_2O \rightleftharpoons H^+ + LiOH$ | $K_{15} = \dfrac{c(LiOH) \cdot c(H^+)}{c(Li^+)}$ | −9.5 |
| 16 | $H_2O \rightleftharpoons H^+ + OH^-$ | $K_{16} = c(OH^-) \cdot c(H^+)$ | −14 |

**表 4-9　萃取反应、萃取剂的分解和平衡常数**

| 序号 | 化学反应 | 平衡常数 |
|---|---|---|
| 1 | $n(HA)_{2(org)} + Ni^{2+} \rightleftharpoons NiA_2(HA)_{2n-2(org)} + 2H^+$ | $K_{Ni} = \dfrac{c[NiA_2(HA)_{2n-2}] \cdot c(H^+)^2}{c[(HA)_2] \cdot c(Ni^{2+})}$ |
| 2 | $n(HA)_{2(org)} + Co^{2+} \rightleftharpoons CoA_2(HA)_{2n-2(org)} + 2H^+$ | $K_{Co} = \dfrac{c[CoA_2(HA)_{2n-2}] \cdot c(H^+)^2}{c[(HA)_2] \cdot c(Co^{2+})}$ |
| 3 | $n(HA)_{2(org)} + Mn^{2+} \rightleftharpoons MnA_2(HA)_{2n-2(org)} + 2H^+$ | $K_{Mn} = \dfrac{c[MnA_2(HA)_{2n-2}] \cdot c(H^+)^2}{c[(HA)_2] \cdot c(Mn^{2+})}$ |
| 4 | $(HA)_{2(org)} + Li^+ \rightleftharpoons LiA \cdot HA_{(org)} + H^+$ | $K_{Li} = \dfrac{c(LiA \cdot HA) \cdot c(H^+)}{c[(HA)_2] \cdot c(Li^+)}$ |
| 5 | $(HA)_{2(org)} \rightleftharpoons HA \cdot H^+ + A^-$ | $K_5 = \dfrac{c(HA \cdot H^+) \cdot c(A^-)}{c[(HA)_2]}$ |
| 6 | $HA \cdot H^+ \rightleftharpoons A^- + 2H^+$ | $K_6 = \dfrac{c(H^+)^2 \cdot c(A^-)}{c(HA \cdot H^+)}$ |

　　当镍、锰和钴共萃取达到平衡后，根据表 4-8 和表 4-9 中的平衡常数计算金属离子浓度（$a$ 表示活度）。在计算过程中，以浓度近似代替活度进行计算。锰、镍、钴、锂、硫酸盐和有机物的总浓度分别用[Mn]、[Ni]、[Co]、[Li]、[$SO_4$]和[HA]表示，达到萃取平衡后，根据锰、镍、钴、锂、硫酸盐和有机物在水相和有机相中不同的存在形式，得到以下等式：

$$[Ni] = [Ni^{2+}] + [NiSO_4] + [NiOH^+] + [Ni(OH)_2] + [Ni(OH)_{2,s}] + [NiA_2] \qquad (4-69)$$

$$[Mn] = [Mn^{2+}] + [MnSO_4] + [MnOH^+] + [Mn(OH)_{2,s}] + [MnA_2] \qquad (4-70)$$

$$[Co] = [Co^{2+}] + [CoSO_4] + [CoOH^+] + [Co(OH)_2] + [Co(OH)_{2,s}] + [CoA_2] \qquad (4-71)$$

$$[Li] = [Li^+] + [LiSO_4^-] + [LiOH] + [LiA \cdot HA] \qquad (4-72)$$

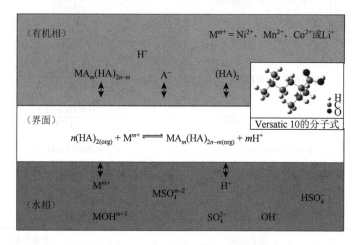

图 4-18　Versatic 10 共萃取浸出液中钴、锰、锂和镍的萃取机理图：M 表示金属阳离子 Ni$^{2+}$、Mn$^{2+}$、Co$^{2+}$或 Li$^+$；A 代表去质子的羧酸

$$[SO_4] = [SO_4^{2-}] + [HSO_4^-] + [H_2SO_4] + [CoSO_4] + [NiSO_4] + [MnSO_4] + [LiSO_4^-] \qquad (4-73)$$

$$[HA] = [(HA)_2] + [NiA_2(HA)_{2n-2}] + [CoA_2(HA)_{2n-2}] + [MnA_2(HA)_{2n-2}] \\ + [LiA \cdot HA] + [A^-] \qquad (4-74)$$

Versatic 10 和金属离子的萃取反应通式如式（4-75）所示：

$$n(HA)_{2(org)} + M^{m+} \longrightarrow MA_m(HA)_{2n-m(org)} + mH^+ \qquad (4-75)$$

反应平衡常数（$K$）表示为

$$K = \frac{[MA_m(HA)_{2n-m}]_{(org)} \cdot [H^+]^m}{[(HA)_2]_{(org)}^n \cdot [M^{m+}]} = D \frac{[H^+]^m}{[(HA)_2]_{(org)}^n} \qquad (4-76)$$

式中，$D$ 表示金属离子分配比，$m = 1$ 或 2，代表金属离子价态。对式（4-76）两边分别取对数，得到 $D$ 和 $K$ 之间的关系式（4-77）：

$$\lg D - m\mathrm{pH} = \lg K + n\lg[(HA)_2]_{(org)} \qquad (4-77)$$

用平衡常数和 pH 值表示式（4-69）～式（4-74）中每种物质的浓度，基于质量守恒定律，可计算在不同 pH 值和萃取剂浓度下达到萃取平衡时，金属离子在水相中的浓度，从而计算得到萃取率。在 pH 值为 6、萃取剂浓度在 0.53～2.65mol/L

的前提下，根据式（4-69）～式（4-74）模拟计算出萃取平衡时，不同金属离子浓度。接着，再将模拟计算出的不同金属离子浓度代入式（4-77），通过线性回归拟合，得到模拟的金属离子萃取反应平衡常数（$K'$）的对数值（$\lg K'$），结果列于表 4-10。为了检验模拟计算得到 $K'$ 值的准确性，在 pH 值为 6，萃取剂浓度在 $0.53\sim2.65\text{mol/L}$ 的条件下进行萃取实验，将萃取结果代入式（4-77）得到 $\lg D - m\text{pH}$ 与 $\lg[(\text{HA})_2]_{(\text{org})}$ 的曲线，得到斜率 $n$ 和实验平衡常数 $K$（图 4-19），从而得到萃取反应的化学计量数和萃取化合物的组成。结合式（4-77）和图 4-19，由图 4-19 中的 $y$ 轴截距可得到萃取实验的 $\lg K$，结果列于表 4-10。由表可知，模拟的平衡常数与萃取实验得到的平衡常数基本一致，说明采用线性回归拟合对萃取平衡的模拟计算分析具有很高的准确度。

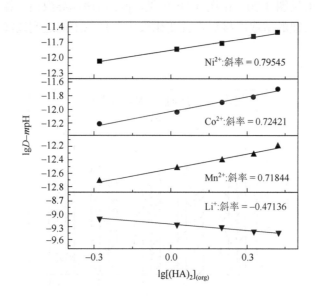

图 4-19　用 Versatic 10 萃取镍、钴、锰和锂的 $\lg D - m\text{pH}$ 与 $\lg[(\text{HA})_2]_{(\text{org})}$ 的关系图

表 4-10　钴、锂、锰和镍的萃取平衡常数（$K$ 为实验值，$K'$ 为模拟值）

| 元素 | $\lg K$ | $\lg K'$ |
| --- | --- | --- |
| Ni | −11.85882 | −11.5801 |
| Co | −12.0369 | −12.7823 |
| Mn | −12.53609 | −12.2044 |
| Li | −9.23633 | −8.8761 |

由图 4-19 可以见，在 pH 值为 6、萃取剂浓度范围在 $0.53\sim2.65\text{mol/L}$ 时，$\lg D - m\text{pH}$ 与 $\lg[(\text{HA})_2]_{(\text{org})}$ 之间存在线性关系。相对应镍、钴和锰的萃取反应斜率

$n$ 分别为 0.79545、0.72421 和 0.71844，接近于 1，将 $n$ 代入式（4-77），得到镍、锰和钴与萃取剂的反应式（4-78）～式（4-80）。镍、锰和钴与萃取剂反应生成的化合物分别为 $NiA_2$、$MnA_2$ 和 $CoA_2$。锂的反应斜率小于零，表明萃取剂对锂的萃取作用很弱，几乎不反应，因此可实现过渡金属镍、锰、钴的共萃取并实现与锂元素分离。

$$(HA)_{2(org)} + Ni^{2+} \longrightarrow NiA_{2(org)} + 2H^+ \tag{4-78}$$

$$(HA)_{2(org)} + Mn^{2+} \longrightarrow MnA_{2(org)} + 2H^+ \tag{4-79}$$

$$(HA)_{2(org)} + Co^{2+} \longrightarrow CoA_{2(org)} + 2H^+ \tag{4-80}$$

基于线性回归拟合得到的 $K'$ 值，模拟计算在不同 pH 值下四种金属离子的萃取率，模拟结果见图 4-20。由图 4-20 可见，pH 值增加导致钴、锰和镍的萃取率呈增大趋势，而锂的萃取率接近零且变化很小，理论上能达到过渡金属和锂高效分离的目的。

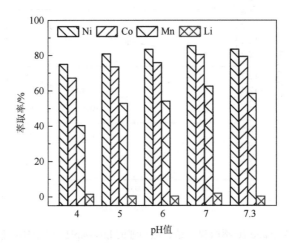

图 4-20　不同 pH 值下四种金属离子的萃取率模拟计算结果

2）镍、锰和钴共萃取实验

从理论模拟的共萃取结果可以发现，在适当的萃取条件下，Versatic 10 能实现镍、锰、钴的共萃取并与锂分离。为了进一步验证模拟结果，进行共萃取实验。实验过程中，研究 Versatic 10 对四种金属离子的萃取规律，探究不同参数如 pH 值、O：A 和 Versatic 10 浓度对过渡金属共萃取率的影响，得到最佳共萃取条件。

实验结果如图 4-21 所示。基于萃取剂 Versatic 10 对钴、镍和锰较高的选择性，控制反应参数实现镍、锰和钴的共萃取。实验结果表明经过两段错流萃取后，钴、镍和锰的总萃取率分别达 98.47%、97.05% 和 99.18%。其中，第一段萃取条件为

pH 值为 6、50vol% Versatic 10、O∶A＝1∶1、室温下萃取时间为 7min；第二段萃取条件为 pH 值为 6、O∶A＝1∶1、40vol% Versatic 10、室温下萃取时间为 7min。

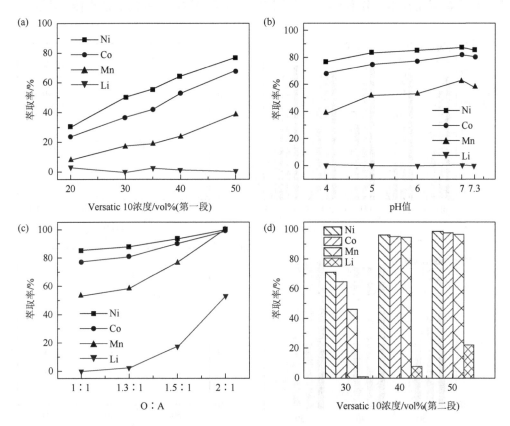

图 4-21　（a）第一段萃取 Versatic 10 浓度对萃取率的影响；（b）pH 值对萃取率的影响；（c）O∶A 对萃取率的影响；（d）第二段萃取 Versatic 10 浓度对萃取率的影响

图 4-22（a）和（c）为实验结果与模拟计算结果的比较。由图 4-22（a）和（c）可见，在不同 pH 值和萃取剂浓度条件下的模拟计算结果与实验结果基本一致。为了清楚地显示实验结果和模拟计算结果之间的差异，绘制了方差图，如图 4-22（b）和（d）所示。由图 4-22（b）可见，镍、钴、锰和锂在不同 pH 值下的平均方差分别为 1.70、0.72、0.55 和 0.26。由图 4-22（d）可见，在二次萃取时镍、钴、锰和锂的平均方差分别为 1.25、1.06、1.06 和 1.11。上述方差均在可接受的误差范围内，说明实验结果与模拟结果一致。同时从理论计算结果可见，Versatic 10 对镍和钴的选择性更好，在 pH 值为 4～7.3 下几乎对锂没有选择性，这与实验结果得出的结论一致。

综上所述，经过两段错流萃取，钴、镍和锰总的萃取率分别为 98.47%、97.05%

和 99.18%，且 92%的锂留在萃余液中。共萃取能得到富含钴、镍和锰的混合溶液，经过反萃取后可作为制备三元材料前驱体的原液，或采用沉淀法、溶剂萃取法进一步将金属元素逐一分离回收。萃余液中的锂可通过碳酸盐沉淀法直接回收。

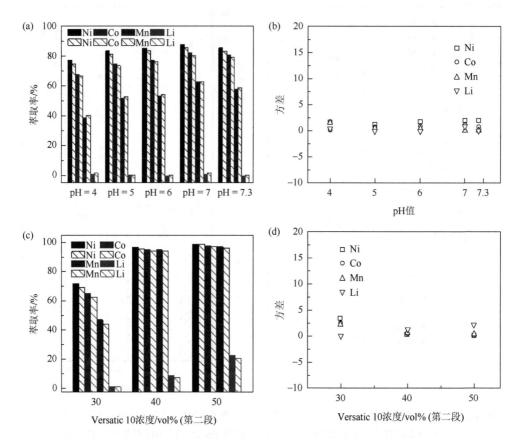

图 4-22　（a）不同 pH 值下实验和模拟得到的萃取率的比较（实心条：实验结果，对角线：模拟结果）及（b）两种结果的方差图；（c）二段萃取不同 Versatic 10 浓度下实验和模拟萃取率的比较及（d）两种结果的方差图

3）锂的回收

在最佳共萃取条件下，溶液中的钴、镍和锰都被萃取后，将饱和的 $Na_2CO_3$ 溶液加入萃余液中沉淀回收锂。反应完成后过滤、干燥得到白色沉淀物，沉淀产物的 XRD 图如图 4-23 所示。由图 4-23 可见，沉淀产物特征峰与碳酸锂的标准谱图（PDF＃87-0729）一致，同时没有检测到任何杂质峰，表明回收得到的碳酸锂的纯度较高。为了进一步分析回收产物的纯度，将 2mol/L 硫酸溶液加入回收产物中，采用 ICP-OES 测量溶液中锂离子浓度。测试结果表明，回收得到的碳酸锂的纯度为 99.61%。

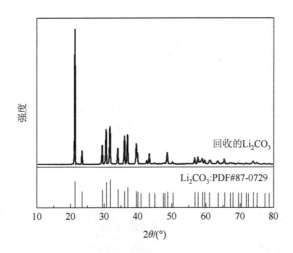

图 4-23 回收得到的碳酸锂的 XRD 图

## 4.4.2 三元正极材料

1. 再生方法简介

直接利用浸出液中的金属再生制备三元材料是一种高效简洁且经济性强的回收方式。目前，三元正极材料的再生方法可以充分借鉴传统三元正极材料的制备方法，主要包括溶胶-凝胶法、水热法、喷雾干燥法及共沉淀法等。不同方法制备的材料会因理化性质差异而表现出不同的电化学性能。

1）溶胶-凝胶法

溶胶-凝胶法是利用有机酸阴离子与金属离子在溶液中形成配合物，而后在加热过程中进行脱水，缩合形成溶胶、凝胶前驱体，进一步烧结制备相应的正极材料。溶胶-凝胶法是一种湿化学方法，制备的材料不仅能够达到原子级均匀混合，而且纯度高、粒径小，具有良好的电化学性能。有研究[18]采用苹果酸溶解废旧三元正极材料，由图 4-24 可见，$Li^+$、$Ni^{2+}$、$Co^{2+}$、$Mn^{2+}$进入溶液后与苹果酸根离子形成配合物，随后加热、干燥转变为凝胶前驱体，进一步煅烧制成电化学性能优异的 $LiNi_{1/3}Co_{1/3}Mn_{1/3}O_2$ 再生三元正极材料。整个过程中苹果酸充当了浸出剂和络合剂，在溶解废旧三元正极材料的同时为溶胶-凝胶法再生制备奠定基础，实现了化学试剂高效利用。然而，采用溶胶-凝胶法制备三元正极材料能耗高、耗时长，导致成本增加[19]。同时，材料烧结过程会释放大量有机物和 $CO_2$，不仅污染环境而且制备的材料振实密度偏低。因此，溶胶-凝胶法再生制备三元正极材料尚处于实验研究阶段。

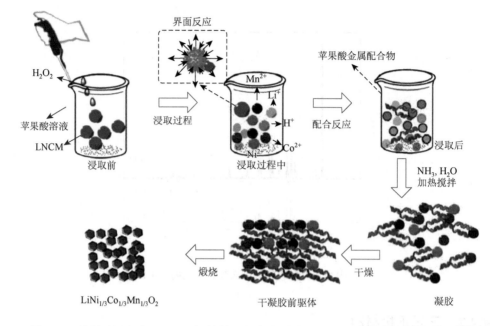

图 4-24 苹果酸浸出废旧三元正极材料及溶胶-凝胶法再生制备三元正极材料示意图[18]

**2）水热法**

水热法是在密闭反应容器中（如高压反应釜），以水为反应介质通过加热营造高温高压环境合成电池材料的方法。通过控制水热温度、辅助试剂、模板、水热时间等可以控制合成材料的形貌[20]。在三元正极材料合成中，利用镍、钴、锰金属料液及辅助试剂在水热条件下制备前驱体，再通过固相配锂烧结制备三元正极材料。有研究[21]采用镍、钴、锰金属盐为原料，十二烷基磺酸钠为表面活性剂，尿素为沉淀剂，在 150℃下水热合成了晶粒自组装型的镍钴锰前驱体 （Ni:Co:Mn=6:2:2），进一步配锂烧结制备了相应的 $LiNi_{0.6}Co_{0.2}Mn_{0.2}O_2$ 材料（图 4-25）。独特的晶粒排布使材料充分暴露出(010)活性晶面，在 0.1C、2.8～4.3V 下，材料放电比容量达 180.7mA·h/g，1C 循环 100 次后容量保持率达 91.9%，展示出优异的电化学性能。为使制备好的前驱体锂化形成正极材料，可以将前驱体与锂源混合水热，通过湿法嵌锂直接制备三元正极材料。但是湿法嵌锂效率较低，导致原料液中需要补充大量的锂源，使成本增加。此外，三元正极材料失效通常表现为 $Li^+$ 缺失和结构塌陷，采用水热法配以合适的锂源可以直接完成对废旧三元正极材料补 $Li^+$，再采用适当的烧结完成结构修复，从而避免了废旧三元正极材料全组分溶解[22]。虽然水热法制备的三元正极材料电化学性能优异，但是该工艺对设备要求较高、产能有限，不利于大规模生产。

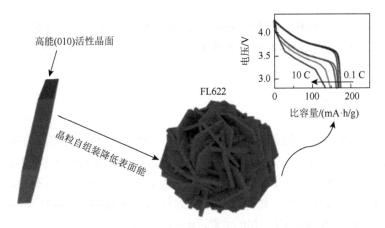

图 4-25　水热法制备的板状晶粒自组装型 $LiNi_{0.6}Co_{0.2}Mn_{0.2}O_2$ 材料[21]

3）喷雾干燥法

喷雾干燥法是将锂、镍、钴、锰的混合料液进行雾化，随后喷射到热环境中使水分和其他杂质迅速蒸干/热解获得前驱体粉体，并通过进一步烧结制备相应的正极材料。与其他方法相比，喷雾干燥法制备的材料同样能达到原子级均匀混合，并且合成过程中直接将液滴转变为颗粒状材料，使生产效率大大提升[23]。与此同时，该方法避免了大量化学试剂的使用和酸碱废水的产生，是一种绿色高效的材料制备方法。此外，该方法通过控制原料组分和反应条件可以制备球形形貌的前驱体。但是蒸发迅速，容易导致前驱体致密性较差，进而引起烧结过程中正极材料形貌转变，使材料振实密度偏低[23, 24]。因此，喷雾干燥法尚未在动力电池材料回收生产中得到广泛应用。

4）共沉淀法

共沉淀法是将镍、钴、锰金属料液与沉淀剂反应制备前驱体粉体，再混入锂源高温烧结制成相应的正极材料。由于共沉淀反应中 $Ni^{2+}$、$Co^{2+}$、$Mn^{2+}$ 从溶液中同步析出，因而产物能达到原子级均匀混合。根据沉淀剂不同，共沉淀法制备的前驱体可以分为碳酸盐前驱体（$Ni_xCo_yMn_{1-x-y}CO_3$）、草酸盐前驱体（$Ni_xCo_yMn_{1-x-y}C_2O_4$）和氢氧化物前驱体［$Ni_xCo_yMn_{1-x-y}(OH)_2$］。前驱体在配锂烧结过程中，过渡金属从低价态被氧化到高价态（如 $Co^{2+} \rightarrow Co^{3+}$、$Mn^{2+} \rightarrow Mn^{4+}$），同时伴随着阴离子基团（$CO_3^{2-}$、$C_2O_4^{2-}$、$OH^-$）解离成 $CO_2$、$H_2O$ 释放，最终形成嵌锂的过渡金属氧化物（三元正极材料）[25]。相比于碳酸盐和草酸盐前驱体，氢氧化物前驱体中阴离子质量分数较低，烧结后气态分解产物对材料内部形貌损伤较小，因此制备的三元材料更加均匀密实，有助于材料体积能量密度提升[20]。此外，通过调整原料金属配比和反应条件可以制备出不同组成和形貌的前驱体，从而满足不同领域的材料需求。共沉淀法制备的三元正极材料具有可控的球形形貌和颗粒均匀性，能够实现较高的材料振实密度和能量密度，受到广泛的应用。鉴于此，本节将重点介绍共沉淀法再生制备三元正极材料的原理和工艺。

### 2. 共沉淀法再生

以氢氧化物前驱体制备为例，$Ni^{2+}$、$Co^{2+}$、$Mn^{2+}$与 $OH^-$直接反应速率过快，导致沉淀形成大量晶核，难以控制前驱体形貌，因此前驱体的共沉淀反应通常需要添加一定量的氨水络合剂，使溶液中的过渡金属离子与氨络合降低反应速率，从而使晶体缓慢有序生长，达到控制形貌的目的。反应如式（4-81）、式（4-82）所示（其中 M 代表 Ni、Co、Mn 元素，$n = 1 \sim 6$）。

$$M^{2+} + nNH_3 \longrightarrow M(NH_3)_n^{2+} \tag{4-81}$$

$$M(NH_3)_n^{2+} + 2OH^- \longrightarrow M(OH)_2 + nNH_3 \tag{4-82}$$

为了获得密实度高的球形前驱体，共沉淀反应通常在连续搅拌的反应釜内进行，其中镍、钴、锰金属溶液、氨水络合剂及碱液沉淀剂分别以一定流速持续泵入反应釜内，在强烈的搅拌作用下充分混合完成前驱体的形核、生长及团聚过程。反应过程中需要控制的参数主要包括 pH 值、氨水浓度、反应温度、进料速度、搅拌强度等。

1）共沉淀反应的热力学及动力学原理

为了明确共沉淀反应中 $Ni^{2+}$、$Co^{2+}$、$Mn^{2+}$均匀沉淀的热力学条件，通过热力学计算对 $Ni^{2+}$、$Co^{2+}$、$Mn^{2+}$的络合共沉淀优势区域进行分析。将共沉淀反应的 pH 值设定为 10.5，反应体系中需要的氨水络合剂浓度可以通过体系中存在的平衡反应方程求算，如式（4-83）所示（相应的反应平衡常数列于表 4-11[26]）。

$$[M] = [M^{2+}] + K_1 \cdot [M^{2+}] \cdot [NH_3] + K_2 \cdot [M^{2+}] \cdot [NH_3]^2 + K_3 \cdot [M^{2+}] \cdot [NH_3]^3$$
$$+ K_4 \cdot [M^{2+}] \cdot [NH_3]^4 + K_5 \cdot [M^{2+}] \cdot [NH_3]^5 + K_6 \cdot [M^{2+}] \cdot [NH_3]^6$$

$$\tag{4-83}$$

式中，[M]为液相中 Ni、Co 或 Mn 单个过渡金属的总浓度；$[M^{2+}]$为 $Ni^{2+}$、$Co^{2+}$或 $Mn^{2+}$自由金属离子浓度；$[NH_3]$为游离氨浓度。结果显示，pH 值为 10.5 时，液相中 $Ni^{2+}$、$Co^{2+}$、$Mn^{2+}$浓度随氨浓度的变化关系如图 4-26 所示。当反应体系内氨浓度增加时，液相中 $Ni^{2+}$、$Co^{2+}$、$Mn^{2+}$的浓度差异逐渐增大。为减小 Ni、Co、Mn 的沉淀差异，同时避免金属离子快速成核，氨浓度一般控制在 0.15 ～ 0.3mol/L 范围内。

**表 4-11　镍、钴、锰离子络合共沉淀反应中的平衡常数（25℃）**

| 平衡反应 | 平衡常数 $K$ | lg$K$ | | |
| --- | --- | --- | --- | --- |
| | | Ni | Co | Mn |
| $M^{2+}+NH_3 \rightleftharpoons [M(NH_3)]^{2+}$ | $K_1$ | 2.81 | 2.10 | 1.00 |
| $M^{2+}+2NH_3 \rightleftharpoons [M(NH_3)_2]^{2+}$ | $K_2$ | 5.08 | 3.67 | 1.54 |
| $M^{2+}+3NH_3 \rightleftharpoons [M(NH_3)_3]^{2+}$ | $K_3$ | 6.85 | 4.78 | 1.70 |
| $M^{2+}+4NH_3 \rightleftharpoons [M(NH_3)_4]^{2+}$ | $K_4$ | 8.12 | 5.53 | 1.30 |
| $M^{2+}+5NH_3 \rightleftharpoons [M(NH_3)_5]^{2+}$ | $K_5$ | 8.93 | 5.75 | |
| $M^{2+}+6NH_3 \rightleftharpoons [M(NH_3)_6]^{2+}$ | $K_6$ | 9.08 | 5.14 | |
| $M(OH)_2 \rightleftharpoons M^{2+}+2OH^-$ | $K_{sp}$ | −15.22 | −12.70 | −14.89 |
| $NH_3+H_2O \rightleftharpoons NH_4^+ + OH^-$ | $K_b$ | −4.80 | | |
| $H_2O \rightleftharpoons H^+ + OH^-$ | $K_w$ | −14.00 | | |

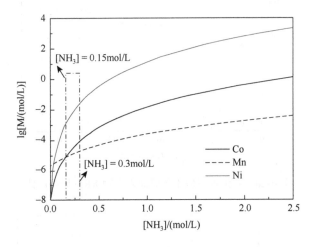

图 4-26　液相中 $Ni^{2+}$、$Co^{2+}$、$Mn^{2+}$浓度与氨浓度的变化关系图

图 4-27 为不同反应时间（2～22h）共沉淀产物的 XRD 图。结果显示共沉淀反应期间，所得产物均为 β-Ni(OH)₂ 型的层状氢氧化物，无其他杂相生成。但是随着反应进行，产物的(100)、(101)、(102)衍射峰与(001)衍射峰的强度比 $I_{(100)}/I_{(001)}$、$I_{(101)}/I_{(001)}$、$I_{(102)}/I_{(001)}$ 呈现出上升趋势（图 4-28），说明反应过程中前驱体沿不同晶面的生长速率不同，晶体沿(100)、(101)、(102)晶面的生长速率均快于(001)晶面。与此同时，采用第一性原理对不同晶面的表面能计算（图 4-29），结果显示几个晶面中(001)晶面具有最高的表面能。因此，在氢氧化物共沉淀反应中镍、钴、锰离子更倾向于沿晶体的(001)晶面法向或 $c$ 轴沉积生长。

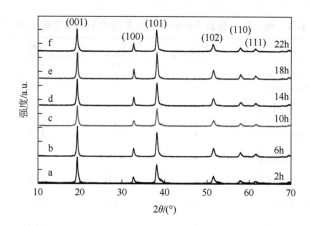

图 4-27　共沉淀反应不同时间内产物的 XRD 图

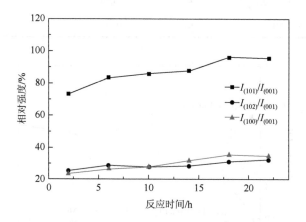

图 4-28　共沉淀反应不同时间内产物 XRD 峰强度比

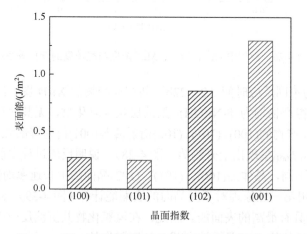

图 4-29　第一性原理计算的前驱体不同晶面的表面能

图 4-30 为不同反应时间（10min、30min、1h、2h、10h、18h）的前驱体形貌。反应初期（10~30min），前驱体形成了由细小一次晶粒团聚而成的胚状团聚体 [图 4-30（a）和（b）]；随着反应进行，这些团聚体尺寸增大、致密度提高，同时团聚体内一次晶粒本身也在生长增厚 [图 4-30（c）和（d）]；反应到 10h，前驱体已不再是由若干小的生长中心连接而成的胚状团聚体，而是经过进一步生长转变为单个的球形二次颗粒 [图 4-30（e）]；反应到 18h，球形颗粒尺寸进一步增大，颗粒的致密度和光滑性也随之提升，形成了晶粒排布密实的多晶球形三元前驱体 [图 4-30（f）]。

图 4-30　氢氧化物前驱体共沉淀反应（a）10min、（b）30min、（c）1h、（d）2h、（e）10h、（f）18h 的形貌图

图 4-31 运用分子模型阐述了氢氧化物前驱体晶体的异向生长行为。氢氧化物前驱体结构是由过渡金属与羟基连接的八面体单元排列的层状结构组成 [图 4-31（a）和（b）]。其中，过渡金属离子位于八面体中心，六个羟基分别位于八面体上下的六个顶角，同层相邻八面体之间通过共边相连，不同八面体层通过氢键相连，并沿 $c$ 轴方向堆积排列。在晶体生长期间，晶体表面的羟基处于不饱和状态且带负电荷，而过渡金属-氨配合物（[$M(NH_3)_n$]$^{2+}$，M = Ni、Co 或 Mn）带正电，在静电引力作用下溶液中的 [$M(NH_3)_n$]$^{2+}$ 向晶体表面运动。当 [$M(NH_3)_n$]$^{2+}$ 接近晶体表面时，$M^{2+}$ 从配合物中释放并与不饱和羟基成键，从而使晶体有序生长。

由于(001)晶面不饱和羟基的数量明显多于其他晶面 [图 4-31（b）、（c）]，则会导致晶体更易沿(001)晶面的法向生长 [图 4-31（d）]。

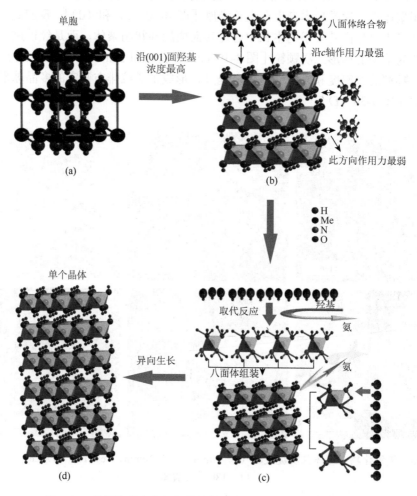

图 4-31　共沉淀反应中氢氧化物前驱体晶体异向生长过程示意图

　　在阐明单个晶粒异向生长行为的基础上，图 4-32 为共沉淀反应中前驱体颗粒的生长、团聚机理示意图。共沉淀反应初期，溶液首先大量形核，其中尺寸大于形核临界尺寸的晶核能够真正析出形成单独的细小一次晶粒，而尺寸小于临界尺寸的晶核将重新溶解；析出的一次晶粒因其尺寸小、比表面积高而处于热力学不稳定状态，趋向于相互团聚形成胚状团聚体 [图 4-32（a）]，从而缩小晶体与溶液的接触界面，使体系能量降低；随着反应进行，一次晶粒会不断附着到团聚体上生长，同时一次晶粒自身也在不断生长，导致胚状团聚体的间隙被不断填充，团聚体的密实性得到明显提升，逐步向球形形貌转变［图 4-32（b）］。随着反应时间进一步延长，在晶体的溶解-重结晶作用下，球形颗粒表面变得平整光滑［图 4-32（c）］。

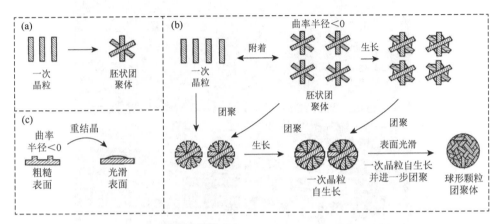

图 4-32　氢氧化物前驱体共沉淀生长团聚示意图

晶体的溶解-重结晶过程可以用开尔文方程阐述，如式（4-84）所示。

$$\ln \frac{S}{S_0} = \frac{2\sigma M}{\rho_L \rho RT} \tag{4-84}$$

式中，$S$、$S_0$ 分别为此种晶体在曲面和平面上的溶解度；$\rho_L$ 为晶体曲面上的曲率半径；$\sigma$ 为平均表面张力；$M$ 为晶体的相对分子质量；$R$ 为摩尔气体常量；$T$ 为热力学温度；$\rho$ 为颗粒密度。由于晶体突起或棱角位置处的曲率半径比晶体平面区域小，导致晶体在突起或棱角位置处的溶解度增加，从而使该位置处的晶体倾向于溶解而被打磨光滑；相比之下，团聚的晶粒在相互接触的位置处曲率半径为负数，导致这些位置的晶体溶解度较低，棱角处所溶解的构晶离子又会在晶粒之间的接触处重新结晶，从而填补这些接触缝隙，因此溶解-重结晶过程能使颗粒逐步变得光滑。

2）共沉淀法再生制备三元正极材料的工艺

基于上述共沉淀法制备氢氧化物前驱体的反应原理及晶体生长行为介绍，将回收得到的含镍、钴有价金属的浸出液作为原料液，通过补加 $NiSO_4$、$CoSO_4$ 和 $MnSO_4$，将原料液中镍、钴、锰三种元素的混合金属离子总浓度调节到 2mol/L，并控制 $Ni^{2+}$、$Co^{2+}$、$Mn^{2+}$ 的比例分别为 1：1：1、5：3：2 和 8：1：1。将组分调控后的镍、钴、锰金属原料液、一定浓度的氨水络合剂及 4mol/L NaOH 沉淀剂一同泵入反应釜内进行共沉淀反应。图 4-33 为共沉淀反应再生制备的 $Ni_{0.8}Co_{0.1}Mn_{0.1}(OH)_2$、$Ni_{0.5}Co_{0.2}Mn_{0.3}(OH)_2$ 和 $Ni_{0.33}Co_{0.33}Mn_{0.33}(OH)_2$ 前驱体颗粒的形貌图。由图 4-33 可见，再生制备的三种前驱体颗粒均为球形团聚体，粒径在 9～12μm 之间，晶体颗粒大小适中，颗粒分散性良好。

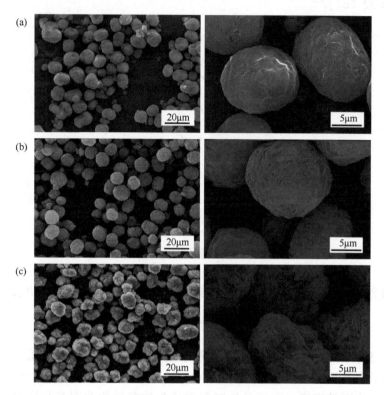

图 4-33　再生前驱体（a）$Ni_{0.8}Co_{0.1}Mn_{0.1}(OH)_2$、（b）$Ni_{0.5}Co_{0.2}Mn_{0.3}(OH)_2$、（c）$Ni_{0.33}Co_{0.33}Mn_{0.33}(OH)_2$ 的形貌图

通过 TG-DSC 测试对共沉淀法制备的不同比例的 $Ni_xCo_yMn_{1-x-y}(OH)_2$ 前驱体空气条件下的热稳定性进行分析。由图 4-34 可见，前驱体 $Ni_{0.8}Co_{0.1}Mn_{0.1}(OH)_2$、$Ni_{0.5}Co_{0.2}Mn_{0.3}(OH)_2$ 和 $Ni_{0.33}Co_{0.33}Mn_{0.33}(OH)_2$ 均具有三个失重平台。第一个失重平台出现在 50~150℃，失重较少，主要是吸附水的蒸发；第二个失重平台在 150～400℃，主要是由于前躯体颗粒 $Ni_xCo_yMn_{1-x-y}(OH)_2$ 的脱水。在温度超过 400℃之后，三种前驱体还表现出第三个失重过程。有研究表明[27, 28]，当受热温度超过 400℃时，镍钴锰氢氧化物前驱体可反应生成 NiO 和尖晶石型的 $(Ni,Mn,Co)_3O_4$，因此前驱体的第三个失重过程主要是由于在晶体内部部分阳离子发生了重排。由于前驱体烧结生成正极材料涉及锂离子的嵌入和过渡金属组分氧化等一系列阳离子重排过程，因此烧结一般选择在较高的温度下进行。

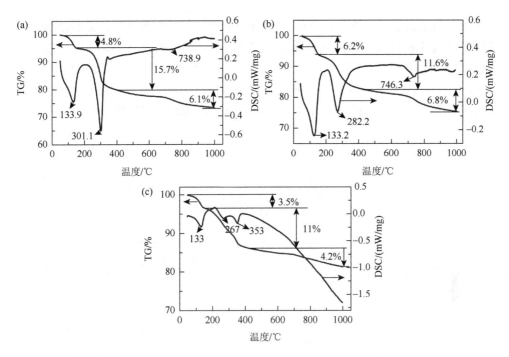

图 4-34　再生前驱体(a)Ni$_{0.8}$Co$_{0.1}$Mn$_{0.1}$(OH)$_2$、(b)Ni$_{0.5}$Co$_{0.2}$Mn$_{0.3}$(OH)$_2$、(c)Ni$_{0.33}$Co$_{0.33}$Mn$_{0.33}$(OH)$_2$
的热重曲线

　　将上述再生制备的不同镍、钴、锰比例的前驱体分别与锂源（LiOH·H$_2$O）均
匀混合，通过固相烧结制备三元正极材料。不同前驱体与锂源混合烧结的具体条
件如下：LiNi$_{0.33}$Co$_{0.33}$Mn$_{0.33}$O$_2$，先在空气、500℃条件下保温 5h，然后升温至 900℃，
并保温 20h；LiNi$_{0.5}$Co$_{0.2}$Mn$_{0.3}$O$_2$，先在空气、500℃条件下保温 5h，然后升温至
850℃，并保温 15h；LiNi$_{0.8}$Co$_{0.1}$Mn$_{0.1}$O$_2$，先在氧气、480℃条件下保温 5h，然后
升温至 750℃，并保温 20h。烧结过程中，升温速率控制在 8℃/min。

　　图 4-35 分别为配锂和不配锂的前驱体在相同烧结条件下烧结产物的 XRD 图。由
图 4-35 可见，配锂与不配锂的前驱体 Ni$_x$Co$_y$Mn$_{1-x-y}$(OH)$_2$ 烧结产物的 XRD 图存在较
大差异。在不配锂的三种前驱体烧结产物中［图 4-35（b）、（d）、（f）］，均存在过渡
金属氧化物的特征峰，如(220)、(311)和(400)等特征峰[29-32]。前驱体配锂后在相同烧
结条件下得到的产物的 XRD 图表明，烧结产物均具有典型的 α-NaFeO$_2$ 型层状晶体
结构，属于 $R\bar{3}m$ 空间点阵群［图 4-35（a）、（c）、（e）］，与以纯 NiSO$_4$、CoSO$_4$ 和
MnSO$_4$ 为原料制备的 LiNi$_{0.33}$Co$_{0.33}$Mn$_{0.33}$O$_2$、LiNi$_{0.5}$Co$_{0.2}$Mn$_{0.3}$O$_2$ 和 LiNi$_{0.8}$Co$_{0.1}$Mn$_{0.1}$O$_2$
三元正极材料特征峰谱吻合[33-35]。此外，三元正极材料的 XRD 特征峰相对强度
$I_{(003)}/I_{(104)}$ 和 $(I_{(006)}+I_{(102)})/I_{(101)}$ 是衡量材料晶体结构中阳离子混排的重要参数。$I_{(003)}/I_{(104)}$
和 $(I_{(006)}+I_{(102)})/I_{(101)}$ 的比值越高，代表材料的阳离子混排程度越低[36]。研究发现[37]，

当相对峰强 $I_{(003)}/I_{(104)}>1.2$ 时，三元正极材料中阳离子混排程度较低。表 4-12 为再生制备的三元正极材料 $LiNi_{0.8}Co_{0.1}Mn_{0.1}O_2$、$LiNi_{0.5}Co_{0.2}Mn_{0.3}O_2$ 和 $LiNi_{0.33}Co_{0.33}Mn_{0.33}O_2$ 的 XRD 特征峰相对强度的比值。由表 4-12 可知，$LiNi_{0.8}Co_{0.1}Mn_{0.1}O_2$、$LiNi_{0.5}Co_{0.2}Mn_{0.3}O_2$ 和 $LiNi_{0.33}Co_{0.33}Mn_{0.33}O_2$ 三种材料的相对峰强均满足 $I_{(003)}/I_{(104)}>1.2$，表明再生制备的三元正极材料晶体结构规则，阳离子混排程度较低。

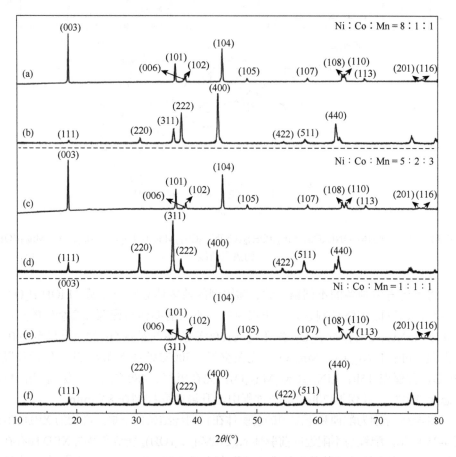

图 4-35　前驱体（a，c，e）配锂烧结后的再生 $LiNi_xCo_yMn_{1-x-y}O_2$ 材料及（b，d，f）无锂源（$LiOH \cdot H_2O$）烧结后产物的 XRD 图

**表 4-12　再生三元正极材料特征峰的相对强度比值**

| 再生样品 | $I_{(003)}/I_{(104)}$ | $(I_{(006)}+I_{(102)})/I_{(101)}$ |
| --- | --- | --- |
| $LiNi_{0.8}Co_{0.1}Mn_{0.1}O_2$ | 1.21 | 0.48 |
| $LiNi_{0.5}Co_{0.2}Mn_{0.3}O_2$ | 1.32 | 0.46 |
| $LiNi_{0.33}Co_{0.33}Mn_{0.33}O_2$ | 1.51 | 0.41 |

图 4-36 为烧结后再生制备的 $LiNi_{0.8}Co_{0.1}Mn_{0.1}O_2$、$LiNi_{0.5}Co_{0.2}Mn_{0.3}O_2$ 和 $LiNi_{0.33}Co_{0.33}Mn_{0.33}O_2$ 三元正极材料的 SEM 图。由图 4-36 可见，三种再生三元正极材料基本保持了其相应前驱体的球形形貌，烧结后制得的材料一次颗粒更加清晰饱满，材料结晶度变高，无因过烧而导致团聚。为了验证再生三元正极材料的元素组成，对其进行了能谱测试，其结果如图 4-37 所示。由图 4-37 可见，三种再生三元正极材料的能谱图中除 Ni、Co、Mn 和 O 的特征峰外，无其他杂峰出现，表明再生制备的三元正极材料纯度较高。由于能谱不能有效地测出 Li 元素含量，因此利用 ICP 对材料中 Li、Ni、Co 和 Mn 四种金属元素进行了进一步的分析。表 4-13 分别列举了利用能谱和 ICP 对三种再生三元正极材料测试后得到的结果。由表 4-13 可知，材料主要由 Li、Ni、Co、Mn 和 O 四种元素组成，无其他杂质元素，能谱和 ICP 分析测试的结果与实验预期目标材料的组成元素比例吻合。这表明通过采用浸出液组分调控-共沉淀-固相烧结的方法，成功再生制备了具有球形形貌的纯相系列 $LiNi_{0.33}Co_{0.33}Mn_{0.33}O_2$、$LiNi_{0.5}Co_{0.2}Mn_{0.3}O_2$ 和 $LiNi_{0.8}Co_{0.1}Mn_{0.1}O_2$ 锂离子电池三元正极材料。

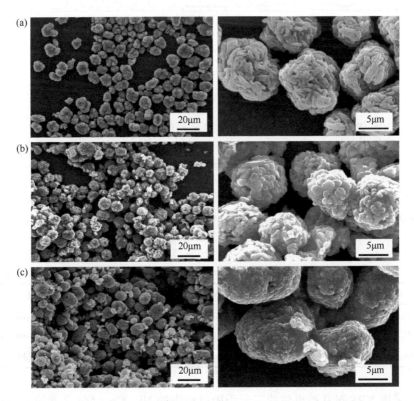

图 4-36　再生三元正极材料(a)$LiNi_{0.8}Co_{0.1}Mn_{0.1}O_2$、(b)$LiNi_{0.5}Co_{0.2}Mn_{0.3}O_2$、(c)$LiNi_{0.33}Co_{0.33}Mn_{0.33}O_2$ 的 SEM 图

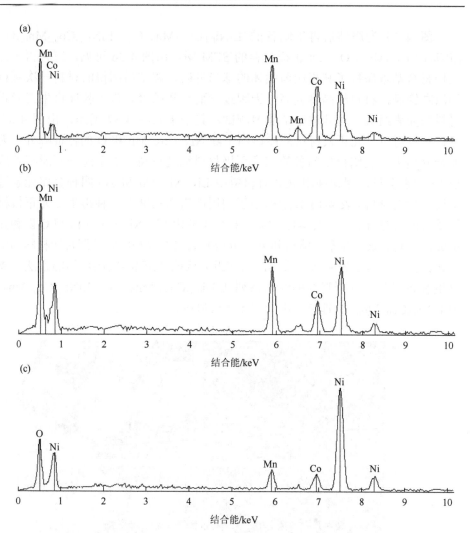

图 4-37　再生三元正极材料(a)$LiNi_{0.33}Co_{0.33}Mn_{0.33}O_2$、(b)$LiNi_{0.5}Co_{0.2}Mn_{0.3}O_2$、(c)$LiNi_{0.8}Co_{0.1}Mn_{0.1}O_2$ 的能谱图

表 4-13　再生三元正极材料的成分分析

| 再生样品 | EDX 测试结果（Ni：Co：Mn：O 的原子比） | ICP 分析结果 |
|---|---|---|
| $LiNi_{0.33}Co_{0.33}Mn_{0.33}O_2$ | 1.022：1：0.958：6.096 | $Li_{1.001}Ni_{0.335}Co_{0.328}M_{0.314}O_2$ |
| $LiNi_{0.5}Co_{0.2}Mn_{0.3}O_2$ | 5.057：2：2.994：19.885 | $Li_{1.003}Ni_{0.509}Co_{0.201}Mn_{0.301}O_2$ |
| $LiNi_{0.8}Co_{0.1}Mn_{0.1}O_2$ | 7.976：1：0.928：20.062 | $Li_{1.012}Ni_{0.795}Co_{0.0997}Mn_{0.0925}O_2$ |

　　采用 XPS 对几种再生的三元正极材料中的 Ni、Co、Mn 元素价态进行分析。图 4-38 分别为再生三元正极材料 $LiNi_{0.33}Co_{0.33}Mn_{0.33}O_2$、$LiNi_{0.5}Co_{0.2}Mn_{0.3}O_2$ 和

LiNi$_{0.8}$Co$_{0.1}$Mn$_{0.1}$O$_2$ 的 XPS 图。由图 4-38（a）～（c）可见，再生 LiNi$_{0.33}$Co$_{0.33}$Mn$_{0.33}$O$_2$
的 Ni 2p$_{3/2}$、Co 2p$_{3/2}$ 和 Mn 2p$_{3/2}$ 的谱峰分别位于结合能为 854.6eV［图 4-38（a）］、
780.2eV［图 4-38（b）］和 642.5eV［图 4-38（c）］处，分别与文献报道的 LiNi$_{0.5}$Mn$_{0.5}$O$_2$

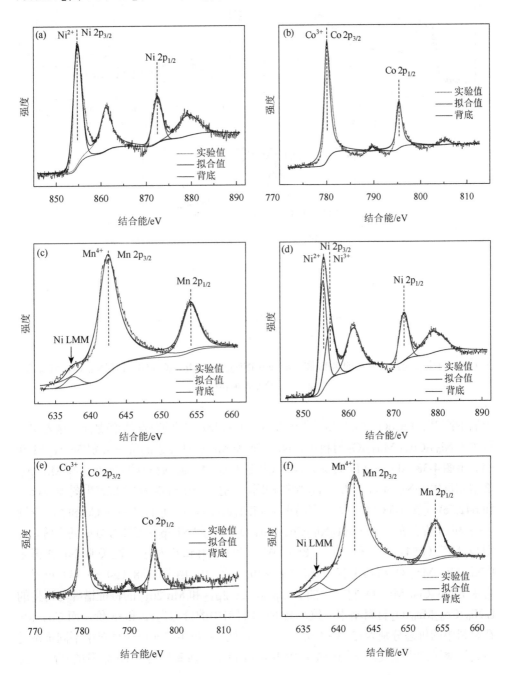

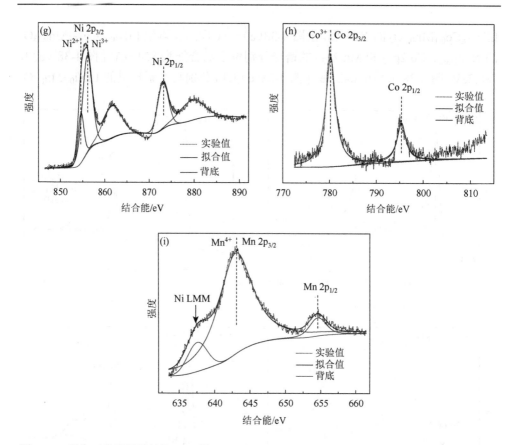

图 4-38　再生三元正极材料的 XPS 图：（a～c）LiNi$_{0.33}$Co$_{0.33}$Mn$_{0.33}$O$_2$；（d～f）LiNi$_{0.5}$Co$_{0.2}$Mn$_{0.3}$O$_2$；
（g～i）LiNi$_{0.8}$Co$_{0.1}$Mn$_{0.1}$O$_2$

中的 Ni$^{2+}$[38]、LiCoO$_2$ 中的 Co$^{3+}$[39] 和 MnO$_2$ 中的 Mn$^{4+}$[40] 的特征峰谱吻合。这表明在再生 LiNi$_{0.33}$Co$_{0.33}$Mn$_{0.33}$O$_2$ 材料中，Ni、Co 和 Mn 三种元素的价态分别为+2、+3 和+4。由图 4-38（d）～（f）可见，再生 LiNi$_{0.5}$Co$_{0.2}$Mn$_{0.3}$O$_2$ 材料的 Co 2p$_{3/2}$ 和 Mn 2p$_{3/2}$ 峰谱和再生 LiNi$_{0.33}$Co$_{0.33}$Mn$_{0.33}$O$_2$ 材料相同，分别位于结合能为 780.2eV［图 4-38（e）］和 642.5eV［图 4-38（f）］处，表明再生 LiNi$_{0.5}$Co$_{0.2}$Mn$_{0.3}$O$_2$ 材料中的 Co 和 Mn 分别以+3 和+4 价存在。但再生 LiNi$_{0.5}$Co$_{0.2}$Mn$_{0.3}$O$_2$ 材料的 Ni 2p$_{3/2}$ 可拟合分成两个峰，分别与 Ni$^{2+}$（854.6eV）和 Ni$^{3+}$（856.0eV）的特征峰谱相对应，这表明 Ni 在再生 LiNi$_{0.5}$Co$_{0.2}$Mn$_{0.3}$O$_2$ 材料中有+2 和+3 两种价态[38, 41]。由图 4-38（g）～（i）可见，再生 LiNi$_{0.8}$Co$_{0.1}$Mn$_{0.1}$O$_2$ 材料中的 Ni 2p$_{3/2}$、Co 2p$_{3/2}$ 和 Mn 2p$_{3/2}$ 的特征谱峰与再生的 LiNi$_{0.5}$Co$_{0.2}$Mn$_{0.3}$O$_2$ 材料基本一致，其 Ni 在材料中的价态为+2 和+3 价，而 Co、Mn 在材料中的价态分别为+3 和+4 价。表 4-14 为三种再生三元正极材料中不同价态过渡金属离子的含量及其平均价态。由表 4-14 可知，随着材料中 Ni 含量的升高，Co

和 Mn 的价态不变，$Ni^{3+}$ 含量增加，三种再生三元正极材料过渡金属组分的平均价态均在+3 左右，满足化学式价态平衡关系。根据已报道的研究结果可知，$Mn^{4+}$ 比较稳定，在 $Li^+$ 脱嵌过程中起到稳定材料结构的作用，不参与电化学反应[42]。但 $Ni^{2+}$ 和 $Ni^{3+}$ 元素在 $Li^+$ 脱出过程中发生氧化反应（$Ni^{2+} - e^- \longrightarrow Ni^{3+}$ 及 $Ni^{3+} - e^- \longrightarrow Ni^{4+}$），在 $Li^+$ 嵌入过程中 $Ni^{4+}$ 发生还原反应（$Ni^{4+} + e^- \longrightarrow Ni^{3+}$ 及 $Ni^{3+} + e^- \longrightarrow Ni^{2+}$），因此再生三元正极材料的可逆容量会随着 Mn 含量的减少、Ni 含量的提高而增加。

**表 4-14  再生三元正极材料中不同价态过渡金属离子的含量及其平均价态**

| 再生材料 | $Ni^{2+}$含量/at% | $Ni^{3+}$含量/at% | $Co^{3+}$含量/at% | $Mn^{4+}$含量/at% | 平均价态 |
|---|---|---|---|---|---|
| $LiNi_{1/3}Co_{1/3}Mn_{1/3}O_2$ | 100 | — | 100 | 100 | +3 |
| $LiNi_{0.5}Co_{0.2}Mn_{0.3}O_2$ | 59.35 | 40.65 | 100 | 100 | +3.03 |
| $LiNi_{0.8}Co_{0.1}Mn_{0.1}O_2$ | 18.31 | 81.69 | 100 | 100 | +2.95 |

为了验证再生三元正极材料 $LiNi_{0.33}Co_{0.33}Mn_{0.33}O_2$、$LiNi_{0.5}Co_{0.2}Mn_{0.3}O_2$ 和 $LiNi_{0.8}Co_{0.1}Mn_{0.1}O_2$ 的性能，对其进行电化学测试。图 4-39 为在 25℃、恒定电流 0.1C 和电压范围 2.7～4.3V 条件下，三种再生三元正极材料 $LiNi_{0.33}Co_{0.33}Mn_{0.33}O_2$、$LiNi_{0.5}Co_{0.2}Mn_{0.3}O_2$ 和 $LiNi_{0.8}Co_{0.1}Mn_{0.1}O_2$ 的首次充放电曲线。由图 4-39 可见，三

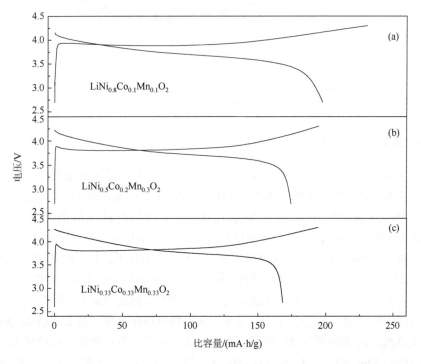

图 4-39　25℃、恒定电流 0.1C 和电压 2.7～4.3V 条件下，再生（a）$LiNi_{0.8}Co_{0.1}Mn_{0.1}O_2$、（b）$LiNi_{0.5}Co_{0.2}Mn_{0.3}O_2$、（c）$LiNi_{0.33}Co_{0.33}Mn_{0.33}O_2$ 材料的首次充放电曲线

种再生三元正极材料在 3.8V 左右均具有平滑的充放电平台。再生三元正极材料
$LiNi_{0.33}Co_{0.33}Mn_{0.33}O_2$、$LiNi_{0.5}Co_{0.2}Mn_{0.3}O_2$ 和 $LiNi_{0.8}Co_{0.1}Mn_{0.1}O_2$ 在充放电电流为
0.1C 时，初始放电比容量分别为 168.3mA·h/g、174.3mA·h/g 和 197.7mA·h/g，放
电比容量随着 Ni 含量的增加而增大。图 4-40 为在 25℃、电压范围 2.7～4.3V 条
件下，采用不同倍率的充放电电流测试时三种再生三元正极材料的放电比容量
图。由图 4-40 可见，在不同倍率条件下再生 $LiNi_{0.8}Co_{0.1}Mn_{0.1}O_2$ 材料的放电比容
量最大。当材料分别在电流为 0.1C、0.2C、0.5C、1C 和 2C 条件下依次充放电
10 次，再返回 0.1C 进行测试后，三种再生三元正极材料 $LiNi_{0.33}Co_{0.33}Mn_{0.33}O_2$、
$LiNi_{0.5}Co_{0.2}Mn_{0.3}O_2$ 和 $LiNi_{0.8}Co_{0.1}Mn_{0.1}O_2$ 的放电比容量分别保持在 155mA·h/g、
165mA·h/g 和 185mA·h/g，容量衰减较小，显示出较好的倍率性能。

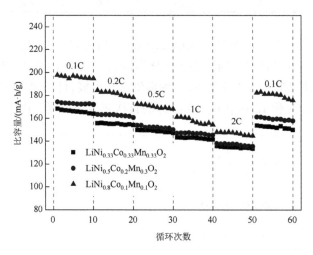

图 4-40　25℃、电压范围 2.7~4.3V，不同倍率充放电条件下再生三元正极材料的放电比容量曲线

图 4-41 为 25℃、恒定电流 1C 和电压范围 2.7～4.3V 充放电条件下，再生三元
正极材料放电比容量与循环次数的关系图。由图 4-41 可见，在 1C 充放电条件下，
再生 $LiNi_{0.33}Co_{0.33}Mn_{0.33}O_2$ 和 $LiNi_{0.5}Co_{0.2}Mn_{0.3}O_2$ 材料的首次放电比容量分别为
143mA·h/g 和 147mA·h/g。在循环 50 次后，二者的容量保持率可分别达 96% 和 95%；
而对于再生 $LiNi_{0.8}Co_{0.1}Mn_{0.1}O_2$ 材料，在 1C 充放电条件下，材料的首次放电比容量
达 161mA·h/g，但循环 50 次后，材料的放电比容量为 139mA·h/g，放电比容量衰减
较快。为了进一步验证图 4-41 的测试结果，在 25℃、恒定电流 1C 和电压范围 2.7～
4.3V 的充放电条件下，分析了三种再生三元正极材料在首次、第 25 次和第 50 次的
充放电曲线，结果如图 4-42 所示。由图 4-42 可见，随着循环次数的增多，再生
$LiNi_{0.33}Co_{0.33}Mn_{0.33}O_2$ 和 $LiNi_{0.5}Co_{0.2}Mn_{0.3}O_2$ 材料的放电平台变化不大，但是再生
$LiNi_{0.8}Co_{0.1}Mn_{0.1}O_2$ 材料的放电平台具有明显的下降趋势，与该材料放电比容量随循

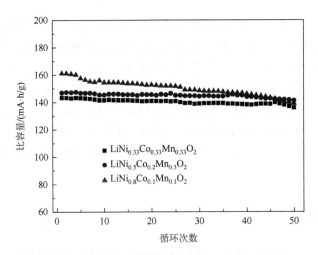

图4-41　25℃、恒定电流 1C 和电压范围 2.7～4.3V 充放电条件下，再生三元正极材料的循环曲线

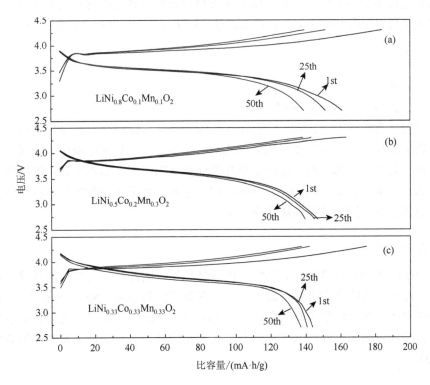

图4-42　25℃、恒定电流 1C 和电压范围 2.7～4.3V 充放电条件下，再生（a）$LiNi_{0.8}Co_{0.1}Mn_{0.1}O_2$、（b）$LiNi_{0.5}Co_{0.2}Mn_{0.3}O_2$、（c）$LiNi_{0.33}Co_{0.33}Mn_{0.33}O_2$ 材料不同循环次数下的充放电曲线

环次数增多而变低的结果一致。有研究表明，$LiNi_{0.8}Co_{0.1}Mn_{0.1}O_2$ 材料在充放电过程中比容量下降是目前该材料遇到的普遍问题之一[42]，其主要原因是当 Ni 含

量增加时，材料中容易形成稳定的尖晶石和 $Li_xNi_{1-x}O$ 相，导致材料界面阻力增大，比容量下降[42-45]。为了改善 $LiNi_{0.8}Co_{0.1}Mn_{0.1}O_2$ 材料的循环性能，可通过在 $LiNi_{0.8}Co_{0.1}Mn_{0.1}O_2$ 材料中掺杂合适的阴阳离子，抑制尖晶石或 $Li_xNi_{1-x}O$ 杂相的生成，进而提高材料的使用寿命[45, 46]。因此通过综合比较和分析，再生系列三元正极材料 $LiNi_{0.33}Co_{0.33}Mn_{0.33}O_2$、$LiNi_{0.5}Co_{0.2}Mn_{0.3}O_2$ 和 $LiNi_{0.8}Co_{0.1}Mn_{0.1}O_2$ 的电化学性能基本达到文献中利用纯净 $CoSO_4$、$MnSO_4$ 和 $NiSO_4$ 混合溶液为原料制备材料的同等水平[33, 35, 36, 47, 48]，实现了高附加值系列锂离子电池三元正极材料的可控再生制备。

### 4.4.3　其他材料

除了再生三元正极材料外，其他功能材料的制备，如催化剂、吸附剂、磁性材料等也逐渐受到关注。目前，废旧正极材料再生制备功能材料的方法与湿法再生三元正极材料有相似之处，包括水热法、氧化还原法、固相法、溶胶-凝胶法等。

1. 催化剂

锰基催化剂凭借其对降解有机挥发物的催化性能而引起了广泛关注。废旧锂离子电池正极材料可再生制备锰基催化剂，再生锰基催化剂材料具有比表面积大、介孔结构丰富等优点。Guo 等[49]采用溶胶-凝胶法从废旧正极材料浸出液中获得锰基钙钛矿催化剂，再生锰基钙钛矿催化剂去除甲苯的催化剂性能优于纯锰钙钛矿催化剂。此外，研究发现浸出液中存在其他金属离子会影响再生催化剂的催化性能，如 Li、Al、Cu、Ni 和 Co。其中，锂离子和铝离子可抑制挥发性有机物的转化，而其他离子则促进了催化反应速率。

2. 吸附剂

金属纳米颗粒自身具有高的面积比或体积比，因此具有高的扩散强度，在催化去除有机污染物和有毒金属离子等领域有着广泛的应用。Nascimento 等[50]通过酸浸法和硼氢化钠化学还原法合成了由 Co、Ni、Mn 和 Cu 组成的多金属纳米颗粒。由于回收的多金属纳米颗粒具有多孔和松散的球形表面，染料的吸附效率高达 73%。

3. 铁氧体

铁氧体凭借其在磁性、化学性质和材料结构方面的优异特性，在生物医学、电子和记录技术领域有一定的应用。Xi 等[51]采用溶胶-凝胶法从废旧锂离子电池和废镍金属氢化物电池中制备了镍钴铁氧体。研究发现，再生的铁氧体具有良好的饱和磁化强度，其值为 52.967emu/g，剩余磁化强度为 25.065emu/g，相应的矫顽力为 1484.2Oe。

## 参 考 文 献

[1] Huang B，Pan Z，Su X，et al. Recycling of lithium-ion batteries：Recent advances and perspectives[J]. Journal of Power Sources，2018，399：274-286.

[2] Makuza B，Tian Q，Guo X，et al. Pyrometallurgical options for recycling spent lithium-ion batteries：A comprehensive review[J]. Journal of Power Sources，2021，491：229622.

[3] Jena K K，AlFantazi A，Mayyas A T. Comprehensive review on concept and recycling evolution of lithium-ion batteries（LIBs）[J]. Energy & Fuels，2021，35（22）：18257-18284.

[4] 雷舒雅，徐睿，孙伟，等. 废旧锂离子电池回收利用[J]. 中国有色金属学报，2021，（11）：3303-3319.

[5] Chen M，Ma X，Chen B，et al. Recycling end-of-life electric vehicle lithium-ion batteries[J]. Joule，2019，3（11）：2622-2646.

[6] Yang Y，Lei S Y，Song S L，et al. Stepwise recycling of valuable metals from Ni-rich cathode material of spent lithium-ion batteries[J]. Waste Management，2020，102：131-138.

[7] Chen X P，Fan B L，Xu L P，et al. An atom-economic process for the recovery of high value-added metals from spent lithium-ion batteries[J]. Journal of Cleaner Production，2016，112：3562-3570.

[8] Gao W F，Zhang X H，Zheng X H，et al. Lithium carbonate recovery from cathode scrap of spent lithium-ion battery：A closed-loop process[J]. Environmental Science & Technology，2017，51（3）：1662-1669.

[9] Zheng Y，Wang S Q，Gao Y L，et al. Lithium nickel cobalt manganese oxide recovery via spray pyrolysis directly from the leachate of spent cathode scraps[J]. ACS Applied Energy Materials，2019，2（9）：6952-6959.

[10] He L P，Sun S Y，Mu Y Y，et al. Recovery of lithium，nickel，cobalt，and manganese from spent lithium-ion batteries using l-tartaric acid as a leachant[J]. ACS Sustainable Chemistry & Engineering，2016，5（1）：714-721.

[11] Li L，Fan E S，Guan Y B，et al. Sustainable recovery of cathode materials from spent lithium-ion batteries using lactic acid leaching system[J]. ACS Sustainable Chemistry & Engineering，2017，5（6）：5224-5233.

[12] Ning P C，Meng Q，Dong P，et al. Recycling of cathode material from spent lithium ion batteries using an ultrasound-assisted DL-malic acid leaching system[J]. Waste Management，2020，103：52-60.

[13] Zhang X X，Bian Y F，Xu S，et al. Innovative application of acid leaching to regenerate Li(Ni$_{1/3}$Co$_{1/3}$Mn$_{1/3}$)O$_2$ cathodes from spent lithium-ion batteries[J]. ACS Sustainable Chemistry & Engineering，2018，6（5）：5959-5968.

[14] Meng K，Cao Y，Zhang B，et al. Comparison of the ammoniacal leaching behavior of layered LiNi$_x$Co$_y$Mn$_{1-x-y}$O$_2$（$x = 1/3$，0.5，0.8）cathode materials[J]. ACS Sustainable Chemistry & Engineering，2019，7（8）：7750-7759.

[15] Roy J J，Cao B，Madhavi S. A review on the recycling of spent lithium-ion batteries（LIBs）by the bioleaching approach[J]. Chemosphere，2021，282：130944.

[16] Lei S Y，Zhang Y T，Song S L，et al. Strengthening valuable metal recovery from spent lithium-ion batteries by environmentally friendly reductive thermal treatment and electrochemical leaching[J]. ACS Sustainable Chemistry & Engineering，2021，9（20）：7053-7062.

[17] Lei S，Cao Y，Cao X F，et al. Separation of lithium and transition metals from leachate of spent lithium-ion batteries by solvent extraction method with Versatic 10[J]. Separation and Purification Technology，2020，250：117258.

[18] Yao L，Yao H，Xi G，et al. Recycling and synthesis of LiNi$_{1/3}$Co$_{1/3}$Mn$_{1/3}$O$_2$ from waste lithium ion batteries using

D, L-malic acid[J]. RSC Advances, 2016, 6 (22): 17947-17954.

[19]　Chen C H, Wang C J, Hwang B J. Electrochemical performance of layered Li$_x$[Ni$_x$Co$_{1-2x}$Mn$_x$]O$_2$ cathode materials synthesized by a sol-gel method[J]. Journal of Power Sources, 2005, 146 (1-2): 626-629.

[20]　Huang B, Cheng L, Li X, et al. Layered cathode materials: Precursors, synthesis, microstructure, electrochemical properties, and battery performance[J]. Small, 2022, 18 (20): e2107697.

[21]　Ju X, Huang H, He W, et al. Surfactant-assisted synthesis of high energy {010} facets beneficial to Li-ion transport kinetics with layered LiNi$_{0.6}$Co$_{0.2}$Mn$_{0.2}$O$_2$[J]. ACS Sustainable Chemistry & Engineering, 2018, 6 (5): 6312-6320.

[22]　Xu P, Yang Z, Yu X, et al. Design and optimization of the direct recycling of spent Li-ion battery cathode materials[J]. ACS Sustainable Chemistry & Engineering, 2021, 9: 4543-4553.

[23]　Li T, Li X, Wang Z, et al. Electrochemical properties of LiNi$_{0.6}$Co$_{0.2}$Mn$_{0.2}$O$_2$ as cathode material for Li-ion batteries prepared by ultrasonic spray pyrolysis[J]. Materials Letters, 2015, 159: 39-42.

[24]　Ju S H, Kang Y C. Fine-sized LiNi$_{0.8}$Co$_{0.15}$Mn$_{0.05}$O$_2$ cathode powders prepared by combined process of gas-phase reaction and solid-state reaction methods[J]. Journal of Power Sources, 2008, 178 (1): 387-392.

[25]　Ruan Z, Zhu Y, Teng X. Effect of pre-thermal treatment on the lithium storage performance of LiNi$_{0.8}$Co$_{0.15}$Al$_{0.05}$O$_2$[J]. Journal of Materials Science, 2015, 51 (3): 1400-1408.

[26]　Yang Y, Huang G, Xie M, et al. Synthesis and performance of spherical LiNi$_x$Co$_y$Mn$_{1-x-y}$O$_2$ regenerated from nickel and cobalt scraps[J]. Hydrometallurgy, 2016, 165: 358-369.

[27]　Kosova N V, Devyatkina E T, Kaichev V V. Mixed layered Ni-Mn-Co hydroxides: Crystal structure, electronic state of ions, and thermal decomposition[J]. Journal of Power Sources, 2007, 174: 735-740.

[28]　Kovanda F, Grygar T, Dorničák V. Thermal behaviour of Ni-Mn layered double hydroxide and characterization of formed oxides[J]. Solid State Sciences, 2003, 5: 1019-1026.

[29]　Huang G, Xu S, Lu S, et al. Micro-/nanostructured Co$_3$O$_4$ anode with enhanced rate capability for lithium-ion batteries[J]. ACS Applied Materials & Interfaces, 2014, 6: 7236-7243.

[30]　Li Y, Zou L, Li J, et al. Synthesis of ordered mesoporous NiCo$_2$O$_4$ via hard template and its application as bifunctional electrocatalyst for Li-O$_2$ batteries[J]. Electrochimica Acta, 2014, 129: 14-20.

[31]　Zhu W, Huang H, Zhang W, et al. Synthesis of MnO/C composites derived from pollen template for advanced lithium-ion batteries[J]. Electrochimica Acta, 2015, 152: 286-293.

[32]　Yao M, Hu Z, Liu Y, et al. 3D hierarchical mesoporous roselike NiO nanosheets for high-performance supercapacitor electrodes[J]. Journal of Alloys and Compounds, 2015, 648: 414-418.

[33]　Li L J, Li X H, Wang Z X, et al. Synthesis of LiNi$_{0.8}$Co$_{0.1}$Mn$_{0.1}$O$_2$ cathode material by chloride co-precipitation method[J]. Transactions of Nonferrous Metals Society of China, 2010, 20: s279-s282.

[34]　Liu T, Zhao S X, Wang K, et al. CuO-coated Li[Ni$_{0.5}$Co$_{0.2}$Mn$_{0.3}$]O$_2$ cathode material with improved cycling performance at high rates[J]. Electrochimica Acta, 2012, 85: 605-611.

[35]　Hu C Y, Jun G U O, Yong D U, et al. Effects of synthesis conditions on layered Li[Ni$_{1/3}$Co$_{1/3}$Mn$_{1/3}$]O$_2$ positive-electrode via hydroxide co-precipitation method for lithium-ion batteries[J]. Transactions of Nonferrous Metals Society of China, 2011, 21: 114-120.

[36]　Wu K, Wang F, Gao L, et al. Effect of precursor and synthesis temperature on the structural and electrochemical properties of Li(Ni$_{0.5}$Co$_{0.2}$Mn$_{0.3}$)O$_2$[J]. Electrochimica Acta, 2012, 75: 393-398.

[37]　Kong J Z, Ren C, Tai G A, et al. Ultrathin ZnO coating for improved electrochemical performance of LiNi$_{0.5}$Co$_{0.2}$Mn$_{0.3}$O$_2$ cathode material[J]. Journal of Power Sources, 2014, 266: 433-439.

[38]　Gopukumar S, Chung K Y, Kim K B. Novel synthesis of layered LiNi$_{1/2}$Mn$_{1/2}$O$_2$ as cathode material for lithium

rechargeable cells[J]. Electrochimica Acta, 2004, 49: 803-810.

[39]　Dahéron L, Dedryvere R, Martinez H, et al. Electron transfer mechanisms upon lithium deintercalation from LiCoO$_2$ to CoO$_2$ investigated by XPS[J]. Chemistry of Materials, 2007, 20: 583-590.

[40]　Tsai Y W, Lee J F, Liu D G, et al. *In-situ* X-ray absorption spectroscopy investigations of a layered LiNi$_{0.65}$Co$_{0.25}$Mn$_{0.1}$O$_2$ cathode material for rechargeable lithium batteries[J]. Journal of Materials Chemistry, 2004, 14: 958-965.

[41]　Hang R, Huang X, Tian L, et al. Preparation, characterization, corrosion behavior and bioactivity of Ni$_2$O$_3$-doped TiO$_2$ nanotubes on NiTi alloy[J]. Electrochimica Acta, 2012, 70: 382-393.

[42]　Noh H J, Youn S, Yoon C S, et al. Comparison of the structural and electrochemical properties of layered Li[Ni$_x$Co$_y$Mn$_z$]O$_2$ ($x$ = 1/3, 0.5, 0.6, 0.7, 0.8 and 0.85) cathode material for lithium-ion batteries[J]. Journal of Power Sources, 2013, 233: 121-130.

[43]　Zhang J, Kan W, Manthiram A. Role of Mn content on the electrochemical properties of nickel-rich layered LiNi$_{0.8-x}$Co$_{0.1}$M$_{0.1+x}$O$_2$ ($0.0 \leqslant x \leqslant 0.08$) cathodes for lithium-ion batteries[J]. ACS Applied Materials & Interfaces, 2015, 7: 6926-6934.

[44]　Abraham D P, Twesten R D, Balasubramanian M, et al. Surface changes on LiNi$_{0.8}$Co$_{0.2}$O$_2$ particles during testing of high-power lithium-ion cells[J]. Electrochemistry Communications, 2002, 4: 620-625.

[45]　Woo S U, Yoon C S, Amine K, et al. Significant improvement of electrochemical performance of AlF$_3$-coated Li[Ni$_{0.8}$Co$_{0.1}$Mn$_{0.1}$]O$_2$ cathode materials[J]. Journal of the Electrochemical Society, 2007, 154: A1005-A1009.

[46]　Li L, Li X, Wang Z, et al. Synthesis, structural and electrochemical properties of LiNi$_{0.79}$Co$_{0.1}$Mn$_{0.1}$Cr$_{0.01}$O$_2$ via fast co-precipitation[J]. Journal of Alloys and Compounds, 2010, 507: 172-177.

[47]　Zhang S. Characterization of high tap density Li[Ni$_{1/3}$Co$_{1/3}$Mn$_{1/3}$]O$_2$ cathode material synthesized via hydroxide co-precipitation[J]. Electrochimica Acta, 2007, 52: 7337-7342.

[48]　Kim M H, Shin H S, Shin D, et al. Synthesis and electrochemical properties of Li[Ni$_{0.8}$Co$_{0.1}$Mn$_{0.1}$]O$_2$ and Li[Ni$_{0.8}$Co$_{0.2}$]O$_2$ via co-precipitation[J]. Journal of Power Sources, 2006, 159: 1328-1333.

[49]　Guo M M, Li K, Liu L Z, et al. Resource utilization of spent ternary lithium-ions batteries: Synthesis of highly active manganese-based perovskite catalyst for toluene oxidation[J]. Journal of the Taiwan Institute of Chemical Engineers, 2019, 102: 268-275.

[50]　Nascimento M A, Cruz J C, Rodrigues G D, et al. Synthesis of polymetallic nanoparticles from spent lithium-ion batteries and application in the removal of reactive blue 4 dye[J]. Journal of Cleaner Production, 2018, 202: 264-272.

[51]　Xi G, Xu H, Yao L. Study on preparation of NiCo ferrite using spent lithium-ion and nickel-metal hydride batteries[J]. Separation and Purification Technology, 2015, 145: 50-55.

# 第5章 废旧磷酸铁锂材料回收

废旧磷酸铁锂材料的回收方式可分为两类：直接修复和湿法回收。直接修复是在不破坏废旧磷酸铁锂材料结构的情况下，通过元素补充调节废旧磷酸铁锂材料中锂、铁、磷的比例，并在高温下进行处理再生新材料的方法。直接修复具有工艺短、操作简单等优点，但仍然存在一些挑战：①锂量缺失不均匀，难以定向补充，即难以将锂精确补充到锂缺失处。②修复的磷酸铁锂性能受到废旧材料中残留杂质的影响，如导电碳、铝粉等。③材料结构、晶型损坏程度不一，难以确定可适用于所有材料的修复方法。

与直接修复相比，湿法回收应用更广泛，主要涉及正极材料的浸出和从浸出溶液中分离不同的金属以获得最终的产品。目前废旧磷酸铁锂材料回收方法中，根据提取金属的顺序差异，有两种类型的回收技术已被广泛应用，即优先提锂工艺和全元素浸出工艺。优先提锂工艺是指对废旧磷酸铁锂材料中的锂元素优先提取，然后再进一步回收铁和磷资源。全元素浸出工艺则是将废旧磷酸铁锂材料中的锂、铁、磷等元素共同浸出，然后逐级分离，进而实现全元素回收。

## 5.1 磷酸铁锂湿法回收

在当前生产中，预处理工艺一般会分离出正负极废料、外壳、铝、铜、塑料隔膜等成分。预处理获得的正负极废料作为原料进行湿法回收，正负极废料中通常夹杂少量未分离出的铝、铜等杂质，含量一般在0.3%～3%，表5-1为某厂废旧磷酸铁锂材料中各元素含量。

**表5-1 废旧磷酸铁锂材料中主要元素含量**

| 元素 | Fe | P | Li | Al | Cu | F | C |
|------|------|------|------|------|------|------|------|
| 含量/% | 24.95 | 14.05 | 3.11 | 0.92 | 0.53 | 1.24 | 31.47 |

图5-1（a）为废旧磷酸铁锂材料 XRD 图。由图可见，废旧磷酸铁锂材料的衍射峰与标准峰（PDF#40-1499，$a = 0.6019$nm，$b = 1.0347$nm，$c = 0.4704$nm）相匹配，表明循环后的磷酸铁锂仍为橄榄石结构。图5-1（b）为废旧磷酸铁锂材料粒径分布图。由图可见，废旧磷酸铁锂材料主要粒径在0.3～100μm，分布范围较

宽。图 5-2 为废旧磷酸铁锂材料 SEM 图。由图可见，磷酸铁锂颗粒大小不一，大部分分散较好，颗粒较小，铝颗粒粒径相对于磷酸铁锂较大，而铜颗粒大多介于磷酸铁锂大颗粒与小颗粒之间。

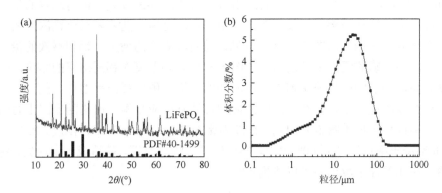

图 5-1　磷酸铁锂废料（a）XRD 图和（b）粒径分布图

图 5-2　废旧磷酸铁锂材料 SEM 图

## 5.1.1　碱浸除杂

废旧磷酸铁锂材料中夹杂的物理性质相近的铝、铜杂质，在酸浸时会随着铁等目标元素进入浸出液中，进一步影响回收产品性能。国家标准（HG/T 4701—2021）对于电池用磷酸铁中杂质含量已做了明确要求，如Ⅰ型电池用磷酸铁中 Al含量≤0.05%。因此，在湿法处理废旧磷酸铁锂材料过程中除杂是不可或缺的过程。

　　图 5-3 探究了 NaOH 浓度、液固比、温度、反应时间对碱浸除铝效果的影响。随着 NaOH 浓度的增加，铝的浸出效果先增后减，在 4wt% NaOH 浓度时，铝浸出率可以达到 60% 以上，而 NaOH 浓度增加到 6wt% 时，溶液黏度上升，不利于 NaOH 和铝反应，铝浸出率却降低到 30% 左右 [图 5-3（a）]。值得注意的是，在碱浸过程中，锂和磷部分被浸出到溶液中，特别是磷，随着氢氧化钠浓度增加，磷浸出率随之增加。由图 5-3（b）可见，随着液固比的增大，铝和碱液的接触更加充分，铝、磷的浸出率随之增加。图 5-3（c）为温度对铝浸出率的影响，随着温度升高，分子间碰撞速率增加，反应加剧，铝、磷的浸出率增加。同时碱浸过程中铝的浸出速率较快，在较短时间内即可达到反应平衡，而磷随着浸出时间增加浸出率逐步增加 [图 5-3（d）]。在液固比 6mL/g、4wt% NaOH 浓度、85℃ 下反应 1h 铝浸出率可以达到 60% 以上，然而碱浸过程会对锂、磷造成一定损失，特别是磷，在此条件下浸出率可以达到 43%。

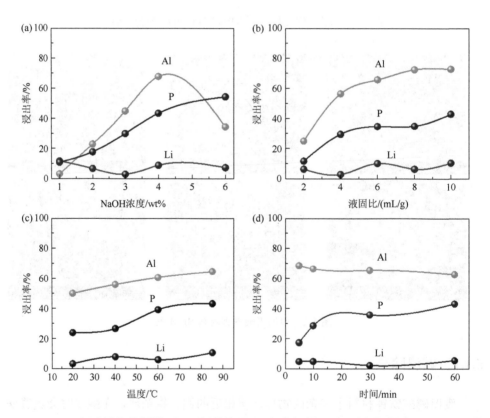

图 5-3　NaOH 浸出除铝效果图：（a）液固比 6mL/g，反应时间 1h，反应温度 85℃；（b）4wt% NaOH，反应时间 1h，反应温度 85℃；（c）4wt% NaOH，反应时间 1h，液固比 6mL/g；（d）4wt% NaOH，反应温度 85℃，液固比 6mL/g

通过对浸出渣进行物相分析（图 5-4）发现，碱浸后衍射峰强度减弱，表明碱浸对 LiFePO₄ 结构造成了破坏，另外谱图上出现了新的 LiFe(PO₄)ₓ(OH)ᵧ 衍射峰，说明在碱液中 LiFePO₄ 结构中的磷酸根被氢氧根部分取代从而形成羟基磷酸铁锂，导致磷溶出。

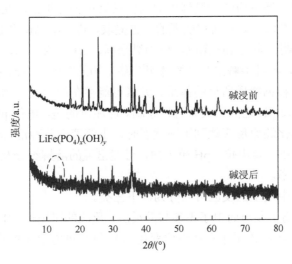

图 5-4　碱浸渣 XRD 图

## 5.1.2　优先提锂

在废旧磷酸铁锂材料回收过程中，由于锂的价值较高，而铁、磷价值相对较低，通常会注重锂的回收。通过酸和氧化剂配合使用，可以从废旧磷酸铁锂材料中选择性浸出锂，该种方法称为优先提锂工艺。

如图 5-5 所示，优先提锂工艺包括选择性提锂得到硫酸锂溶液，硫酸锂溶液经净化除杂后，净化液用于浓缩沉淀再生锂盐。提锂后得到的铁磷渣主要成分为

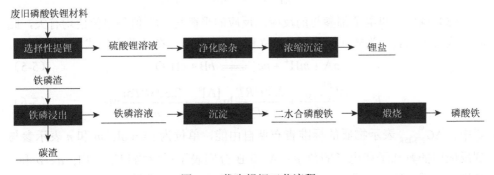

图 5-5　优先提锂工艺流程

铁、磷和碳，铁磷渣可进一步酸浸得到铁磷溶液，并分离出碳渣。铁磷溶液通过碱液调节 pH 值，制备二水合磷酸铁，并通过煅烧脱掉结晶水产出无水磷酸铁。

### 1. 选择性浸锂

选择性浸锂是通过将磷酸铁锂中的二价铁氧化为三价铁，在酸性条件下选择性地将锂浸出至溶液中，从而实现锂的优先提取，其作用机理可通过 Fe-P-Li-$H_2O$ 系电位-pH 图说明。电位-pH 图以电位为纵坐标，pH 为横坐标，表示在一定的电位和 pH 范围内，各种溶解组分及固体组分稳定场的图解，因此也称为稳定场图。电位-pH 图需要根据物质所处的体系、元素可能存在的形式、物质的标准吉布斯自由能、电位以及 pH 之间的关系进行绘制。应注意的是，电位-pH 图只是表示在标准状态下，氧化还原反应达到平衡状态时，水溶液中各种溶解组分及固体的稳定场，它能预测在一定电位、pH 范围内，可能出现的溶解组分及固体种类，但不能预计其反应速率。

在溶液体系中发生的反应可以分为以下三类。

（1）仅有氢离子参与而电子不参与的反应，反应的平衡由 pH 值决定，反应式可以表示为式（5-1），由于不存在电位变化，pH 值与热力学参数的关系如式（5-2）所示。

$$aA + mH^+ \Longrightarrow bB + cH_2O \tag{5-1}$$

$$pH = \frac{\Delta G^{\ominus}_{298.15K}}{2.303mRT} + \frac{1}{m}\lg\frac{[A]^a}{[B]^b} \tag{5-2}$$

（2）仅有电子参与而氢离子不参与的反应，反应的平衡仅由电位值决定，反应式可以表示为式（5-3），由于不存在体系 pH 值的变化，电位值与热力学参数的关系如式（5-4）所示。

$$aA + ne^- \Longrightarrow bB + cH_2O \tag{5-3}$$

$$E = -\frac{\Delta G^{\ominus}_{298.15K}}{nF} + \frac{2.303RT}{nF}\lg\frac{[A]^a}{[B]^b} \tag{5-4}$$

（3）氢离子和电子都参与的反应，反应的平衡与 pH 值和电位值均有关，此时反应式可以表示为式（5-5），而电位和 pH 值之间存在的关系如式（5-6）所示。

$$aA + mH^+ + ne^- \Longrightarrow bB + cH_2O \tag{5-5}$$

$$E = -\frac{\Delta G^{\ominus}_{298.15K}}{nF} + \frac{2.303RT}{nF}\lg\frac{[A]^a}{[B]^b} - \frac{2.303RTm}{nF}pH \tag{5-6}$$

式中，$\Delta G^{\ominus}_{298.15K}$ 表示物质的标准吉布斯自由能，单位为 kJ/mol；$m$ 和 $n$ 表示参与到反应中的氢离子和电子的数量；A 和 B 分别表示反应物和生成物；$a$、$b$ 和 $c$ 分别表示反应物、生成物和水的数量；$R$ 表示摩尔气体常量，为 8.314J/(mol·K)；

$T$ 表示体系的热力学温度，单位为 K；$F$ 表示法拉第常量，为 96485.34C/mol。
Fe-P-Li-$H_2O$ 系电位-pH 图所需的热力学数据如表 5-2 所示，电位-pH 关系式如表 5-3 所示。

**表 5-2　电位-pH 图相关物质标准吉布斯自由能[1-3]**

| 序号 | 物质 | $\Delta G^{\ominus}_{298.15K}$ /(kJ/mol) | 序号 | 物质 | $\Delta G^{\ominus}_{298.15K}$ /(kJ/mol) |
| --- | --- | --- | --- | --- | --- |
| 1 | $H_2$ | 0 | 11 | $Fe(OH)_3$ | −705.58 |
| 2 | $O_2$ | 0 | 12 | Li | 0 |
| 3 | $H_2O$ | −237.14 | 13 | $Li^+$ | −293.69 |
| 4 | $H^+$ | 0 | 14 | $Li_3PO_4$ | −1965.90 |
| 5 | Fe | 0 | 15 | $H_3PO_4$ | −1118.92 |
| 6 | $Fe^{2+}$ | −78.87 | 16 | $H_2PO_4^-$ | −1137.15 |
| 7 | $Fe^{3+}$ | −4.61 | 17 | $LiH_2PO_4$ | −1435.50 |
| 8 | $FePO_4 \cdot 2H_2O$ | −1657.45 | 18 | LiOH | −438.92 |
| 9 | $Fe_3(PO_4)_2 \cdot 8H_2O$ | −4359.07 | 19 | $LiFePO_4$ | −1289.19 |
| 10 | $Fe(OH)_2$ | −492.05 | | | |

**表 5-3　溶液中可能发生的反应及对应的电位-pH 关系式**

| 序号 | 反应式 | 电位-pH 公式 |
| --- | --- | --- |
| 1 | $0.5O_2 + 2H^+ + 2e^- = H_2O$ | $E = 1.229 - 0.0592\text{pH}$ |
| 2 | $2H^+ + 2e^- = H_2$ | $E = -0.0592\text{pH}$ |
| 3 | $Fe^{3+} + e^- = Fe^{2+}$ | $E = 0.770 - 0.0592\lg[Fe^{2+}] + 0.0592\lg[Fe^{3+}]$ |
| 4 | $FePO_4 \cdot 2H_2O + 3H^+ + e^- = Fe^{2+} + H_3PO_4 + 2H_2O$ | $\text{pH} = 0.150 - 0.0592\lg[H_3PO_4] - 0.178\lg[Fe^{2+}]$ |
| 5 | $Fe_3(PO_4)_2 \cdot 8H_2O + 6H^+ = 3Fe^{2+} + 2H_3PO_4 + 8H_2O$ | $\text{pH} = 0.365 - \frac{1}{3}\lg[H_3PO_4] - \frac{1}{2}\lg[Fe^{2+}]$ |
| 6 | $3FePO_4 \cdot 2H_2O + 3e^- + 2H_2O + 3H^+ = Fe_3(PO_4)_2 \cdot 8H_2O + H_3PO_4$ | $E = 0.108 - 0.0197\lg[H_3PO_4] - 0.0592\text{pH}$ |
| 7 | $3Fe(OH)_2 + 4H^+ + 2HPO_4^{2-} + 2H_2O = Fe_3(PO_4)_2 \cdot 8H_2O$ | $\text{pH} = 5.883 + \frac{1}{2}\lg\left[HPO_4^{2-}\right]$ |
| 8 | $Fe(OH)_3 + H^+ + e^- = Fe(OH)_2 + H_2O$ | $E = 0.245 - 0.0592\text{pH}$ |
| 9 | $FePO_4 \cdot 2H_2O + 2H^+ = Fe^{3+} + H_2PO_4^- + 2H_2O$ | $\text{pH} = -3.627 - \frac{1}{2}\lg[Fe^{3+}]\left[H_2PO_4^-\right]$ |

| 序号 | 反应式 | 电位-pH 公式 |
|---|---|---|
| 10 | $Fe_3(PO_4)_2 \cdot 8H_2O + 4H^+ \Longrightarrow 3Fe^{2+} + 2H_2PO_4^- + 8H_2O$ | $pH = 2.144 - \frac{1}{2}lg[H_2PO_4^-] - \frac{3}{4}lg[Fe^{2+}]$ |
| 11 | $Fe(OH)_3 + 2H^+ + HPO_4^{2-} \Longrightarrow FePO_4 \cdot 2H_2O + H_2O$ | $pH = 8.748 + \frac{1}{2}lg[HPO_4^{2-}]$ |
| 12 | $H_2PO_4^- + H^+ \Longrightarrow H_3PO_4$ | $pH = 3.193 - lg[H_3PO_4] - lg[H_2PO_4^-]$ |
| 13 | $Li_3PO_4 + 3H^+ \Longrightarrow H_3PO_4 + 3Li^+$ | $pH = 1.991 - lg[Li^+] - \frac{1}{3}lg[H_3PO_4]$ |

图 5-6 为绘制的 Fe-P-Li-$H_2O$ 系电位-pH 图。图中的两条虚线分别表示水分子稳定性的上限和下限，两虚线及左右两轴构成的方形区域表示水稳定区域，在这片区域中的物质可以稳定存在，即不会被水分子氧化。当 pH 范围为 1.28～6.09 且氧化还原电位大于 43mV 时，磷酸铁锂可转化为 $FePO_4$ 和 $Li^+$，实现锂的选择性浸出。若无氧化剂作用，溶液体系中氧化电位低，铁以二价态存在，在酸性条件下 Li、Fe、P 会全部溶解于溶液中。即使是三价铁形态，当酸性足够强时，磷酸铁也会发生溶解。

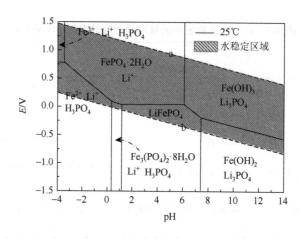

图 5-6　Fe-P-Li-$H_2O$ 系电位-pH 图[4]

废旧磷酸铁锂材料浸出时反应主要发生在颗粒的表面上，属于液固非均相反应。$LiFePO_4$ 在酸溶液中的溶解包括以下步骤：①反应物通过边界层；②反应物通过残渣层转移到反应界面；③颗粒界面处的化学反应；④产品通过残渣层扩散；⑤产品通过边界层转移到流体相。

浸出时可使用的酸和氧化剂种类较多，如硫酸、盐酸、硝酸、磷酸等无机酸及乙酸、柠檬酸等有机酸，氧化剂包括过氧化氢、过硫酸钠、氯酸钠等。其中硫酸相对便宜，过氧化氢绿色无污染，是生产中最常用的浸出试剂。磷酸铁锂在硫酸和过氧化氢协同浸出时化学反应如式（5-7）所示。除磷酸铁锂分解外，铝和铜在酸和过氧化氢的作用下也会溶解，如式（5-8）和式（5-9）所示。

$$2LiFePO_4 + H_2SO_4 + H_2O_2 = 2FePO_4 + Li_2SO_4 + 2H_2O \qquad (5\text{-}7)$$

$$Cu + H_2SO_4 + H_2O_2 = CuSO_4 + 2H_2O \qquad (5\text{-}8)$$

$$2Al + 3H_2SO_4 = Al_2(SO_4)_3 + 3H_2\uparrow \qquad (5\text{-}9)$$

根据以上反应可以发现，在废旧磷酸铁锂材料浸出时，锂以硫酸锂的形式被浸出至溶液中，而铁和磷则形成磷酸铁留在渣中，铝粉在硫酸作用下同样以硫酸铝的形式被部分浸出，而铜以硫酸铜的形式被浸出到溶液中。

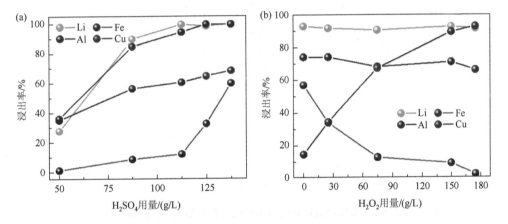

图 5-7　选择性提锂效果图：（a）60℃，液固比 4mL/g，150g/L H₂O₂ 用量，反应 1h；（b）60℃，液固比 4mL/g，87.5g/L H₂SO₄ 用量，反应 1h

图 5-7 为选择性浸锂时硫酸和过氧化氢用量条件实验。如图 5-7（a）所示，随着硫酸用量增加，锂、铁、铝、铜的浸出率均升高。在硫酸用量为 112.5g/L 时，锂、铜浸出率可以达到 90% 以上，铝浸出率为 60.14%，而铁浸出率却不到 10%。由图 5-7（b）中可见，在过氧化氢用量为 0 时，锂的浸出率为 92.76%，铝的浸出率为 73.85%，铜的浸出率仅有 14.09%，而铁的浸出率却高达 56.72%。随着过氧化氢用量持续增加，锂、铝浸出率变化较小，而铜的浸出率逐步升高，铁的浸出率逐渐降低。对上述浸出反应的硫酸浓度、H₂O₂ 浓度等反应参数进行逐一优化，在 87.5g/L H₂SO₄ 用量、175g/L H₂O₂ 用量、反应时间 1h、温度 60℃、液固比 4mL/g 条件下，锂浸出率为 91.2%，Al 浸出率 65.86%，Cu 浸出率 92.62%，Fe 损失率为 1.21%，浸出液中主要成分如表 5-4 所示。

表 5-4　浸锂液中主要成分

| 元素 | Li | Fe | P | Al | Cu | F |
|------|-----|------|------|------|------|------|
| 含量/(g/L) | 7.09 | 0.75 | 0.44 | 1.51 | 1.23 | 2.85 |

图 5-8 为浸出前后物料的 XPS 图。由图可见，废旧磷酸铁锂材料经反应后 Fe $2p_{3/2}$ 主峰从 710.68eV（$Fe^{2+}$）偏移至 712.88eV（$Fe^{3+}$），表明在磷酸铁锂废料中的 $Fe^{2+}$ 已被氧化成 $Fe^{3+}$，$LiFePO_4$ 释放出 Li，并转化为 $FePO_4$。

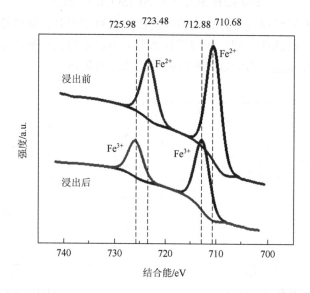

图 5-8　废旧磷酸铁锂材料选择性浸锂前后 Fe 元素 XPS 图

$$2H_3Cit + 3H_2O_2 + 6LiFePO_4 === 6FePO_4 + 2Li_3Cit + 6H_2O \qquad (5\text{-}10)$$

$$LiFePO_4 + \frac{1}{2}H_2C_2O_4 === \frac{1}{2}FeC_2O_4 + Li^+ + \frac{1}{2}Fe^{2+} + PO_4^{3-} + H^+ \qquad (5\text{-}11)$$

$$2Na_2S_2O_8 + 2H_2O === O_2\uparrow + 2H_2SO_4 + 2Na_2SO_4 \qquad (5\text{-}12)$$

$$Na_2S_2O_8 + 2LiFePO_4 === 2FePO_4 + Li_2SO_4 + Na_2SO_4 \qquad (5\text{-}13)$$

$$(NH_4)_2S_2O_8 + 2LiFePO_4 === 2FePO_4 + Li_2SO_4 + (NH_4)_2SO_4 \qquad (5\text{-}14)$$

## 2. 锂盐制备

选择性提锂后获得的硫酸锂溶液除含有大量的锂离子外，还含有少量 Fe、P、Al、Cu 等杂质，在生产碳酸锂之前杂质离子需要提前去除。铁、磷可通过调节溶液 pH 值至 2.0 以上使其生成磷酸铁沉淀，铝离子可在体系 pH 5.0～9.0 之间生成氢氧化铝沉淀除去。对于铜离子，可以使用铁粉置换的方法进行去除，也可通过

中和沉淀法与其他金属离子共同沉淀。其中，常用的碱为氧化钙、氢氧化钙、氢
氧化钠和碳酸钠，当氧化钙为 pH 调整剂时，钙离子可以与氟离子形成氟化钙沉
淀物，同时起到除氟的作用。需要注意的是，由于硫酸钙为微溶盐，氧化钙的使
用会导致溶液中残存少量钙离子，因此在沉淀碳酸锂前需加少量碳酸钠除去溶液
中残存的钙离子。

$$CaO + H_2SO_4 \longrightarrow CaSO_4 + H_2O \tag{5-15}$$

$$CaSO_4 + 2F^- \longrightarrow CaF_2 + SO_4^{2-} \tag{5-16}$$

$$Ca^{2+} + CO_3^{2-} \longrightarrow CaCO_3 \tag{5-17}$$

一般来讲，硫酸锂溶液中除杂可分为三步：首先使用氧化钙或氢氧化钙调节
溶液 pH 值呈近中性，使金属离子和氟离子初步沉淀；其次使用氢氧化钙调节 pH
值至强碱性，进一步减少溶液中的金属含量；最后通过添加氢氧化钠使溶液中微
溶的钙离子以碳酸钙沉淀形式去除。表 5-5 中列出了使用氧化钙调节溶液至不同
pH 值后主要成分。在 pH 值为 3 时，溶液中的铁、磷的含量分别为 0.0003g/L 和
0.0017g/L，已呈现出较低的浓度。而溶液中的铝、铜的含量分别为 0.83g/L 和
1.05g/L，相对于铁和磷，含量较高，表明 pH 值为 3 时，不足以使铝、铜以氢氧
化物形式沉淀。同时，由于氟化钙的形成，溶液中的氟含量减少至 1.31g/L。当
pH 值增加至 5.25 时，铁浓度基本保持不变，而磷含量进一步减少至 0.0002g/L，
表明在此 pH 值下，有少量磷酸盐形成。铝、铜的含量分别减少至 0.06g/L、0.16g/L，
变化明显，表明已有氢氧化铝和氢氧化铜沉淀产生。由于氧化钙投入量增加和体
系 pH 值的升高，促进更多氟化钙的形成，氟的含量进一步减少至 0.16g/L。进一
步调节 pH 值至 6.41 时，铁和磷的浓度无明显改变，而铝、铜含量进一步减少，
说明有更多的氢氧化铝和氢氧化铜析出。此 pH 值下，溶液中的氟浓度为 0.20g/L，
与 pH 值 5.25 时氟含量相近。在 pH 值为 3～6.41 范围内，由于氧化钙的使用，而
硫酸根为微溶性沉淀物，溶液中引入 0.68～1.19g/L 的钙离子。

### 表 5-5　一段除杂后净化液中主要成分

| pH 值 | Mg 含量/<br>(g/L) | Ca 含量/<br>(g/L) | P 含量/<br>(g/L) | Li 含量/<br>(g/L) | Fe 含量/<br>(g/L) | Al 含量/<br>(g/L) | Cu 含量/<br>(g/L) | F 含量/<br>(g/L) |
|---|---|---|---|---|---|---|---|---|
| 3 | 0.0026 | 0.93 | 0.0017 | 6.92 | 0.0003 | 0.83 | 1.05 | 1.31 |
| 3.95 | 0.0026 | 1.19 | 0.0017 | 6.68 | 0.0002 | 0.63 | 0.94 | 1.19 |
| 4.42 | 0.0035 | 0.97 | 0.0011 | 6.76 | 0.0002 | 0.47 | 0.87 | 1.12 |
| 5.25 | 0.0050 | 0.68 | 0.0002 | 6.51 | 0.0002 | 0.06 | 0.16 | 0.16 |
| 6.41 | 0.0014 | 0.87 | 0.0002 | 6.74 | 0.0001 | 0.01 | 0.03 | 0.20 |

表 5-6 中列出了使用氢氧化钠调节溶液至不同 pH 值二段除杂后主要成分。由表可见，随着体系 pH 值逐渐升高，溶液中镁、钙、铜的含量，呈现出减少的趋势。原因在于 pH 值越高，氢氧根含量越多，氢氧化镁、氢氧化钙和氢氧化铜越易形成。在 pH 值由 8.15 升高至 10.01 时，溶液中的铝含量从 0.061g/L 减至 0.006g/L。由于氢氧化铝的两面性，强碱性条件下氢氧化铝易溶解，在 pH 值为 11.2 时，铝含量增加至 0.046g/L。由于铁和磷含量较少，且氟化钙已达到溶解平衡，在 pH 值升高过程中，溶液中的铁、磷和氟浓度基本不变。

**表 5-6　二段除杂后净化液中主要成分**

| pH 值 | Mg 含量/ (g/L) | Ca 含量/ (g/L) | P 含量/ (g/L) | Li 含量/ (g/L) | Fe 含量/ (g/L) | Al 含量/ (g/L) | Cu 含量/ (g/L) | F 含量/ (g/L) |
|---|---|---|---|---|---|---|---|---|
| 8.15 | 0.0063 | 0.32 | 0.0003 | 6.43 | 0.0001 | 0.061 | 0.085 | 0.20 |
| 9.03 | 0.0060 | 0.084 | 0.0002 | 6.34 | — | 0.013 | 0.014 | 0.18 |
| 10.01 | 0.0006 | 0.027 | 0.0003 | 6.36 | — | 0.006 | 0.002 | 0.19 |
| 11.2 | — | 0.019 | — | 6.17 | | 0.046 | 0.0002 | 0.19 |

表 5-7 为添加少量碳酸钠三段除杂后净化液中主要成分。由表可见，三段除杂时主要是钙离子浓度进一步减少至 0.011g/L 左右，其他成分没有明显改变。三段除杂后净化液中主要成分为硫酸锂，为回收锂元素，通常需要浓缩溶液中 Li 含量至 25g/L 以上，随后加入饱和碳酸钠溶液使其生成碳酸锂。图 5-9 为使用 HSC6.0 计算的不同温度下碳酸锂的 $K_{sp}$ 值，在 25℃下，碳酸锂的 $K_{sp}$ 为 $6 \times 10^{-4}$，当温度为 95℃时，其 $K_{sp}$ 为 $9.623 \times 10^{-5}$。显然，温度越高，碳酸锂越难溶解，因此在合成碳酸锂时，为保证锂沉淀率，一般使反应体系温度处于 90℃以上。然而即使如此，沉淀碳酸锂后，沉锂母液中通常还剩有 2～3g/L 锂离子，为使这部分锂继续回收，需要对沉锂母液继续蒸发浓缩。由于碳酸钠的使用，沉锂母液中钠盐浓度较高，在对沉锂母液浓缩时，通常会有钠盐饱和析出，可作为副产品销售。根据沉锂母液中钠盐含量的差异，沉锂母液中锂浓度可浓缩至 10g/L 左右再次制备碳酸锂。

**表 5-7　三段除杂后净化液中主要成分**

| 元素 | Mg 含量/ (g/L) | Ca 含量/ (g/L) | P 含量/ (g/L) | Li 含量/ (g/L) | Fe 含量/ (g/L) | Al 含量/ (g/L) | Cu 含量/ (g/L) | F 含量/ (g/L) |
|---|---|---|---|---|---|---|---|---|
| 1# | 0.0002 | 0.012 | 0.0003 | 6.27 | 0.0001 | 0.0005 | 0.0001 | 0.15 |
| 2# | 0.0001 | 0.011 | 0.0003 | 6.31 | 0.0001 | 0.0005 | 0.0001 | 0.17 |

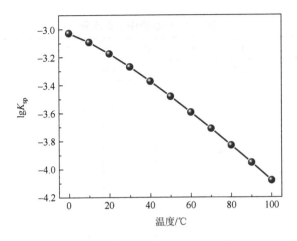

图 5-9　不同温度下碳酸锂 $K_{sp}$ 值

碳酸锂根据纯度不同，可分为粗碳、工碳和电碳，一般认为纯度低于 99.2% 为粗碳，纯度在 99.2%～99.5% 为工碳，纯度高于 99.5% 为电碳。直接沉淀所得碳酸锂纯度较低，一般为 80%～90%，即粗碳。为提高粗碳纯度，常用热水多次洗涤。碳分法也是常见的提高碳酸锂纯度的一种方式，其机理是向碳酸锂浆液中通入 $CO_2$，使碳酸锂溶解，形成 $LiHCO_3$，随后加热使 $LiHCO_3$ 分解形成碳酸锂和 $CO_2$，经过碳分法有效处理后碳酸锂可达到电池级，表 5-8 给出了当前电池级碳酸锂的国家标准。

表 5-8　YS/T 582—2013《电池级碳酸锂》国家标准（%）

| 主成分 | Na | Mg | Ca | K | Fe | Zn | Cu |
|---|---|---|---|---|---|---|---|
| ≥99.5 | ≤0.025 | ≤0.008 | ≤0.005 | ≤0.001 | ≤0.001 | ≤0.0003 | ≤0.0003 |
| 磁性异物 | Pb | Si | Al | Mn | Ni | $SO_4^{2-}$ | $Cl^-$ |
| ≤300ppb | ≤0.0003 | ≤0.003 | ≤0.001 | ≤0.0003 | ≤0.001 | ≤0.08 | ≤0.003 |

### 3. 磷铁回收

#### 1）磷铁渣浸出

如表 5-9 所示，提锂后的浸出渣主要成分是磷酸铁和碳，渣中锂和铜经选择性浸出后含量较少，铝由于浸出不彻底，仍有部分残存，为进一步回收磷、铁资源，以硫酸为浸出剂对磷铁渣浸出，分离碳渣和磷酸铁溶液，结果如图 5-10 所示。

**表 5-9　磷铁渣中主要成分**

| 元素 | Li | Fe | P | Al | Cu | Ni | Co | Mn | C |
|------|------|-------|-------|------|------|-------|-------|------|-------|
| 含量/% | 0.16 | 21.44 | 12.95 | 0.33 | 0.11 | 0.047 | 0.039 | 0.16 | 29.88 |

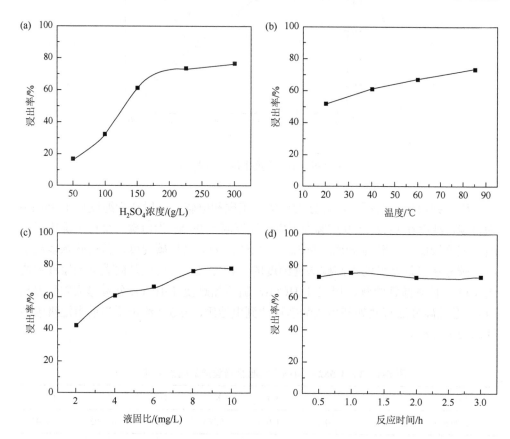

图 5-10　磷铁渣浸出效果图：（a）硫酸浓度对铁浸出率的影响（液固比 4mL/g，40℃，1h）；（b）反应温度对铁浸出率的影响（150g/L 硫酸，液固比 4mL/g,1h）；(c)液固比对铁浸出率的影响（150g/L 硫酸，40℃，1h）；（d）反应时间对铁浸出率的影响（150g/L 硫酸，液固比 4mL/g，85℃）

　　如图 5-10 所示，在硫酸浓度 225g/L，液固比 4mL/g，反应温度 40℃，反应时间 1h 条件下获得的浸铁液如表 5-10 所示，铁、磷含量较高，分别为 48.59g/L 和 29.23g/L，铁、磷浸出率（未洗涤）分别为 73.59%和 73.36%。

**表 5-10　浸铁液中主要元素含量**

| 元素 | Li | Fe | Al | Cu | P | F |
|------|------|-------|------|------|-------|------|
| 含量/(g/L) | 0.27 | 48.59 | 0.89 | 0.25 | 29.23 | 0.89 |

　　为保证磷、铁最大程度回收，在反应温度 75℃、反应时间 1h、液固比 3mL/g 条件下，对磷铁渣进行二次酸浸。图 5-11 为硫酸用量对铁浸出率的影响。由图可见，用 120g/L 的硫酸可将渣中剩余的铁基本全部浸出，铁、磷总浸出率可以达到 96%以上。最终浸出渣中主要成分为碳（表 5-11），渣中 Li、Fe、P 的含量分别为 0.05%、1.74% 和 1.03%。

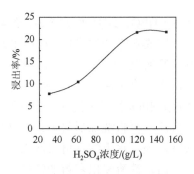

图 5-11　硫酸浓度对铁二段浸出的影响

**表 5-11　浸出渣中主要元素含量**

| 元素 | Li | Fe | P | Al | Cu | C |
|---|---|---|---|---|---|---|
| 含量/% | 0.05 | 1.74 | 1.03 | 0.05 | 0.07 | 83.04 |

2）磷酸铁制备

磷酸铁最初用于农业、钢铁、防锈材料、添加剂等领域，随着锂电产业的发展，磷酸铁作为制备磷酸铁锂材料的前驱体而受到广泛关注。磷酸铁可以形成多种水合物（一般情况下从溶液中合成得到的磷酸铁以二水合磷酸铁的形式存在），通过高温煅烧，水合磷酸铁失去结晶水变成白色或浅黄色粉末的无水磷酸铁。磷酸铁晶型种类较多，骨架结构丰富，除无定形相外，还有正交晶系、单斜晶系以及三方晶系的 α-石英结构。磷酸铁与磷酸铁锂在结构和体积上相似性极高，体积仅相差 6.81%，两种材料的晶体结构、晶胞参数、空间群均非常相似。因此，磷酸铁是制备锂离子电池正极材料磷酸铁锂的理想前驱体。

　　磷酸铁的合成方法有很多种，如液相沉淀法、水热法、溶胶-凝胶法、空气氧化法、控制结晶法等。近年来，随着合成技术迅速发展，还产生了微反应器快速沉积法、微波气固混相结晶法等多种新型技术，其中应用最多的为液相沉淀法。

A. 液相沉淀法

液相沉淀法是目前合成磷酸铁的主流工艺，该方法是通过向溶有铁源和磷源的溶液中加入氧化剂，生成二水磷酸铁沉淀，再将二水磷酸铁过滤、洗涤、干燥、煅烧后得到磷酸铁产品。液相沉淀法制备磷酸铁在工艺上大体又可分为一步法和两步法两种。一步法是将铁源和磷源在一个反应罐中一步混合反应制得二水磷酸铁，二水磷酸铁经洗涤、烘干、煅烧制成无水磷酸铁。两步法包括两种合成模式，第一种合成模式：先将亚铁源（如 $FeSO_4 \cdot 7H_2O$）和磷源［如

(NH₄)₂HPO₄]经氨水调节 pH 至 4～5 后沉淀制得八水磷酸亚铁[Fe₃(PO₄)₂·8H₂O]，八水磷酸亚铁经洗涤后，再用水溶液搅拌打浆，并向浆料中加入磷酸和过氧化氢、升温浆料至 85℃以上，陈化制得二水磷酸铁（FePO₄·2H₂O），该二水磷酸铁经多次洗涤提高纯度；第二种合成模式：先将亚铁源（如 FeSO₄·7H₂O）和磷源 [如 (NH₄)₂HPO₄] 在氧化剂（如过氧化氢）存在的水溶液环境中反应生成无定形磷酸铁沉淀，再将洗涤后的无定形磷酸铁沉淀加入磷酸溶液中陈化转晶，制得二水磷酸铁，该二水磷酸铁再次洗涤去除夹带的游离离子。

　　由磷铁渣浸出获得的铁磷浸出液合成磷酸铁时，可采用两步法合成的第二种模式，即先使铁源和磷源结合生成粗制二水磷酸铁沉淀，洗涤后获得的产品在磷酸溶液中转晶，制得二水磷酸铁晶体。

　　在合成磷酸铁时，铁磷浸出液的酸性较强，需要先通过高浓度液碱或片碱初步调节 pH 至 0.5～1。由于液碱或片碱碱性强，再直接加高浓度液碱易形成氢氧化铁沉淀，此时可改用碳酸钠溶液或氨水继续调节溶液 pH 值，使 $Fe^{3+}$ 和 $PO_4^{3-}$ 以粗制 $FePO_4·2H_2O$ 的形式沉淀下来，从而达到回收铁和磷的目的。

　　图 5-12（a）为不同 pH 值下磷酸铁的沉淀效果图。随着 pH 值的升高，铁和磷的沉淀率逐步增加，当 pH 值增加至 2 以上时，铁、磷沉淀率在 99%以上，基本可完全沉淀。图 5-12（b）为温度对铁和磷沉淀率的影响效果图。随着温度升高，铁、磷沉淀率逐渐增大，表明磷酸铁沉淀为吸热反应，高温环境易于磷酸铁的生成。

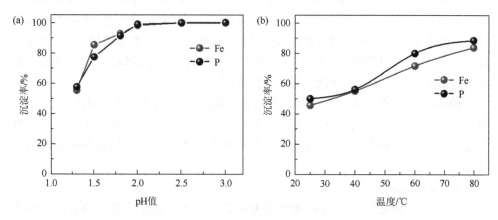

图 5-12　（a）pH 值对 Fe、P 沉淀率的影响；（b）温度对 Fe、P 沉淀率的影响

　　二水磷酸铁的结构、形貌、粒度等指标受到合成条件如 pH 值、温度、合成时间的影响，明确分析二水磷酸铁的合成影响机理对磷酸铁锂的制备起着很大的指导作用[5-8]。因此，系统研究在不同条件下制备的二水磷酸铁和相应的

煅烧所得 $FePO_4$ 的物理化学性质的差异，对 $LiFePO_4$ 正极材料的制备具有重要意义。

图 5-13 为不同合成条件对二水磷酸铁振实密度、比表面积和外观影响图。由图 5-13（a）可见，在反应温度为 90℃、反应时间为 4h、pH 值为 1.1 条件下合成的二水磷酸铁（FPH-1.1）振实密度为 0.62g/cm³，当 pH 值分别升至 1.5（FPH-1.5）和 2.0（FPH-2.0）时，二水磷酸铁振实密度分别下降至 0.40g/cm³ 和 0.39g/cm³。由图 5-13（b）可见，在反应时间为 4h、pH 值为 1.5、反应温度为 30℃ 条件下合成的二水磷酸铁（FPH-30）振实密度和比表面积分别为 0.47g/cm³ 和 66.87m²/g，当温度分别升高至 60℃（FPH-60）和 90℃（FPH-90）时，二水磷酸铁振实密度分别下降至 0.42g/cm³ 和 0.40g/cm³。由图 5-13（c）可见，随着 pH 值增加，二水磷酸铁比表面积呈先降后升趋势，FPH-1.1 样品比表面积为 66.87m²/g，FPH-1.5 比表面积为 43.47m²/g，而 FPH-2.0 比表面积为 61.67m²/g，这与低 pH 值有利于二水磷酸铁晶体生长，而高 pH 值下二水磷酸铁中 OH 组分增多密切相关。由图 5-13（d）可见，在 pH 值为 1.1 时，合成的二水磷酸铁呈近白色。随 pH 值升高，二水磷酸铁盐酸向淡黄色、黄色转变。在 pH 值为 1.5 时，不同温度下合成的二水磷酸铁均呈现淡黄色。

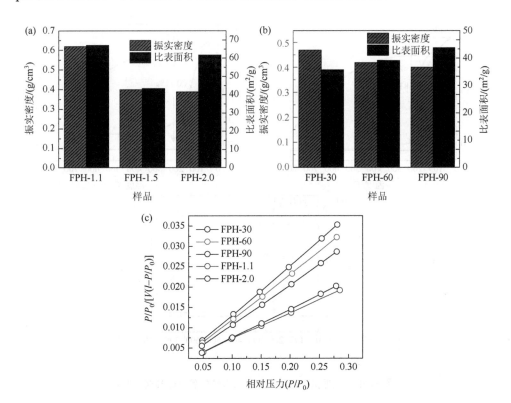

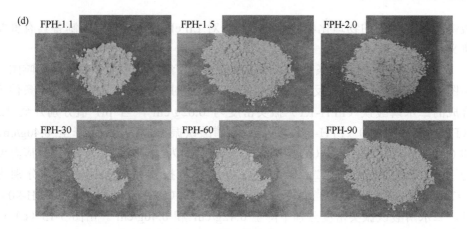

图 5-13 （a）合成 pH 值对振实密度、比表面积的影响；（b）合成温度对振实密度、比表面积的影响；（c）不同条件下合成的二水磷酸铁等温吸脱附曲线；（d）二水磷酸铁对应的实物外观

图 5-14 为不同 pH 值下合成的二水磷酸铁 TG-DSC 曲线。由图可见，在 pH 值为 1.1、1.5 和 2.0 条件下合成的二水磷酸铁质量损失均在 20%左右，对应于分子间的两个结晶水。在 pH 值为 1.1 下制得的二水磷酸铁失重主要发生在 20~450℃

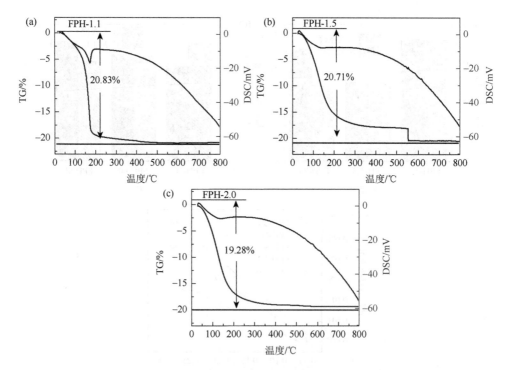

图 5-14 不同 pH 值下合成的二水磷酸铁 TG-DSC 曲线

温度范围内，450℃之后，样品质量基本不在改变。但在 pH 值为 1.5 下制得的二水磷酸铁除在 550℃前湿重外，在 550℃左右质量急剧下降，随后趋于稳定。而在 pH 值为 2.0 下制得的二水磷酸铁，质量损失发生在 20～550℃左右，无质量明显下降现象。因此可以证明，pH 值为 1.1 和 2.0 下制得的二水磷酸铁物相为单一均匀物相，且 FPH-1.1 样品由二水磷酸铁向无水磷酸铁物相转变所需温度低，而 FPH-2.0 样品由二水磷酸铁向无水磷酸铁物相转变所需温度高。pH 值为 1.5 下制得的二水磷酸铁物相可能由两种物相混合而成，二水磷酸铁向无水磷酸铁物相完全转变所需温度取决于高温，即 550℃左右。

　　图 5-15 不同条件下合成的二水磷酸铁 XRD 图。由图 5-5（a）可见，在 pH 值为 1.1 制备的二水磷酸铁具有良好的结晶度，对应于标准峰卡片 JCPDS 72-0471。随着沉淀 pH 值的升高，二水磷酸铁结晶度降低，最终趋于无定形。同时，为进一步明确反应温度对二水磷酸铁晶型转变的影响，在 pH 值为 1.1 时，探究了不同反应温度下合成的二水磷酸铁物相组成[图 5-5（b）]。由图可见，在 25～60℃温度范围内合成的磷酸铁均为无定形状态，而在 90℃下合成的磷酸铁呈现出良好的晶体结构。因此，制备二水磷酸铁时高温高酸条件有利于二水磷酸铁结构由无定形向良好结晶转变。

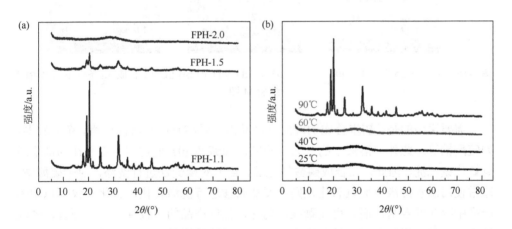

图 5-15　不同条件下合成的二水磷酸铁 XRD 图

　　图 5-16 为不同温度下合成的二水磷酸铁 SEM 图。由图可见，在 25～60℃下制备的二水磷酸铁由突发成核产生的一次颗粒大小为 50～80nm。纳米一次颗粒通过松散堆叠，构成不均匀的二次颗粒。而 90℃下制备的二水磷酸铁一次颗粒间界限不清晰，一次颗粒首先紧密堆积成梭形长颗粒，梭形长颗粒间相互缠绕并进一步构建成微球状颗粒。90℃下制备的二水磷酸铁具有良好的结晶度，且结构紧实，振实密度大，有利于提高进一步制备的磷酸铁锂材料能量密度。

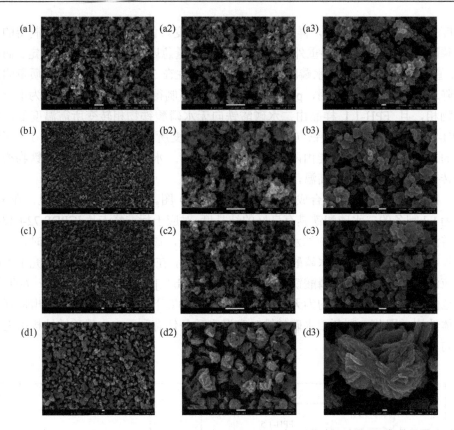

图 5-16　在（a）25℃、（b）40℃、（c）60℃、（d）90℃时 pH 值为 1 合成 4h 条件下二水磷酸
铁 SEM 图

　　需要说明的是，初步合成的磷酸铁产品由于是酸碱中和沉淀所得，杂质较多，如硫酸钠等。此外，溶液中的铁为三价铁，加碱调 pH 值过程中易于在局部形成氢氧化铁沉淀。因此，在合成磷酸铁之后，需要对磷酸铁进行洗涤。对于硫酸钠，通常使用温水洗涤。而氢氧化铁则需要加磷酸进行洗涤转化，转化不仅可以中和产品中存在的羟基，而且可使颗粒均匀化，保证产品的一致性。一般而言，磷酸添加量越多，温度越高，转化速率越高，然而磷酸用量过大，溶液酸性较强，可能导致沉淀物复溶解，因此在使用磷酸陈化时，pH 值应控制在 1～1.5，溶液中磷浓度在 1.5g/L 以上，反应温度高于 85℃。

　　图 5-17 为制得的二水磷酸铁和磷酸铁 XRD 图和 SEM 图。由图可见，从溶液中沉淀得到无定形二水磷酸铁 [图 5-17（a）]，经磷酸陈化后，无定形二水磷酸铁转为晶型磷酸铁 [图 5-17（b）]，进一步分别对二水磷酸铁在 420℃和 600℃下煅烧5h。由图 5-17（c）可见，在 420℃下煅烧得到的磷酸铁和二水磷酸铁晶型相近。而在 600℃下煅烧得到的磷酸铁晶型发生明显转变 [图 5-17（d）]。图 5-17（e）

和（f）为二水磷酸铁 SEM 图，其颗粒分布均匀，呈近球状形貌。600℃煅烧后的磷酸铁继承了二水磷酸盐特征，但存在团聚现象［图 5-17（g）和（h）］。

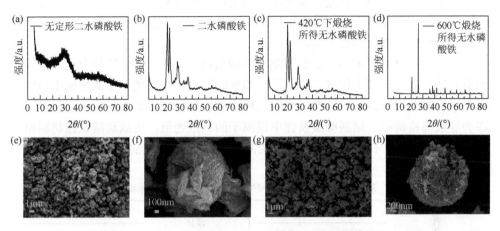

图 5-17 （a）沉淀所得无定形二水磷酸铁 XRD 图；（b）磷酸陈化所得二水磷酸铁 XRD 图；（c）420℃煅烧所得磷酸铁 XRD 图；（d）600℃煅烧所得磷酸铁 XRD 图；（e, f）二水磷酸铁 SEM 图；（g, h）磷酸铁 SEM 图

图 5-18 为二水磷酸铁在空气下的 TG-DTA 曲线。失重曲线表明，样品在 25～830℃之间出现三个失重平台，第一个平台出现在 29.1～91.0℃（失重率 11.78%），为样品表面吸附水分挥发。第二个失重平台出现在 91.0～447.3℃，样品质量显著下降，失重率为 21.97%，与二水磷酸铁中两个结晶水占比 19.27%相近，表明在此温度内分子间结晶水逐步脱出，逸出气体主要为 $H_2O$（g）。447～830.5℃之间

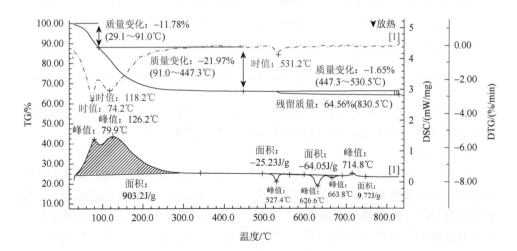

图 5-18 二水磷酸铁 TG-DSC 曲线

轻微失重，主要对应于样品中杂质硫酸根的分解，并以 $SO_2$ 形式脱除。在约 530℃ 左右处出现一个放热峰，代表着磷酸铁晶型的转变。因此，为保证磷酸铁具备良好的晶型，一般对磷酸铁进行煅烧时，温度设置在 530℃ 以上。但烧结温度也不宜过高，烧结温度高于 800℃ 时，会导致 $Fe_2P$ 的大量生成。$Fe_2P$ 具有磁性，不利于高性能磷酸铁锂材料的制备。

表 5-12 为 HG/T 4701—2021《电池用磷酸铁》标准，磷酸铁是合成磷酸铁锂的前驱体，其性质很大程度上决定了磷酸铁锂的电化学性能，如磷酸铁中超标的钠离子会影响磷酸铁锂电池的功率和循环寿命。此外，磷酸铁材料中杂质离子存在会导致晶格畸变，堵塞磷酸铁锂中锂离子的扩散通道，造成磷酸铁锂材料倍率性能变差。因此，在合成磷酸铁时，需对产品质量进行严格把控。

**表 5-12　HG/T 4701—2021《电池用磷酸铁》标准**

| 项目 | 指标 | | 项目 | 指标 | |
|---|---|---|---|---|---|
| | Ⅰ型 | Ⅱ型 | | Ⅰ型 | Ⅱ型 |
| 铁（Fe）含量/wt% | 35.7～36.7 | 28.5～30.0 | 钛（Ti）含量/wt% | ≤0.18 | ≤0.15 |
| 磷（P）含量/wt% | 20.0～21.1 | 16.2～17.2 | 钴（Co）含量/wt% | — | ≤0.005 |
| 铁磷比（Fe∶P） | 0.96～1.0 | 0.96～1.02 | 铅（Pb）含量/wt% | — | ≤0.01 |
| 钙（Ca）含量/wt% | ≤0.01 | ≤0.005 | 铬（Cr）含量/wt% | — | ≤0.005 |
| 镁（Mg）含量/wt% | ≤0.06 | ≤0.005 | 硫（S）含量/wt% | ≤0.03 | — |
| 钠（Na）含量/wt% | ≤0.02 | ≤0.01 | 磁性物质含量/wt% | ≤0.00025 | |
| 钾（K）含量/wt% | ≤0.02 | ≤0.01 | 水分含量/wt% | ≤0.5 | 19.0～21.0 |
| 铜（Cu）含量/wt% | ≤0.003 | ≤0.005 | 振实密度/(g/cm³) | ≥0.6 | ≥0.6 |
| 锌（Zn）含量/wt% | ≤0.015 | ≤0.005 | 粒度/μm | 1～9 | 1～6 |
| 锰（Mn）含量/wt% | ≤0.1 | ≤0.02 | 比表面积/(m²/g) | 3～16 | |
| 铝（Al）含量/wt% | ≤0.05 | ≤0.03 | | | |

液相沉淀法工艺成熟度高，操作简单，但加入沉淀剂时很容易导致生成的沉淀被杂质包覆，杂质元素与磷酸铁共沉淀，后续洗涤难度大。

B. 水热法

水热法是在水热介质中溶解铁源和磷源，使其分别以 $Fe^{3+}$、$PO_4^{3-}$ 形式存在于溶液中，利用釜内不同区域的温度差使离子具有流动性，并在温差的推动下，将溶液中的 $Fe^{3+}$、$PO_4^{3-}$ 输送至温度较低的区域，形成过饱和溶液，从而使磷酸铁以晶体形式析出。水热法合成磷酸铁的优点在于：产品结晶度高，粒度分散性好。但其对反应设备的要求较为严格，实际操作过程难度大，只能一次性投料，不便

于观察反应过程，反应产物的数量和晶型生长受反应容器的限制，具有局限性，
因此不利于工业化推广应用。

C. 溶胶-凝胶法

溶胶-凝胶法先将磷源和铁源加入溶剂中分散均匀，控制一定反应条件使原料
进行液相水解和化学缩合反应生成溶胶，经老化后，溶胶中的胶粒凝聚形成凝胶，
对所得凝胶洗涤、干燥、煅烧处理即可得到磷酸铁。溶胶-凝胶法所制得产品颗粒
粒度和形貌控制程度高，但合成条件苛刻，成本高。

## 5.1.3　全元素浸出

### 1. 浸出

与优先提锂工艺不同，全元素浸出工艺是使用过量的酸将废旧磷酸铁锂材
料中 Li、Fe、P 元素共同浸出到溶液中，$PO_4^{3-}$ 反应如式（5-18）所示。同时，
废旧磷酸铁锂材料中夹杂的铝粉、铜粉也会部分溶解，如式（5-19）和式（5-20）
所示。

$$LiFePO_4 \Longrightarrow Li^+ + Fe^{2+} + PO_4^{3-} \quad\quad (5-18)$$

$$2Al + 6H^+ \Longrightarrow 2Al^{3+} + 3H_2 \uparrow \quad\quad (5-19)$$

$$2Cu + O_2 + 4H^+ \Longrightarrow 2Cu^{2+} + 2H_2O \quad\quad (5-20)$$

由图 5-19（a）可见，随着硫酸浓度增加，各元素浸出率随之增加，其中 Al
浸出率受硫酸用量影响更加显著，而由于反应过程中没有添加氧化剂，Cu 的浸
出率受酸浓度影响较小。如图 5-19（b）所示，Fe、P、Li 浸出率受温度的影响
较小，但 Al、Cu 浸出率受温度影响显著，这是由于 Al 在高温下反应活性增强，
同时高温下二价铁更容易被氧化为三价铁，三价铁可以氧化金属 Cu，进而促
进 Cu 的溶解。因此，从避免杂质进入溶液中的角度考虑，浸出温度越低越好。
图 5-19（c）为反应时间对废旧磷酸铁锂材料中有价金属浸出效果图。由图 5-19
（c）可见，Li、Fe 和 P 浸出率在反应 0.5h 后可达最大值，随时间延长，Li、Fe
和 P 浸出率不再变化，但杂质 Al 和 Cu 的浸出率增大。图 5-19（d）为液固比对
废旧磷酸铁锂材料中有价元素浸出效果的影响。由图 5-19（d）可见，随着液固比
增加，各元素浸出率增大，这可以归因于溶液的增加，原料与酸更充分接触，同
时液固比的增大，酸量随之增加，各元素浸出率增大。因此，当在硫酸用量
200g/L、液固比 5mL/g、室温下反应 1h，Li、Fe、P 浸出率分别达到 99.46%、
99.34%和 99.64%，Al 和 Cu 浸出率分别为 57.07%和 41.02%，浸出效果最佳，
浸出液的主要成分如表 5-13 所示。

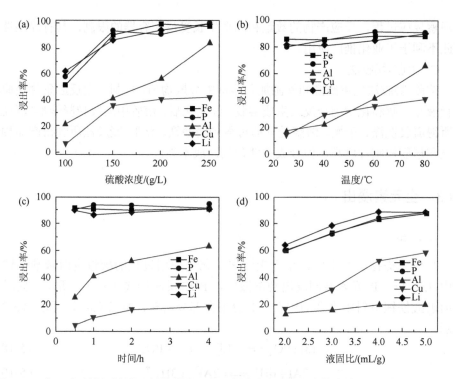

图 5-19　废旧磷酸铁锂材料浸出效果图：（a）硫酸浓度对浸出率的影响（60℃，1h，液固比 4mL/g）；（b）温度对浸出率的影响（硫酸浓度 150g/L，1h，液固比 4mL/g）；（c）反应时间对浸出率的影响（硫酸浓度 150g/L，60℃，液固比 4mL/g）；（d）液固比对浸出率的影响（硫酸浓度 150g/L，室温，1h）

**表 5-13　浸出液的主要成分**

| 元素 | Li | Fe | P | Al | Cu | F |
|---|---|---|---|---|---|---|
| 含量/(g/L) | 6.19 | 49.63 | 27.99 | 1.05 | 0.43 | 2.31 |

## 2. 除铜

为得到合格的再生产品，需要对所得的浸出液净化除杂。其中铜可采用铁粉置换的方法除去。由于溶液中 $Fe^{2+}$ 易被氧化为 $Fe^{3+}$，$Fe^{3+}$ 的存在会消耗铁粉，因此，通常需要采用惰性气氛保护防止 $Fe^{2+}$ 的氧化，涉及的化学反应如下：

$$4Fe^{2+} + O_2 + 4H^+ \rightleftharpoons 4Fe^{3+} + 2H_2O \tag{5-21}$$

$$2Fe^{3+} + Fe \rightleftharpoons 3Fe^{2+} \tag{5-22}$$

$$Fe + Cu^{2+} \rightleftharpoons Fe^{2+} + Cu \tag{5-23}$$

图 5-20（a）为 pH 值对铜除杂率的影响。pH 值越高，铁粉置换除铜的效果越好。如图 5-20（b）所示，随着铁粉用量增加，铜的去除率越高。

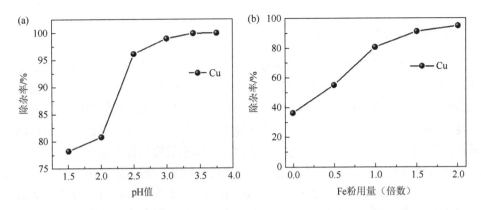

图 5-20　（a）pH 值对除杂率的影响；（b）Fe 粉用量对除杂率的影响

### 3. 除铝

浸出液中的铝可采用磷酸盐沉淀法去除。图 5-21（a）为 pH 值为 3，反应时间 1h 条件下，温度对 Fe、Al 沉淀率的影响。随着温度增加 Fe、Al 沉淀率均增加。图 5-21（b）为 pH 值为 3、室温条件下，反应时间对 Fe、Al 沉淀率的影响。随着时间延长，Fe、Al 沉淀率趋于稳定。图 5-21（c）为室温反应 1h 时，pH 值对 Fe、Al 沉淀率的影响。随着 pH 增加，Fe、Al 沉淀率随之增大。其中，在 pH 值大于 2.5 时，Al 的沉淀率急剧增大，此时 Fe 的沉淀率尚小。当 pH 值大于 3 时，Al 的沉淀率进一步增大，然而铁的沉淀率也明显增大。在 pH 值为 3.75 时，溶液中剩余 Al 的含量为 0.035g/L，铁的沉淀率高达 35.3%。

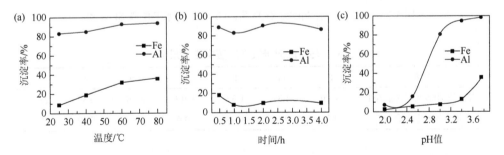

图 5-21　（a）温度对 Fe、Al 沉淀率的影响（pH 值为 3，1h）；（b）反应时间对 Fe、Al 沉淀率的影响（pH 值为 3，室温）；（c）pH 值对 Fe、Al 沉淀率的影响（室温，1h）

磷酸盐沉淀法除铝，可使铝降低至比较低的浓度，但在除铝的同时，铁也有一定量的损失，且溶液中铝含量越低，铁损失量越大。因此，使用该方法除铝时，对 pH 值要求比较精细，且需合理把控除杂程度。

#### 4. 磷酸铁与磷酸锂再生

表 5-14 为除杂后所得溶液的主要成分。除杂液中铁以二价态存在，应添加氧化剂如过氧化氢，此时，体系 pH 值下降，二价铁转化为三价铁。与优先提锂工艺合成磷酸铁相似，通过使用碱液调节 pH 值至 2.0 左右使 $Fe^{3+}$ 和 $PO_4^{3-}$ 沉淀，然后使用磷酸进行陈化。由于除杂时以磷酸铝形式除铝，溶液中磷缺失，磷铁物质量的比值为 0.77，因此陈化时磷酸耗量增加，体系酸度较优先提锂工艺高，合成的二水磷酸铁具有与优先提锂工艺所得二水磷酸铁类似的晶体结构[图 5-22（a）]，但颗粒存在团聚现象[图 5-22（b）和（c）]。表 5-15 为磷酸铁沉淀母液及洗液中主要成分，由表可知，在沉淀的磷酸铁夹杂大量锂，需在磷酸铁洗涤时被洗出。

**表 5-14　除杂液中主要成分**

| 元素 | Li | Fe | P | Al | Cu | F |
|---|---|---|---|---|---|---|
| 含量/(g/L) | 5.78 | 38.64 | 16.47 | 0.078 | 0.002 | 0.66 |

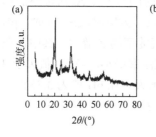 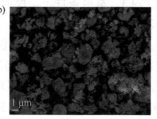 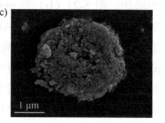

图 5-22　（a）二水磷酸铁 XRD 图；（b，c）二水磷酸铁 SEM 图

**表 5-15　沉淀母液及洗液中主要成分**

| 元素 | Li | Fe | P | Al | Cu | F | Na |
|---|---|---|---|---|---|---|---|
| 沉淀母液中各元素含量/(g/L) | 4.20 | 1.37 | 0.33 | 0.017 | 0.002 | 0.39 | 28.94 |
| 洗液中各元素含量/(g/L) | 1.21 | 0.74 | 0.48 | 0.008 | — | 0.20 | 10.63 |

与优先提锂工艺中锂净化液相比较，磷酸铁沉淀母液中 Li 含量较低，蒸发至 25g/L 以上制备碳酸锂成本较高，在此情况下，可选择以磷酸锂形式沉淀回收锂。图 5-23 为 Li-P-$H_2O$ 体系的电位-pH 图，由图可见，在较低 pH 条件下，锂以 $Li^+$ 形式单独存在。在 pH 值为 2～5.81，电位值－0.5～1.0 时，$Li^+$ 与磷酸根电离产生的 $H_2PO_4^-$ 结合生成 $LiH_2PO_4$，该物质易溶于水。随着 pH 继续升高，$Li^+$ 与磷酸根结合为磷酸锂，并可在 pH 值高于 5.81 条件下稳定存在。

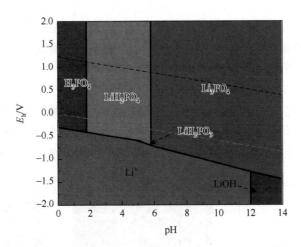

图 5-23　Li-P-H$_2$O 体系的电位-pH 图（[Li] = [P] = 0.1mol/L，363.15K）[9]

与碳酸锂相似，磷酸锂在水溶液中的溶解度同样与温度成反比，在高温下用磷酸钠（Na$_3$PO$_4$）沉淀母液中的 Li$^+$效果更好。磷酸钠沉淀 Li$^+$反应方程式如式（5-24）所示，在水浴温度 90℃下，调整加入磷酸钠的用量分别为理论值的 0.8 倍、1.0 倍、1.2 倍、1.5 倍和 2.0 倍，反应 1h 后过滤，结果如图 5-22 所示。

$$3Li^+ + Na_3PO_4 = Li_3PO_4 + 3Na^+ \qquad (5-24)$$

由图 5-24（a）可见，在磷酸钠为理论用量的 0.8 倍时，锂的沉淀率为 76.64%，随着磷酸钠用量增加到 1.0 倍，锂的沉淀率升高至 96.05%，此后继续增加磷酸钠用量，锂的沉淀率变化不大。温度对于锂的沉淀效果影响较大，在磷酸钠用量为理论值的 1.0 倍时，控制体系温度为 30℃、50℃、70℃和 90℃，结果如图 5-24（b）所示。在温度为 30℃时，锂的沉淀率为 67.29%，当温度升高至 50℃时，锂的沉淀率可达到 80.71%，进一步升高温度至 70℃，锂的沉淀率也随之升高，达到 84.00%。将温度升高至 90℃，锂的沉淀率最佳，达到 96.05%。

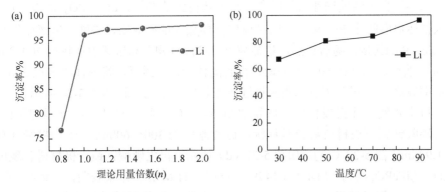

图 5-24　（a）磷酸钠用量对锂沉淀率的影响；（b）温度对锂沉淀率的影响

　　由于钠和硫酸根等杂质的存在，需要对沉淀所得磷酸锂产品进行洗涤。将沉淀得到的粗制磷酸锂沉淀加入煮沸的去离子水制浆，控制温度在 90℃以上，洗涤 30min 后过滤，重复洗涤三次，得到精制磷酸锂产品。

　　图 5-25（a）为再生磷酸锂的 XRD 图，由图可见，产品的结晶度较好，且该谱图与磷酸锂的标准 PDF#25-1030 吻合，未观察到其他杂质峰，表明产品的纯度较高。为探究该产品的形貌，对该产品进行 SEM 分析，所得结果如图 5-25（b）、（c）所示。磷酸锂产品颗粒分布均匀，球状或块状二次颗粒均由纳米级一次微细粒团聚而成。

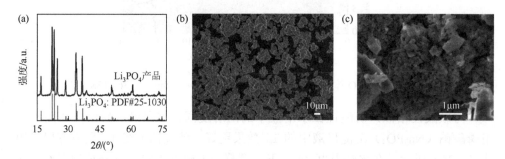

图 5-25　（a）磷酸锂产品的 XRD 图；（b，c）磷酸锂产品的 SEM 图

# 5.2　磷酸铁锂再生

　　如上所述，以废旧磷酸铁锂材料为原料，可制备磷酸铁、碳酸锂和磷酸锂等产品。为了进一步提高产品附加值，可再生制备磷酸铁锂材料。目前，再生制备磷酸铁锂材料的方法主要包括水热法和固相合成法等。

## 5.2.1　水热法

　　水热法再生磷酸铁锂通常以全浸出工艺得到的 $Fe^{2+}$、$Li^+$、$PO_4^{3-}$ 溶液为原料，加入抗坏血酸防止 $Fe^{2+}$ 氧化，同时根据需要加入硫酸亚铁、磷酸和氢氧化锂调整 Li、Fe、P 的比例，随后加热适量葡萄糖。将混合物在高压釜中加热至 200℃并保持 6h，然后过滤并在 50℃下干燥，得到固体粉末。最后，将固体粉末在 200℃管式炉中煅烧 6h，得到再生的磷酸铁锂正极材料，工艺流程如图 5-26 所示。

　　再生磷酸铁锂正极材料的形貌如图 5-27（a）和（b）所示。结果表明，再生的磷酸铁锂正极材料颗粒呈片状，微片厚度为 300～600nm，平均粒径（$D_{50}$）为 1.99μm［图 5-27（c）］。如图 5-27（d）所示，再生磷酸铁锂正极材料表现出典型的 α-LiFePO$_4$ 结构（PDF#40-1499）。同时，TEM 分析结果表明，晶体晶格间距为 0.9nm，属于磷酸铁锂（001）晶面，表明再生的磷酸铁锂正极材料沿[100]

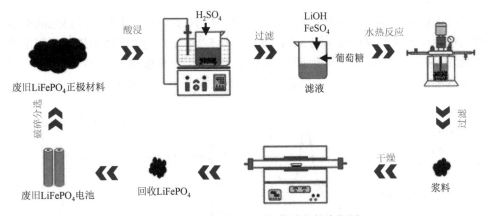

图 5-26　废旧电池全浸出回收过程的流程图

图 5-27　（a，b）再生磷酸铁锂正极材料的 SEM 图、（c）粒径分布、（d）XRD 图、（e，f）
TEM 图[10]

方向特征生长并形成单晶片［图 5-27（e）］。此外，高分辨率 TEM 图［图 5-27（f）］
显示再生的磷酸铁锂正极材料涂有均匀的碳层。

　　图 5-28（a）为再生磷酸铁锂正极材料在 0.1mV/s 扫描速率下的循环伏安曲线。
对于磷酸铁锂正极材料，3.3V 和 3.6V 处的氧化还原峰分别对应于 $Fe^{3+}$ 还原为 $Fe^{2+}$
（Li 插入）和 $Fe^{2+}$ 氧化为 $Fe^{3+}$（Li 析出）。前两次氧化还原峰之间的电位间隔分别
为 0.38V 和 0.36V，接近于市售磷酸铁锂粉末的 0.34V，表明再生材料具有良好的
可逆性。图 5-28（b）和（c）为再生磷酸铁锂正极材料的倍率特性曲线。在 0.1C、
0.5C、1C 和 2C 的不同放电速率下，材料比容量分别为 136mA·h/g、116mA·h/g、

105mA·h/g 和 84mA·h/g。45 次循环后,速率恢复到 0.1C,比容量恢复到 135mA·h/g,约为初始比容量的 99.3% [图 5-28 (c)]。图 5-28 (d) 为再生磷酸铁锂材料的循环曲线图, 如图所示, 再生磷酸铁锂正极材料的充放电比容量可以稳定在 105mA·h/g 左右,循环 300 次后容量保持率为 98.6%,表现出良好的循环稳定性。

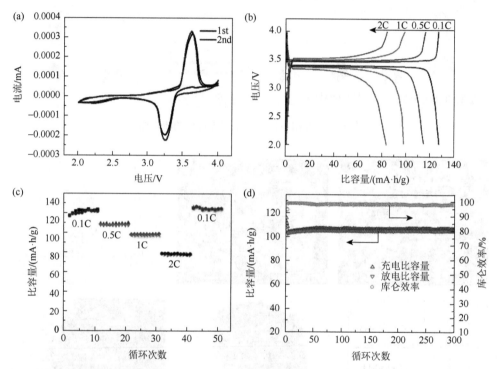

图 5-28　再生磷酸铁锂材料电化学性能图:(a) 扫描速率为 0.1mV/s 时的循环伏安曲线;(b) 0.1C、0.5C、1C 和 2C 时的初始充放电曲线;(c) 再生磷酸铁锂正极材料在 2.0~4.0V($vs.$Li$^+$/Li) 的电位范围内的倍率性能和 (d) 循环性能

## 5.2.2　固相合成法

固相合成是以铁源和锂源为原料,在高温条件下合成磷酸铁锂,回收时通常以磷酸铁和碳酸锂为原料,并配以适当比例的葡萄糖、淀粉等有机物质,于 600~800℃下还原再生磷酸铁锂。在碳还原气氛中,磷酸铁首先与熔融锂盐反应,在磷酸铁表面形成磷酸铁锂产物层。然后熔融的锂盐扩散通过产品层并继续与磷酸铁反应。随着反应的进行, 磷酸铁(核相)-磷酸铁锂(壳相)两相反应界面向内移动,核心相逐渐收缩,直至反应完成,全部转化为磷酸铁锂产物。反应完成后,多余的碳被涂覆在产品表面,最后形成 LFP/C 材料。

固相合成中磷酸铁前驱体的性质对磷酸铁锂的形貌和碳包覆效果有重要影

响，进而影响材料的电化学性能。如球形磷酸铁合成的磷酸铁锂一般仍然是球形的，球形提供的大比表面积增加了电化学反应过程中材料与电解质之间的接触面积，可增加电化学反应的活性位点，降低电荷转移电阻，提高材料的电化学性能。前驱体的粒径较大时，通常限制合成过程中熔融锂盐的扩散速率，可能导致残留在产品中的磷酸铁反应不足，从而降低材料的纯度和活性物质的含量，最终影响电化学性能。而以纳米级磷酸铁作为前驱体时，原料分散性较差，高温烧结时可能形成致密的磷酸铁，降低原料转化率。此外，致密磷酸铁的不规则形状会影响碳涂层效果，最终影响材料的电化学性能。当然，纳米磷酸铁也具有一定的优势，如纳米磷酸铁通常含有介孔，纳米尺寸和介孔可以促进反应物的渗透和扩散，提高收缩反应速率。同时，碳包覆时，不仅可以涂覆在颗粒表面，还可以渗透到孔隙中形成导电性良好的网络，纳米颗粒聚合形成的二次形貌也有利于避免高温反应过程中细颗粒团聚引起的烧结现象[11]。

以磷酸铁和碳酸锂作为原料，葡萄糖为还原剂，在 350℃下煅烧 4h 和 700℃下煅烧 10h 再生制备的磷酸铁锂材料特征和电化学性能如图 5-29 所示。由图 5-29（a）可见，再生的磷酸铁锂正极材料同样表现出 α-LiFePO$_4$ 结构，且与 PDF#40-1499 标准峰吻合。其在 552～1137cm$^{-1}$ 处的红外特征峰与磷酸根基团振动峰有关，1636cm$^{-1}$ 处的特征峰归因于表面吸附水分[图 5-29（b）]。在 1C 放电速率下，材料比容量为 141mA·h/g[图 5-29（c）]。由图 5-29（d）可见，再生的磷酸铁锂材

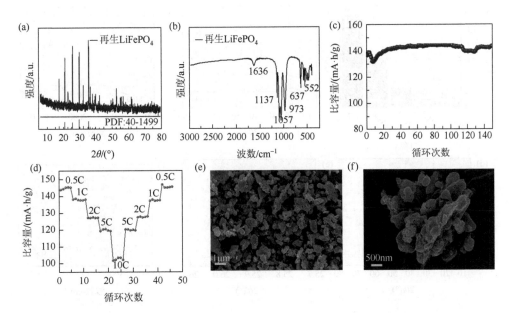

图 5-29　再生磷酸铁锂材料（a）XRD 图、（b）红外图、（c）1C 放电比容量、（d）倍率性能、（e，f）SEM 图

料在 5C 放电速率时，比容量仍接近 120mA·h/g，但 10C 放电速率时，比容量下降至 99.6mA·h/g。图 5-29（e）和（f）为再生磷酸铁锂的 SEM 图，由图可见，再生的磷酸铁锂总体表现纳米级一次颗粒团聚成片状形态。

磷酸铁中杂质含量是影响制备的磷酸铁锂电化学性能的重要因素。以废旧磷酸铁锂材料浸出液合成出不同铝含量的二水磷酸铁，分别命名为 FPH-1、FPH-2、FPH-3、FPH-4 和 FPH-5，$FePO_4·2H_2O$ 中的 Al 含量如图 5-30（a）所示。图 5-30（b）为不同铝含量 $FePO_4·2H_2O$ 的 XRD 图。由图可见，所制备的 $FePO_4·2H_2O$ 具有良好的结晶度（JCPDS:72-0471）[12]。图 5-30（c）为不同铝含量 $FePO_4·2H_2O$ 的红外吸收峰。由图可见，在 $1024.36cm^{-1}$ 和 $579.85cm^{-1}$ 附近出现的反对称拉伸模式可能是指 $PO_4^{3-}$ 基团，而在 $3404.47cm^{-1}$ 和 $1630.78cm^{-1}$ 附近的宽峰归因于水分子的拉伸和弯曲振动[13]。$FePO_4·2H_2O$ 经 600℃ 高温煅烧 5h 后得到良好结晶度的 $FePO_4$，分别命名为 FP-1、FP-2、FP-3、FP-4 和 FP-5。$FePO_4$ 和 $AlPO_4$ 的标准峰重叠，无法直接区分 [图 5-30（d）]。然而，随着 Al 含量的增加，XRD 图中 25.9°附近的最强峰逐渐向右移动并接近 $AlPO_4$ 的标准峰 [图 5-30（e）]。此外，$FePO_4$ 样品与 $FePO_4·2H_2O$ 样品相似的红外光谱，但 $3430cm^{-1}$ 和 $1630cm^{-1}$ 附近的峰减弱，表明结晶水已被除去 [图 5-30（f）]。

图 5-31 为 $FePO_4·2H_2O$ 和 $FePO_4$ 样品的 SEM 图。由图 5-31（a1）～（a5）可见，

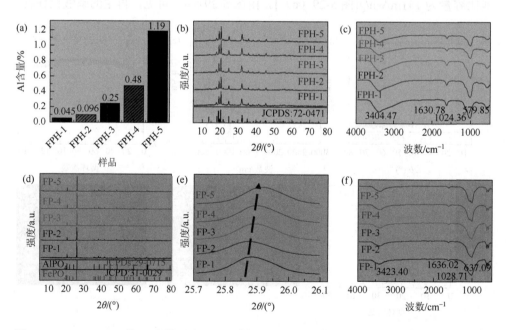

图 5-30　$FePO_4·2H_2O$ 的 Al 含量（a）、XRD 图（b）、FTIR 图（c）、$FePO_4$ 的 XRD 图（d）、部分 XRD 图（e）和 FTIR 图（f）

FPH-1 表现为紧密聚集的球形颗粒。然而，很明显，随着 Al 含量的增加，颗粒会明显变小，同时表面紧实度降低，该现象在 FPH-4 和 FPH-5 中更容易识别。FePO$_4$·2H$_2$O 的小粒径可能有利于再生 LiFePO$_4$ 样品的电化学性能［图 5-31（b1）～（c5）］。图 5-31（d1）～（d4）为显示了 Fe-5 样品的 Mapping 图。由图可见，Fe-5 样品中 Fe、P、O 和 Al 分布均匀，表明 AlPO$_4$ 和 FePO$_4$ 作为固溶体共存[14]。

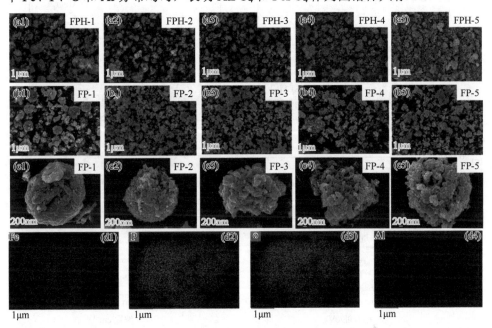

图 5-31　（a）FePO$_4$·2H$_2$O 样品的 SEM 图；（b，c）FeSO$_4$ 样品的 SEM 图；（d）FP-5 样品的
Mapping 图

　　LiFePO$_4$ 材料通过固相合成法由上述 FePO$_4$ 和 Li$_2$CO$_3$ 及葡萄糖烧结法再生，分别命名为 LFP-1、LFP-2、LFP-3、LFP-4 和 LFP-5。图 5-32（a）为再生的 LiFePO$_4$ 样品 XRD 图。谱证明，所有再生的 LiFePO$_4$ 材料都具有有序的橄榄石结构，并与标准峰 JCPDS 40-1499 相吻合。然而，随着 FePO$_4$·2H$_2$O 中 Al 含量的增加，AlPO$_4$ 位于 26.4°附近的特征值逐渐增强［图 5-32（b）］。在固相合成过程中，FePO$_4$ 被还原，部分 Al 进入 LiFePO$_4$ 的晶格，而其他的 Al 形成独立的 AlPO$_4$ 相。AlPO$_4$ 是一种惰性物质，在充放电过程中不能接受 Li 的插入/提取，从而降低 LiFePO$_4$ 材料的充放电比容量。图 5-32（c）为 LFP-5 样品的 XPS 全谱图。由图可见，Fe 2p、O 1s、C 1s、P 2p 和 A 2p 峰可以被识别，证实了样品中铝的夹杂。图 5-32（d）为 LFP 样品的 FTIR 图。1137cm$^{-1}$、973cm$^{-1}$ 和 637cm$^{-1}$ 处的峰值归属于 PO$_2$ 基团的拉伸振动。位于 1057cm$^{-1}$ 和 552cm$^{-1}$ 的峰值归属于 PO 基团的抗拉伸振动和对称弯曲振动[15]。再生 LiFePO$_4$ 样品包含大量由纳米级颗粒聚集形成的片状团簇

[图 5-32（e1）～（e5）]，随着 Al 含量的增加，颗粒更加分散 [图 5-32（f1）～（f5）]，这与前驱体 FPH 和 FP 样品的特性一致。图 5-32（g1）～（g4）为再生 LiFePO₄ 材料的 Mapping 图。由图可见，LiFePO₄ 材料中各元素均匀分布。

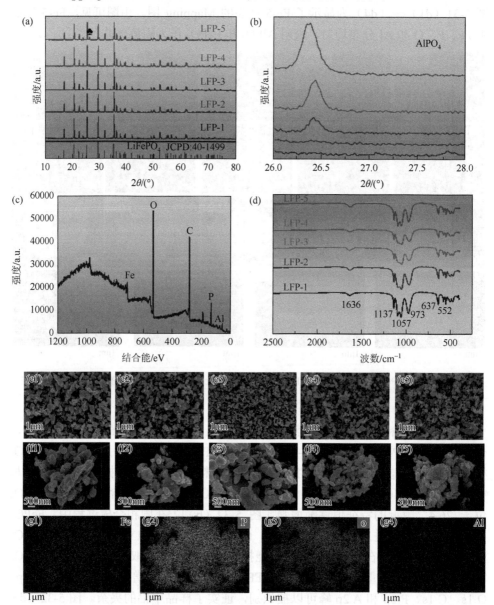

图 5-32　再生磷酸铁锂样品的（a）XRD 图、（b）局部 XRD 图；（c）LFP-5 样品的 XPS 全谱图；（d）再生磷酸铁锂样品的 FTIR 图；（e～g）再生磷酸铁锂样品的 SEM 图和 LFP-5 样品的 Mapping 图

为了进一步确定 $AlPO_4$ 的赋存状态，以 10.69nm/min 的刻蚀速率对 LFP-5 进行了 XPS 刻蚀分析（图 5-33）。如图 5-33（a）所示，不同刻蚀时间的衍射峰强度相似，表明 Al 均匀分布在颗粒表面和内部。LFP-5 样品的 Al 2p 光谱中，74.6eV 处的峰可以分配给 $AlPO_4$ 中的 $Al^{3+}$[16]［图 5-33（b）］。由于自旋-轨道耦合，Fe 2p 光谱分为 Fe $2p_{3/2}$ 和 Fe $2p_{1/2}$。位于 710.5eV 和 724.1eV 处峰属于 Fe $2p_{3/2}$ 和 Fe $2p_{1/2}$ 峰，与 $LiFePO_4$ 中的 $Fe^{2+}$ 相吻合，证明 $FePO_4$ 中的三价铁在碳热还原过程中已被还原成二价形式[16, 17]［图 5-33（c）］。55.2eV 处的峰可以归为 Li 1s[18]

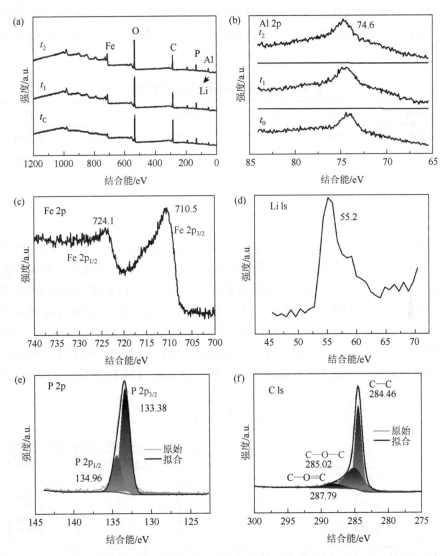

图 5-33　（a）LFP-5 样品的 XPS 全谱，（b）不同刻蚀时间（$t_0 = 0$，$t_1 = 60s$，$t_2 = 120s$）下 Al 2p 分峰、（c）Fe 2p 分峰、（d）Li 1s 分峰、（e）P 2p 分峰和（f）C 1s 分峰

[图 5-33（d）]。位于 133.38 eV 和 134.96 eV 的两个强峰，分别对应于 P 2p$_{3/2}$ 和 P 2p$_{1/2}$[19]［图 5-33（e）］。碳峰的存在表明葡萄糖在碳热还原过程中分解并形成碳层覆盖在再生 LFP 材料的表面。位于 284.46eV 的峰与 C—C 键有关，285.0eV 处的峰与 C—O—C 键的形成有关，287.8eV 的峰可归因于 C—O=C 键[20]［图 5-33（f）］。LiFePO$_4$ 样品中的 Al 含量与 FePO$_4$·2H$_2$O 样品中的 Al 含量成正比。5 个 LFP 样品中铝含量分别为 0.0867%、0.1287%、0.2842%、0.5246%和 1.2577%。LFP-1和 LFP-2 未观察到 AlPO$_4$ 的衍射，但其中含有 Al。这被认为 Al 可能进入 LiFePO$_4$ 晶格中。对样品 XRD 进行了精修以获取晶胞参数信息。表 5-16 中比较了再生 LiFePO$_4$ 样品的晶胞参数。随着 LiFePO$_4$ 样品中 Al 掺杂量的增加，晶胞参数发生变化。

表 5-16　再生磷酸铁锂样品的晶胞参数

| 晶胞参数 | LFP-1 | LFP-2 | LFP-3 | LFP-4 | LFP-5 |
|---|---|---|---|---|---|
| $a/\text{Å}$ | 10.32904 | 10.32825 | 10.32946 | 10.32968 | 10.32942 |
| $b/\text{Å}$ | 6.00734 | 6.00713 | 6.00724 | 6.00757 | 6.00782 |
| $c/\text{Å}$ | 4.6923 | 4.69249 | 4.69163 | 4.69219 | 4.69265 |
| $V/\text{Å}^3$ | 291.1574 | 291.13683 | 291.122748 | 291.174256 | 291.21299 |

　　图 5-34（a）为 1C 电流下再生 LiFePO$_4$ 材料的充放电曲线。由图可见，所有样品在 3.4～3.5V 的电压范围内都表现出典型的平坦平台，电位差很窄，表明极化程度较低。图 5-34（b）～（d）为 2.5～4.2V 电压下的再生 LFP 材料的循环性能图。由图可见，LFP-1、LFP-2、LFP-3、LFP-4 和 LFP-5 在 1C 电流下循环 100 次后分别具有 145.6mA·h/g、145mA·h/g、138.1mA·h/g、138.4mA·h/g 和 132.7mA·h/g 的放电容量[图 5-34（b）]。在 2C 时，LFP-1、LFP-2、LFP-3、LFP-4 和 LFP-5 的放电容量在 100 次循环后分别为 136.4mA·h/g、140.5mA·h/g、133.5mA·h/g、130.9mA·h/g

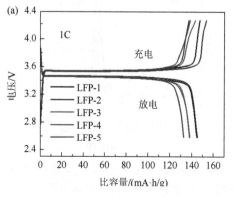
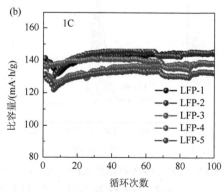

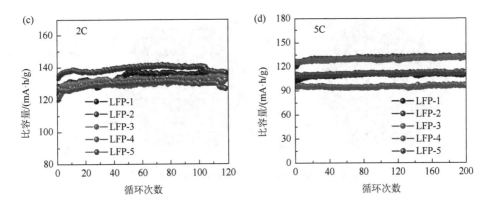

图 5-34　再生磷酸铁锂样品的（a）1C 充放电平台、（b）1 C 循环性能、（c）2C 循环性能、（d）5C 循环性能

和 129.7mA·h/g [图 5-34（c）]。即使在 5 C 电流下，LFP-1、LFP-2、LFP-3、LFP-4 和 LFP-5 的放电容量在 100 次循环后分别为 110.8mA·h/g、130.9mA·h/g、127.5mA·h/g、95.8mA·h/g 和 110.7mA·h/g[图 5-34（d）]。由此可见，用 0.096% Al 含量 $FePO_4 \cdot 2H_2O$ 再生的 LPF-2 样品表现出良好的倍率和循环性能。

## 5.3　其他材料再生

除了再生磷酸铁锂材料外，废旧磷酸铁锂材料还可用于再生制备其他功能材料，如吸附剂、催化剂和磷肥等。

### 5.3.1　吸附材料

沸石作为一种关键材料，在炼油厂催化剂、膜材料和医用负载材料等领域起着重要作用。在沸石组成元素中，碱性阳离子经常用作平衡骨架电荷，而 Si、Al、P 和 O 通常用于构建沸石骨架。在磷酸铁锂电池集流体中存在的 Al 及材料中 Fe、P 和 O 元素可与沸石骨架元素匹配，有研究者使用废旧磷酸铁锂电池用作构建磷酸铝沸石骨架的源化学品。

如图 5-35 所示，在对废旧磷酸铁锂电池预处理得到正极集流体后，通过酸浸获取含有 Al、P、Li 和 Fe 元素的浸出液。之后，将浸出液、磷酸、去离子水和三（2-氨基乙基）胺（TREN）混合，并用 NaOH 溶液将 pH 值调节至 9～10。在 120℃下进行 72h 的水热合成反应，得到无色十二面体晶体的沸石骨架。该材料 BET 表面积大于 $25m^2/g$，孔大小为 5.7～2.6Å，具有阴离子骨架特征和多孔结构，可用于对重金属阳离子 $Cd^{2+}$ 和 $Pb^{2+}$ 的吸附[21]。

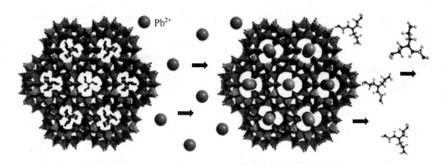

图 5-35　AlFePO-Li 沸石材料对 $Pb^{2+}$的吸附[9]

### 5.3.2　催化材料

磷酸铁锂材料含有丰富的铁元素，其已被证明在水电解中具备潜在的催化活性[22]。同时，废旧磷酸铁锂材料在充电和放电过程中锂离子不断可逆穿插，导致废旧磷酸铁锂材料中部分锂缺失，在材料表面上产生缺陷或应变等，缺陷的存在会形成更多的活性位点或氧空位（$O_v$），有助于增强废旧磷酸铁锂材料在催化反应中的活性[23]。然而，由于有限的比表面积，废旧磷酸铁锂材料直接用于析氧反应（OER）时效果欠佳，通过 Ni 或 Co 等元素掺杂改性有利于提高其催化活性[24]。

除了直接使用或改性废旧磷酸铁锂材料作为催化剂外，还可以通过浸出再生得到催化剂。将废旧磷酸铁锂材料使用盐酸溶解后，过滤得到含有 Al、P、Li 和 Fe 元素的混合溶液。再将浸出液、磷酸、去离子水、TREN 均匀混合，用 NaOH 溶液调节体系 pH 值至 9~10，然后在 120℃下进行水热反应 72h。用去离子水洗涤后可获得海胆状（SULM）结构的富铁催化剂，该催化剂可用于芬顿反应，在 SULM + $NH_2OH$ + $H_2O_2$ 类芬顿体系中，可有效促进有机污染物如罗丹明 B、盐酸四环素、阿奇霉素和红霉素的降解（图 5-36）。

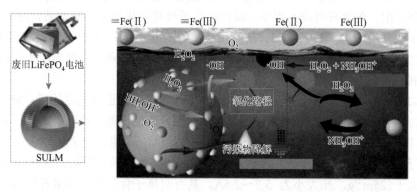

图 5-36　ROS 在 SULM + $NH_2OH$ + $H_2O$ 体系中的氧化途径示意图[25]

# 参 考 文 献

[1]　Jing Q，Zhang J，Liu Y，et al. E-pH Diagrams for the Li-Fe-P-H$_2$O system from 298 to 473 K：Thermodynamic analysis and application to the wet chemical processes of the LiFePO$_4$ cathode material [J]. Journal of Physical Chemistry C，Nanomaterials and interfaces，2019，（23）：123.

[2]　Zhang X，Xie W，Zhou X，et al. Study on metal recovery process and kinetics of oxidative leaching from spent LiFePO$_4$ Li-batteries [J]. Chinese Journal of Chemical Engineering，2024，68：94-102.

[3]　Mlllard M. Lange's Handbook of Chemistry [J]. Journal of the Association of Official Analytical Chemists，2020，（6）：6.

[4]　Ji G，Ou X，Zhao R，et al. Efficient utilization of scrapped LiFePO$_4$ battery for novel synthesis of Fe$_2$P$_2$O$_7$/C as candidate anode materials [J]. Resources Conservation and Recycling，2021，174（7）：105802.

[5]　Masquelier P，Reale C，Wurm M，et al. Hydrated iron phosphates FePO$_4$•$n$H$_2$O and Fe$_4$(P$_2$O$_7$)$_3$•$n$H$_2$O as 3V positive electrodes in rechargeable lithium batteries [J]. Journal of the Electrochemical Society，2002，149：A1037.

[6]　Reale P，Scrosati B，Delacourt C，et al. Synthesis and thermal behavior of crystalline hydrated iron(III) phosphates of interest as positive electrodes in Li batteries [J]. Chemistry of Materials，2003，15：5051-5058.

[7]　Hsieh C T，Chen I L，Chen W Y，et al. Synthesis of iron phosphate powders by chemical precipitation route for high-power lithium iron phosphate cathodes [J]. Electrochimica Acta，2012，（83-）：83.

[8]　Wang Y，Wang Y，Luo S，et al. Preparation of high performance LiFePO$_4$/C by extracting iron element from iron tailings by concentrated sulfuric acid hot dip method [J]. Ionics，2020，26（4）：1645-1655.

[9]　Yang Y，Sun M，Yu W，et al. Recovering Fe，Mn and Li from LiMn$_{1-x}$Fe$_x$PO$_4$ cathode material of spent lithium-ion battery by gradient precipitation [J]. Sustainable Materials and Technologies，2023，36：e00625.

[10]　Song Y，Xie B，Song S，et al. Regeneration of LiFePO$_4$ from spent lithium-ion batteries via a facile process featuring acid leaching and hydrothermal synthesis [J]. Green Chemistry，2021，23（11）：3963-3971.

[11]　Chen B，Liu M，Cao S，et al. Regeneration and performance of LiFePO$_4$ with Li$_2$CO$_3$ and FePO$_4$ as raw materials recovered from spent LiFePO$_4$ batteries [J]. Materials Chemistry and Physics，2022，（279）：125750.

[12]　Zhang T，Gong D，Lin S. Effect of pH-dependent intermediate on the performance of LiFePO/C cathode material [J]. Chemical Engineering Journal，2022，449：137830.

[13]　Zheng R，Zhao L，Wang W，et al. Optimized Li and Fe recovery from spent lithium-ion batteries via a solution-precipitation method [J]. RSC Advances，2016，6（49）：43613-43625.

[14]　Wu Y，Zhou K，Zhang X. Al/Ti Removal from the sulfate leachate of the spent LiFePO$_4$/C powder through high-temperature co-precipitation triggered by Fe(III) [J]. Industrial & Engineering Chemistry Research，2023，62（35）：13902-13910.

[15]　Zhao Y，Peng L，Liu B，et al. Single-crystalline LiFePO$_4$ nanosheets for high-rate Li-ion batteries [J]. Nano Letters，2014，14（5）：2849-2853.

[16]　Mei C，Deshmukh S，Cronin J，et al. Aluminum phosphate vaccine adjuvant：Analysis of composition and size using off-line and in-line tools [J]. Computational and Structural Biotechnology Journal，2019，17：1184-1194.

[17]　L.，Castro，R.，et al. The spin-polarized electronic structure of LiFePO$_4$ and FePO$_4$ evidenced by in-lab XPS [J]. Journal of Physical Chemistry C，2010，114（41）：17995-18000.

[18]　Xiong W，Hu Q，Liu S. A novel and accurate analytical method based on X-ray photoelectron spectroscopy for the quantitative detection of the lithium content in LiFePO$_4$ [J]. Analytical Methods，2014，6（15）：5708-5711.

[19] Zhang Q，Fan E，Lin J，et al. Acid-free mechanochemical process to enhance the selective recycling of spent LiFePO$_4$ batteries [J]. Journal of Hazardous Materials，2023，443：130160.

[20] Wu C，Hu J，Ye L，et al. Direct regeneration of spent Li-ion battery cathodes via chemical relithiation reaction [J]. ACS Sustainable Chemistry & Engineering，2021，（48）：9.

[21] Zou W，Feng X，Wei W，et al. Converting spent LiFePO$_4$ battery into zeolitic phosphate for highly efficient heavy metal adsorption [J]. Inorganic Chemistry，2021，60（13）：9496-9503.

[22] Jin H，Zhou H，Ji P，et al. ZIF-8/LiFePO$_4$ Derived Fe-N-P co-doped carbon nanotube encapsulated Fe$_2$P nanoparticles for efficient oxygen reduction and Zn-air batteries [J]. Nano Research，2020，13：818-882.

[23] Wang H，Xu S，Tsai C，et al. Direct and continuous strain control of catalysts with tunable battery electrode materials [J]. Science，2016，354（6315）：1031-1036.

[24] Cui B，Liu C，Zhang J，et al. Waste to wealth：Defect-rich Ni-incorporated spent LiFePO$_4$ for efficient oxygen evolution reaction [J]. Science China Materials，2021，（064-011）：2710-2718.

[25] Zou W，Li J，Wang R，et al. Hydroxylamine mediated Fenton-like interfacial reaction dynamics on sea urchin-like catalyst derived from spent LiFePO$_4$ battery [J]. Journal of Hazardous Materials，2022，431：128590.

# 第6章　废旧电解液处理与回收

电解液的成分为有机溶剂和锂盐溶质。有机溶剂通常由不同种溶剂按比例混合，如碳酸乙烯酯（EC）、碳酸丙烯酯（PC）、碳酸二乙酯（DEC）、碳酸二甲酯（DMC）、碳酸甲乙酯（EMC）等。六氟磷酸锂（$LiPF_6$）是目前最常用的电解质锂盐，暴露在空气中很容易分解为含氟化合物[如氟化氢（HF）、氧氟化磷（$POF_3$）、五氟化磷（$PF_5$）等]。由于含有大量易挥发物质和氟组分，废旧电解液若不能得到妥善处理，将造成严重的环境污染。此外，废旧电解液易燃，存在安全风险。与此同时，锂盐作为电解液中最主要的有价组分，具有回收价值。因此，废旧电解液的处理与回收在环境保护、安全保障和资源综合利用方面均具有重要意义。

目前，国内外对废旧锂离子电池电解液的处理方法有两类：废旧电解液无害化处理和废旧电解液资源化回收。前者以消除电解液的毒害性与污染性为目的，如热处理法和碱液吸收法等。后者基于废旧电解液中不同组分在物理化学性质上的差异，实现有机溶剂和锂盐分离回收，如萃取法和减压蒸馏法等。

## 6.1　废旧电解液无害化处理

### 6.1.1　热处理法

热处理法处理电解液通常与正负极活性材料处理同时进行，有机组分在高温下分解为水、$CO_2$、含氟气体和碳氢化合物等物质。图6-1为热处理废旧正负极材料的热重-质谱（TG-MS）图。

由图6-1可见，在300℃左右首先出现了含氟气体、烷烃气体及其碎片峰，包括 $^{28}C_2H_4$、$^{64}C_2H_2F_2$、$^{69}PF_2^+$、$^{85}POF_2$、$^{88}C_3H_4O_3$、$^{104}POF_3$ 和 $^{132}C_6H_3F_3$，这些气体碎片可能来自于 $LiPF_6$ 和 PVDF 的热解[式（6-1）～式（6-12）]。检测到 $^{64}C_2H_2F_2^+$ 和 $^{132}C_6H_3F_3^+$ 的峰，表明此时 PVDF 开始热解，这是因为偏二氟乙烯（$C_2H_2F_2$，VDF）和三氟苯（$C_6H_3F_3$，TFB）属于 PVDF 的特征热解产物。同时，此温度下检测到的 $^{88}C_3H_4O_3^+$ 属于碳酸乙烯酯的气化产物[式（6-9）]。接着，在539℃附近出现 $^{12}C^+$、$^{18}H_2O$、$^{27}C_2H_3^+$、$^{28}C_2H_4$、$^{43}C_2F^+$ 和 $^{44}CO_2$ 的气体及碎片离子峰，这是由于有机溶剂的进一步热解[式（6-10）～式（6-12）]。最终，在690℃附近出现 $^{12}C^+$、$^{43}C_2F^+$ 和 $^{44}CO_2$ 的特征峰。

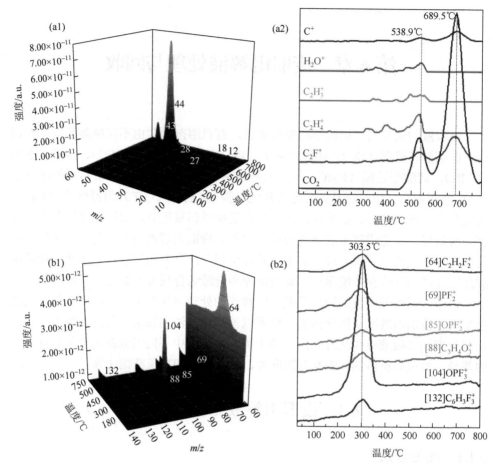

图 6-1　热处理废旧正负极材料的 TG-MS 图：（a1，a2）$m/z = 0 \sim 60$；（b1，b2）$m/z = 60 \sim 140$

$$LiPF_6 \longrightarrow LiF\downarrow + PF_5\uparrow \tag{6-1}$$

$$LiPF_6 + H_2O \longrightarrow LiF\downarrow + 2HF + POF_3 \tag{6-2}$$

$$PF_5 + H_2O \longrightarrow POF_3 + 2HF \tag{6-3}$$

$$POF_3 + H_2O \longrightarrow PO_2F + 2HF \tag{6-4}$$

$$PO_2F + 2H_2O \longrightarrow H_3PO_4 + HF\uparrow \tag{6-5}$$

$$PF_5 + C_2H_5OCOOC_2H_5(DEC) \longrightarrow C_2H_5OCOOPF_4 + C_2H_4 + HF\uparrow \tag{6-6}$$

$$C_2H_5OCOOPF_4 \longrightarrow C_2H_4\uparrow + CO_2\uparrow + POF_3\uparrow + HF\uparrow \tag{6-7}$$

$$PF_5 + CH_3OCOOCH_3(DMC) \longrightarrow C_2H_4 + CO_2 + POF_3 + 2HF \tag{6-8}$$

$$C_3H_4O_3(EC) \longrightarrow C_3H_4O_3 \uparrow \tag{6-9}$$

$$C_3H_4O_3(EC) + 5/2O_2 \longrightarrow 3CO_2 + 2H_2O \tag{6-10}$$

$$C_3H_6O_3(DMC) + 3O_2 \longrightarrow 3CO_2 + 3H_2O \tag{6-11}$$

$$C_4H_8O_3(EMC) + 9/2O_2 \longrightarrow 4CO_2 + 4H_2O \tag{6-12}$$

热处理能有效分解电解液。然而，采用热处理法时，不仅有机物本身易蒸发分解，而且会产生大量含氟有毒气体，需要进一步对烟气进行处理，增加处理成本。同时，热处理只是将电解液分解去除，未能回收其中的有价组分。

## 6.1.2　碱液吸收法

碱液吸收法是利用电解液遇碱液分解的特性，并将分解产物吸收实现电解液无害化处置的方法。氢氧化钠和氢氧化钙溶液是常用的碱溶液。以采用氢氧化钙作为碱液处理废旧电解液为例，经处理后得到 $CaF_2$ 产物，同时电解液中的有价金属锂以氢氧化锂的形式留在溶液中［式（6-16）和式（6-17）］。该方法可以避免电解液直接排放，但反应后产生大量由 $F^-$、氟化锂（LiF）、氢氧化锂、$HPO_4^{2-}$、$CH_4O$、$C_2H_6O_2$ 组成的混合溶液［式（6-13）～式（6-17）］，仍需进一步处理才能回收其中的锂组分。

$$LiPF_6 + H_2O \longrightarrow LiF \downarrow + POF_3 \uparrow + 2HF \uparrow \tag{6-13}$$

$$C_3H_4O_3(EC) + H_2O \longrightarrow CO_2 \uparrow + C_2H_6O_2 \tag{6-14}$$

$$C_3H_6O_3(DMC) + H_2O \longrightarrow CO_2 \uparrow + 2CH_4O \tag{6-15}$$

$$Ca(OH)_2 + 2HF \longrightarrow 2H_2O + CaF_2 \downarrow \tag{6-16}$$

$$Ca(OH)_2 + 2LiF \longrightarrow CaF_2 \downarrow + 2LiOH \tag{6-17}$$

# 6.2　废旧电解液回收

综上所述，热处理法和碱液吸收法可实现废旧电解液的有效处置，但难以回收电解液中的有机物及锂等资源。为了实现资源的回收利用，废旧电解液有价组分的回收受到广泛关注。

## 6.2.1　溶剂回收

目前，废旧电解液的回收方法主要有萃取法和减压蒸馏法等。萃取法又可分为溶剂萃取法和超临界 $CO_2$ 萃取法。

### 1. 萃取法

#### 1）溶剂萃取法

溶剂萃取主要用于从废旧锂离子电池的隔膜和集流体等部件中回收电解液。常用的萃取剂可分为两种：一种是丙酮、乙醇、二氯甲烷、氯仿等[1]有机溶剂；另一种是与电解液有机溶剂具有相似官能团的烃链有机物，如 PC、DME、DEC 等[2]。其中，PC 的相对介电常数更高，在一定程度上，能促进电解液的溶解，其萃取效率高于其他有机溶剂。

采用有机溶剂萃取法回收电解液，减少了对环境的污染，避免了废水、废气和残渣的产生。但有机溶剂和电解质的蒸馏分离过程复杂，极易导致有机溶剂损失。

#### 2）超临界 $CO_2$ 萃取法

超临界相是介于气体和液体之间的一种状态。超临界流体是指温度和压力都在临界点之上的物质状态，具有接近气体的扩散系数和黏度及接近液体的密度。由于其溶解性强、扩散性好，被认为一种理想的萃取剂。

$CO_2$ 是一种常用的超临界萃取介质，具有成本低、扩散系数高、临界点相对较低（31.1℃，7.38MPa）、黏度较低的优点。与有机溶剂萃取法相比，超临界 $CO_2$ 萃取法采用超临界状态下的 $CO_2$ 作为萃取剂，萃取效率更高，可避免溶剂损失和杂质溶剂的混入。

超临界 $CO_2$ 萃取分为动态萃取和静态萃取。两者区别在于动态萃取需要调节进出气流量，不断地通入超临界 $CO_2$ 流体，使萃取釜中压强保持平衡状态，同时负载有机溶剂的超临界 $CO_2$ 相进入收集釜。动态萃取反应过程主要包含以下三个阶段：萃取初期，在设定萃取条件后，通入的超临界 $CO_2$ 与电解液接触，其中的有机溶剂溶解于具有更高溶解环境的超临界 $CO_2$ 中，形成超临界 $CO_2$ 负载相；萃取中期，不断通入超临界 $CO_2$，电解液中的有机溶剂充分溶解在超临界 $CO_2$ 中，同时超临界 $CO_2$ 负载相持续进入收集釜；萃取后期，设定萃取时间结束后，对收集釜进行降温降压，$CO_2$ 恢复为气态与溶剂分离，有机溶剂收集于收集瓶中，可进一步再生利用。超临界 $CO_2$ 萃取装置示意图如图 6-2 所示。

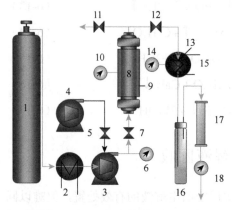

图 6-2　超临界 $CO_2$ 萃取装置图[3]

1. $CO_2$ 钢瓶；2. 冷却槽；3. 空气驱动液泵；4. 空气压缩机；5. 萃取釜和压力调节阀；6. 萃取釜和压力表；7. 进气阀；8. 萃取釜；9. 加热套；10. 萃取釜温度计；11. 紧急降压阀；12. 出气阀；13. 流量调节阀；14. 流量阀温度计；15. 加热套；16. 收集釜；17. 收集釜压力表；18. 产物收集阀

　　在萃取过程中，超临界 $CO_2$ 的极性随压强或温度的升高而增大或减小，导致不同组分有机溶剂的萃取回收效果不同。在超临界 $CO_2$ 萃取电解液时，萃取压强、萃取温度和萃取时间是影响萃取率的主要因素。增大压强有利于提高 $CO_2$ 密度，增大与有机溶剂的相互作用，从而提高萃取率；提高萃取温度会促进电解液挥发，从而提高萃取率。为了避免电解质锂盐 $LiPF_6$ 分解，萃取温度一般控制在 40～50℃；延长萃取时间可以使有机溶剂和超临界 $CO_2$ 的接触更充分，进而使有机溶剂在电解液和超临界 $CO_2$ 相之间的交互更完全，增强萃取分离效果。

　　由于 $CO_2$ 是非极性溶剂，当萃取压强、温度和时间增加到一定程度后，超临界 $CO_2$ 对某些极性溶剂的溶解能力达到饱和，因此通常会在超临界流体中加入少量的夹带剂，增强对溶剂的溶解能力，如甲醇、乙醇、水、丙酮、碳酸亚乙烯酯（VC）等。Liu 等[4]采用超临界 $CO_2$ 萃取法从废旧锂离子电池中分离电解液，并加入少量 VC 作为夹带剂。在萃取温度 40℃和萃取压强 15MPa 的条件下静态萃取10min、动态萃取20min，萃取率达到85%。图 6-3 为超临界 $CO_2$ 萃取回收电解液萃取产物的气相色谱-质谱图谱。由图 6-3 可见，除去添加的夹带剂 VC，萃取产物的成分主要为 DEC、EMC 和 EC，实现了有机溶剂的分离回收。

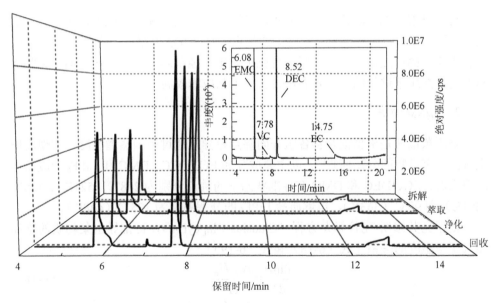

图 6-3　萃取产物的 GC-FID 图[4]

　　以上述超临界 $CO_2$ 萃取得到的萃取产物（主要成分为 EC、DEC 与 DMC）为原料，按照商业电解液中有机溶剂和锂盐的组分含量进行调节，再生成可循环利用的电解液。Liu 等[4]在相同测试条件下分析比较了回收电解液和商业电解液的性能。从充放电曲线图（图 6-4）可见，在 0.2C 的倍率条件下，回收电解液和商业电解液的充电和放电曲线相似，初始放电比容量达到 115mA·h/g。然而，回收电解液组装的纽扣电池在 0.2C 下循环 100 次后，可逆比容量为 77mA·h/g，容量保持率为 66%，远低于商业电解液的循环性能（0.2C 下循环 100 次后，可逆比容量为 120mA·h/g，容量保持率为 85%）。

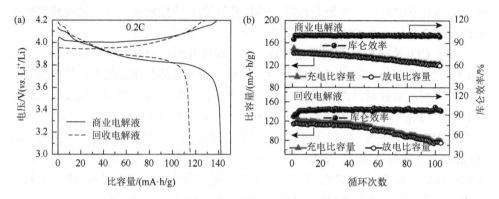

图 6-4　商业电解液和回收电解液在 0.2C 倍率下的（a）充放电曲线和（b）循环性能图[4]

与有机溶剂萃取相比，超临界萃取可避免萃取剂的损失。此外，超临界萃取具有萃取效率高、对环境无二次污染的优点。但该方法也存在一些不足。一方面，超临界流体的密度对温度和压强的变化很敏感，控制难度大；另一方面，超临界萃取是在高压下进行的，需要高压设备，工艺成本较高。

2. 减压蒸馏法

减压蒸馏法是根据混合物各组分间沸点差异，通过控制蒸馏温度，实现废旧电解液中有机物的分离回收[5]。以主要成分为 EC、DEC、DMC 和 LiPF$_6$ 的废旧电解液为例，EC、DEC 和 DMC 在标准状态下的沸点分别为 248℃（521K）、128℃（401K）和 90℃（363K），电解质盐 LiPF$_6$ 的分解温度为 175℃（448K）。

根据克劳修斯-克拉佩龙方程（Clausius-Clapeyron），可推导出某物质的饱和蒸气压与温度的关系 [式（6-18）和式（6-19）]。

$$\frac{\mathrm{d}\ln P}{\mathrm{d}T} = \frac{\Delta_{\mathrm{vap}}H_{\mathrm{m}}}{RT^2} \tag{6-18}$$

$$\ln\frac{P_2}{P_1} = -\frac{\Delta_{\mathrm{vap}}H_{\mathrm{m}}}{R}\left(\frac{1}{T_2} - \frac{1}{T_1}\right) \tag{6-19}$$

式中，$T$ 为开尔文温度（K）；$P$ 为该温度下对应的饱和蒸气压（kPa）；$R$ 为摩尔气体常量，通常取值为 8.314；$\Delta_{\mathrm{vap}}H_{\mathrm{m}}$ 为标准摩尔蒸发焓（kJ/mol）；式（6-19）为克劳修斯-克拉佩龙方程的积分形式。

EC、DEC 和 DMC 的饱和蒸气压、EC 和 DEC 的标准摩尔蒸发焓可从物理化学手册（表 6-1）中得到，DMC 的标准摩尔蒸发焓由官能团贡献法估算，计算方法如式（6-20）所示[6]。

$$\Delta H_v^2 = A + \sum n_i(\Delta t^0 + x_i \Delta t^1) \tag{6-20}$$

式中，$A$ 为估算可靠性系数，其值为 158.834kJ/mol；$n_i$ 为分子中 $i$ 类官能团的数量，DMC 中的官能团包含—CH$_3$、—O—和—CO—三种，因此 $n_i$ 分别取 2、2、1；$x_i$ 为 $i$ 类官能团的数量分率，定义为分子中 $i$ 类官能团数量与分子中总官能团数量之比，DMC 中各官能团的数量分率如表 6-2 所示；$\Delta t^0$ 和 $\Delta t^1$ 为标准量热法测定的官能团热力学标准数据，查阅文献可得（表 6-3），单位为 kJ/mol。

**表 6-1　EC、DEC 和 DMC 的饱和蒸气压和标准摩尔蒸发焓[7]**

| 成分 | 饱和蒸气压/kPa | 标准摩尔蒸发焓/(kJ/mol) |
|------|------|------|
| EC | $2.70 \times 10^{-3}$（36.4℃） | 50.20 |
| DEC | 1.10（20℃） | 36.17 |
| DMC | 5.60（20℃） | 30.90 |

**表 6-2　DMC 中官能团的数量分率**

| 官能团 | —CH$_3$ | —O— | —CO— |
|------|------|------|------|
| 数量分率 | 0.4 | 0.4 | 0.2 |

**表 6-3　DMC 中官能团的热力学标准数据（kJ/mol）**

| 官能团 | —CH$_3$ | —O— | —CO— |
|------|------|------|------|
| $\Delta t^0$ | −17.520 | 158.991 | 644.875 |
| $\Delta t^1$ | 70.037 | 115.484 | −428.108 |

将表 6-2 和表 6-3 的数据代入式（6-20），可以计算得出 DMC 的标准摩尔蒸发焓为 30.90kJ/mol：

$$\Delta H_v^2 = 158.834 + \left(644.875 - \frac{1}{5} \times 428.108\right) + 2 \times \left(158.991 + \frac{2}{5} \times 115.584\right)$$

$$+ 2 \times \left(-17.520 + \frac{2}{5} \times 70.037\right) = 1149.4462\text{kJ/mol}$$

$$\Delta H_v = 33.90\text{kJ/mol}$$

将 EC、DEC 和 DMC 的热力学数据（表 6-4）代入式（6-19），通过设置不同温度条件（即 $T_2$），计算出各物质在该温度条件下的饱和蒸气压（即 $P_2$）。接着，作图分析各组分的饱和蒸气压与温度的关系，进而推算出最佳蒸馏温度条件。其中标准摩尔蒸发焓为标准定量，$P_1$ 为 $T_1$ 温度条件下的饱和蒸气压。

表 6-4　热力学模拟计算所需的数据

| 溶剂名称 | 标准摩尔蒸发焓/(kJ/mol) | 饱和蒸气压 $P_1$/kPa | $T_1$/K | $T_2$/K | 计算的饱和蒸气压 $P$/kPa |
|---|---|---|---|---|---|
| EC | 50.20 | $2.7\times10^{-3}$ | 309.40 | 373.00 | 0.075 |
| | 50.20 | $2.7\times10^{-3}$ | 309.40 | 383.00 | 0.115 |
| | 50.20 | $2.7\times10^{-3}$ | 309.40 | 393.00 | 0.171 |
| | 50.20 | $2.7\times10^{-3}$ | 309.40 | 403.00 | 0.251 |
| | 50.20 | $2.7\times10^{-3}$ | 309.40 | 413.00 | 0.361 |
| | 50.20 | $2.7\times10^{-3}$ | 309.40 | 423.00 | 0.510 |
| | 50.20 | $2.7\times10^{-3}$ | 309.40 | 433.00 | 0.710 |
| | 50.20 | $2.7\times10^{-3}$ | 309.40 | 443.00 | 0.971 |
| | 50.20 | $2.7\times10^{-3}$ | 309.40 | 453.00 | 1.312 |
| DEC | 36.17 | 1.10 | 293.00 | 373.00 | 26.573 |
| | 36.17 | 1.10 | 293.00 | 383.00 | 36.032 |
| | 36.17 | 1.10 | 293.00 | 393.00 | 48.106 |
| | 36.17 | 1.10 | 293.00 | 403.00 | 63.314 |
| | 36.17 | 1.10 | 293.00 | 413.00 | 82.230 |
| | 36.17 | 1.10 | 293.00 | 423.00 | 105.479 |
| | 36.17 | 1.10 | 293.00 | 433.00 | 133.768 |
| | 36.17 | 1.10 | 293.00 | 443.00 | 167.823 |
| | 36.17 | 1.10 | 293.00 | 453.00 | 208.452 |
| DMC | 33.90 | 5.60 | 293.00 | 373.00 | 110.807 |
| | 33.90 | 5.60 | 293.00 | 383.00 | 147.413 |
| | 33.90 | 5.60 | 293.00 | 393.00 | 193.284 |
| | 33.90 | 5.60 | 293.00 | 403.00 | 250.044 |
| | 33.90 | 5.60 | 293.00 | 413.00 | 319.464 |
| | 33.90 | 5.60 | 293.00 | 423.00 | 403.456 |
| | 33.90 | 5.60 | 293.00 | 433.00 | 504.067 |
| | 33.90 | 5.60 | 293.00 | 443.00 | 623.469 |
| | 33.90 | 5.60 | 293.00 | 453.00 | 763.951 |

饱和蒸气压与温度的关系图如图 6-5 所示。由图可见，随着温度的升高，DMC 和 DEC 的饱和蒸气压显著升高，而 EC 的饱和蒸气压相对恒定。在相同温度下，饱和蒸气压越高，越易被蒸馏，DMC、EC 和 DEC 的蒸馏顺序为 DMC＞DEC＞EC。

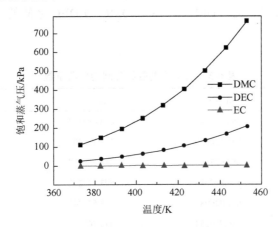

图 6-5　模拟计算 EC、DEC 与 DMC 的饱和蒸气压与温度的关系图

DMC 和 DEC 的气相生成以及与 EC 的分离可用分离因子（$\beta$）进一步解释 [式（6-21）]。分离系数可以用于评判蒸馏操作对不同组分的分离程度，分离系数 $\beta$ 越远离 1，即 $\beta>1$ 或者 $\beta<1$，则说明 A、B 两种物质越容易分离。

$$\beta = \frac{\gamma_A}{\gamma_B} \cdot \frac{P_A}{P_B} \tag{6-21}$$

式中，$P_A$ 和 $P_B$ 分别表示组分 A 和 B 的饱和蒸气压；$\gamma_A$ 和 $\gamma_B$ 分别表示组分 A 和 B 的活度系数，活度系数可由威尔逊方程计算，见式（6-22）～式（6-24）。

$$\ln\gamma_1 = \ln(x_1 + A_{12}x_2 + x_3A_{13}) + x_2\left(\frac{A_{12}}{x_1 + A_{12}x_2 + x_3A_{13}} - \frac{A_{21}}{x_1A_{21} + x_2 + A_{23}x_3}\right)$$
$$+ x_3\left(\frac{A_{13}}{x_1 + A_{12}x_2 + x_3A_{13}} - \frac{A_{31}}{x_1A_{31} + x_3 + A_{32}x_2}\right) \tag{6-22}$$

$$\ln\gamma_2 = \ln(x_2 + A_{21}x_1 + x_3A_{23}) + x_1\left(\frac{A_{21}}{x_2 + A_{21}x_1 + x_3A_{23}} - \frac{A_{12}}{x_2A_{12} + x_1 + A_{13}x_3}\right)$$
$$+ x_3\left(\frac{A_{23}}{x_2 + A_{21}x_1 + x_3A_{23}} - \frac{A_{32}}{x_1A_{31} + x_3 + A_{32}x_2}\right) \tag{6-23}$$

$$\ln\gamma_3 = \ln(x_3 + A_{32}x_2 + x_1A_{31}) + x_1\left(\frac{A_{31}}{x_3 + A_{32}x_2 + x_1A_{31}} - \frac{A_{13}}{x_2A_{12} + x_1 + A_{13}x_3}\right)$$
$$x_2\left(\frac{A_{32}}{x_3 + A_{32}x_2 + x_1A_{31}} - \frac{A_{23}}{x_1A_{21} + x_2 + A_{23}x_3}\right) \tag{6-24}$$

式中，$x_i$ 为组分 $i$ 的质量分数；$A_{ij}$ 为端值常数，理想溶液的端值常数为 0；考虑到有机溶剂 EC、DEC 与 DMC 体系之间的关系为理想溶液体系，将端值常数 $A_{ij} = 0$ 代入式（6-22）～式（6-24），得到 $\gamma_i = x_i$，即三种溶剂的活度系数均等于其质量分数。DEC 与 EC、DMC 与 EC、DMC 与 DEC 之间的分离系数如表 6-5 所示。

**表 6-5  有机溶剂各组分间的分离系数**

| 温度/K | $\beta_{DMC\text{-}EC}$ | $\beta_{DEC\text{-}EC}$ | $\beta_{DMC\text{-}DEC}$ |
|---|---|---|---|
| 373 | 850.125924 | 803.682154 | 0.929358 |
| 383 | 741.130959 | 714.118405 | 0.947233 |
| 393 | 650.637566 | 638.360307 | 0.964514 |
| 403 | 574.897016 | 573.848222 | 0.981270 |
| 413 | 511.026987 | 518.525340 | 0.997488 |
| 423 | 456.789253 | 470.767992 | 1.013148 |
| 433 | 410.429561 | 429.364415 | 1.028417 |
| 443 | 370.560979 | 393.204438 | 1.043135 |
| 453 | 336.077990 | 361.495918 | 1.057414 |

由表 6-5 可知，DMC 和 EC（$\beta_{DMC\text{-}EC}$）、DEC 和 EC（$\beta_{DEC\text{-}EC}$）的分离系数均达到 800，远高于 1，表明 DEC 和 DMC 均能与 EC 分离。同时，在 373～453K 的温度范围内，DMC 和 DEC（$\beta_{DMC\text{-}DEC}$）的分离系数接近 1（0.92～1.06），这意味着 DMC 和 DEC 不能通过蒸馏进一步分离，因此将 DMC 和 DEC 混合蒸馏回收。

为计算有机溶剂回收率，先将减压蒸馏后回收的蒸馏产物（有机溶剂组分）与剩余物进行气相色谱-质谱联用测试分析，得到蒸馏产物与剩余物各溶剂组分的质量分数。考虑到在减压蒸馏过程中，低沸点有机溶剂的损失过大，因而，使用剩余物中有机溶剂的质量分数计算回收率，减小误差。计算方式如式（6-25）所示。

$$\gamma = \frac{m_2 \times M_2 - m_1 \times M_1}{m_2 \times M_2} \times 100\% \qquad (6\text{-}25)$$

式中，$\gamma$ 为有机溶剂回收率（%）；$m_2$ 为待回收电解液中该有机溶剂组分的质量分数（%）；$M_2$ 为待回收电解液质量（g）；$m_1$ 为剩余物中该有机溶剂组分的质量分数（%）；$M_1$ 为剩余物的质量（g）。

为探究电解液有机溶剂 DEC 与 DMC 的回收率和纯度，设置减压蒸馏温度和蒸馏时间为变量，探究回收电解液中有机溶剂的最优条件。图 6-6（a）和（b）为不同蒸馏温度和蒸馏时间对有机组分的回收率。由图 6-6（a）和（b）可见，通过减压蒸馏可回收几乎 100%的 DMC，而 DEC 的回收率随着蒸馏温度和蒸馏时间的增加而增加。当蒸馏温度为 140℃（413K）时，电解质由于分解而变黑。当蒸馏温度为 130℃（403K），蒸馏时间为 120min 时，DEC 的回收率达到 79.40%。

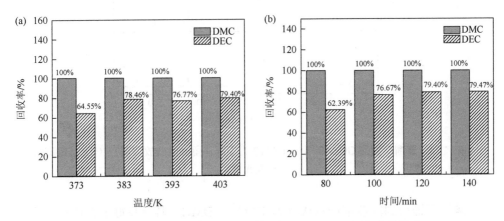

图 6-6　（a）蒸馏温度和（b）时间对 DEC、DMC 回收率的影响

图 6-7 为蒸馏液的 GC-MS 图，发现在最佳蒸馏条件下，蒸馏液只含有 DEC 和 DMC。同时，蒸馏残留物的 GC-MS 图表明，几乎全部的 EC 和 20%的 DEC 残留，没有检测到 DMC。从蒸馏产物的拉曼光谱也可以得到类似的结果[图 6-7（b）]。蒸馏产物的拉曼光谱与纯 DEC 和 DMC 的拉曼光谱高度吻合，没有发现杂质特征峰，表明只有 DEC 和 DMC 被蒸馏分离。

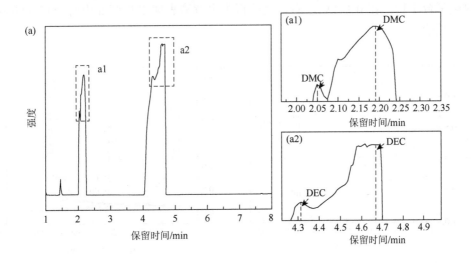

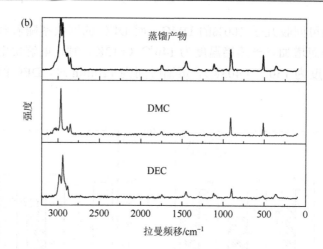

图 6-7　（a）蒸馏产物的 GC-MS 图（a1 和 a2 为不同保留时间的放大图）；（b）蒸馏产物的
拉曼光谱

　　减压蒸馏得到的蒸馏产物成分为 DEC 与 DMC，具有良好的互溶性，可作为制备新电解液的溶剂。同样地，按照商业电解液中有机溶剂和锂盐的组分含量调整蒸馏得到的 DEC 和 DMC 混合溶液，并以此为电解液，以金属锂和石墨作为电极，组装纽扣式半电池用于电化学测试。结果表明，使用再生电解液和商业电解液组装的电池出现相似的氧化还原峰。充放电曲线表明 [图 6-8（b）、（c）]，在 0.1C 的倍率下，使用商业电解液组装电池的首次循环存在一个较高的充放电平台，位于 0.612V，该平台为电池活化时的不稳定放电与 SEI 膜的形成。而后，电池循环的充放电平台稳定在 0.132V。相似地，使用再生电解液组装电池的充放电平台平稳，在 0.141V 左右，表明再生电解液表现出与商业电解液相近的电化学性能。

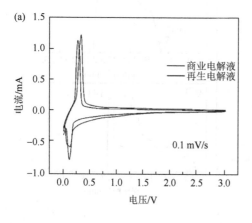

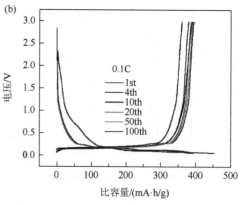

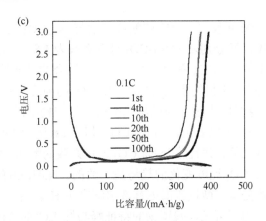

图 6-8　（a）商业电解液与再生电解液组装锂电池的循环伏安曲线；（b）商业电解液锂电池和（c）再生电解液锂电池在 0.1C 下的充放电曲线

## 6.2.2　锂资源回收

以减压蒸馏得到的蒸馏剩余组分为原料，采用碳酸钠沉淀法，回收其中的锂盐，反应的化学方程式如式（6-26）所示。由于电解质 LiPF$_6$ 存在分解反应，其分解产物中含氟、磷化合物在沉淀过程中容易与钠盐反应。为保证电解质锂盐的充分回收，沉淀时需加入过量的碳酸钠。

$$2LiPF_6 + Na_2CO_3 \longrightarrow 2NaPF_6 + Li_2CO_3 \downarrow \qquad (6-26)$$

按照电解液溶质六氟磷酸锂（LiPF$_6$）无损失量计算，加入化学反应过量系数分别为 1、1.2、1.4、1.6、1.8、2.0、2.2、2.4、2.6 的碳酸钠（Na$_2$CO$_3$）固体，在常温 25℃条件下，匀速搅拌 2h 后，真空抽滤，分离得到固体和液体产物。

在计算锂的回收率时，通过原子吸收法测试固体中锂元素含量，电感耦合等离子发射光谱（ICP）测试液体中锂元素含量。利用液体中锂元素含量计算碳酸锂（Li$_2$CO$_3$）的回收率，极大地降低了固体产物中 Li$_2$CO$_3$ 损失量的误差；利用固体产物中 Li$_2$CO$_3$ 的含量，计算回收产物纯度。计算有价组分锂的回收率及纯度，分别如式（6-27）、式（6-28）所示。

$$\beta = \frac{m_{Li} - C_1 \times V_1}{m_{Li}} \times 100\% \qquad (6-27)$$

$$\alpha = \frac{m_s \times M_{Li_2CO_3}}{2 \times M_{Li}} \times 100\% \qquad (6-28)$$

式中，$\beta$ 为 Li$_2$CO$_3$ 的回收率（%）；$m_{Li}$ 为原样中锂的质量（g）；$C_1$ 为液体组分中 Li 的浓度（g/mL）；$V_1$ 为液体组分体积（mL）；$\alpha$ 为 Li$_2$CO$_3$ 的纯度；$m_s$ 为固体中锂的质量分数；$M_{Li_2CO_3}$ 为 Li$_2$CO$_3$ 的相对分子质量；$M_{Li}$ 为锂的相对分子质量。

　　图 6-9（a）为锂回收率、回收碳酸锂纯度与 Na$_2$CO$_3$ 过量系数的关系图，其中 I、II、III、IV、V 分别表示 Na$_2$CO$_3$ 过量系数为 1.8、1.6、1.4、1.2、1.0。由图 6-9 可见，过量的 Na$_2$CO$_3$ 增加了 Li$^+$ 与 CO$_3^{2-}$ 结合的可能性，因此 Li$_2$CO$_3$ 的回收率随着 Na$_2$CO$_3$ 过量系数的增大而增加。Li$_2$CO$_3$ 的纯度随着 Na$_2$CO$_3$ 过量系数的增大而逐渐降低，这是因为过量的钠盐残留在回收产物中，降低了 Li$_2$CO$_3$ 的纯度。从图 6-9（b）和（c）可以看出，当 Na$_2$CO$_3$ 过量系数达到 1.4 时，XRD 图中开始出现 NaHCO$_3$ 的特征峰，并且随着 Na$_2$CO$_3$ 过量系数的增加，NaHCO$_3$ 的特征峰越来越明显，这与 Li$_2$CO$_3$ 纯度变化的趋势是一致的。NaHCO$_3$ 的存在可能是由于废旧电解液不恰当的处置，微量废旧电解液水解产生 H$^+$。图 6-9（d）为回收锂后残留物的拉曼光谱。由图可见，残留物的特征峰与纯 EC 的特征峰几乎一致，表明回收锂后残留液体的主要成分是 EC。

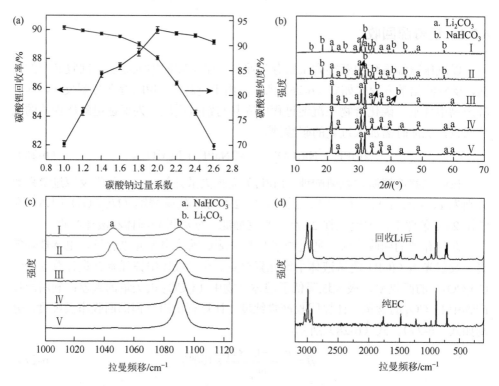

图 6-9　（a）碳酸钠不同过量系数与碳酸锂的回收率和纯度的关系；（b）碳酸钠不同过量系数条件下回收产物的 XRD 图与（c）拉曼光谱；（d）回收碳酸锂后残留物的拉曼光谱

　　图 6-10 为 Na$_2$CO$_3$ 过量系数为 1.0、1.2、1.4、1.6 条件下回收产物的 SEM 图。由图 6-10（a）、（b）可见，当 Na$_2$CO$_3$ 过量系数不足 1.4 时，回收产物中颗粒形状不规则，存在少量黏稠的胶状物。经过原子能谱检测，成分以 C、H 为主，可以

判断，其主要成分为有机溶剂 EC。EC 的熔点为 35℃，其在常温条件下呈现凝固态，与胶状物一致。由图 6-10（c）和（d）可见，当 $Na_2CO_3$ 过量系数超过 1.4 时，回收产物颗粒呈现球形，具有 $Li_2CO_3$ 的典型特征。SEM 图中显示的结果与 XRD 图、拉曼光谱的结果相互印证，在回收产物 $Li_2CO_3$ 回收率提升不明显的情况下，其纯度随着 $Na_2CO_3$ 过量系数增大急剧下降，因此可以得出，$Na_2CO_3$ 的最佳过量系数为 1.4。此时锂回收率为 86.93%，$Li_2CO_3$ 的纯度为 92.45%。

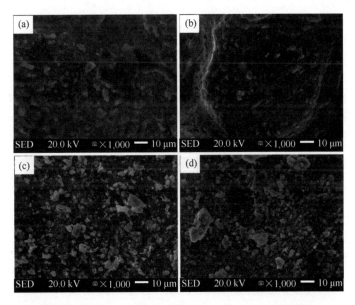

图 6-10　碳酸钠不同过量系数条件下的回收产物 SEM 图：（a）过量系数为 1.0；（b）过量系数为 1.2；（c）过量系数为 1.4；（d）过量系数为 1.6

## 参 考 文 献

[1]　吕小三，雷立旭，余小文，等. 一种废旧锂离子电池成分分离的方法 [J]. 电池，2007，1：79-80.

[2]　童东革，赖琼钰，吉晓洋. 废旧锂离子电池正极材料钴酸锂的回收 [J]. 化工学报，2005，10：1967-1970.

[3]　Liu Y L, Mu D Y, Zheng R J, et al. Supercritical $CO_2$ extraction of organic carbonate-based electrolytes of lithium-ion batteries [J]. RSC Advances, 2014, 4（97）：54525-54531.

[4]　Liu Y L, Mu D Y, Li R H, et al. Purification and characterization of reclaimed electrolytes from spent lithium-ion batteries [J]. Journal of Physical Chemistry C, 2017, 121（8）：4181-4187.

[5]　Xu R, Lei S Y, Wang T Y, et al. Lithium recovery and solvent reuse from electrolyte of spent lithium-ion battery [J]. Waste Management, 2023, 167：135-140.

[6]　Ma P S, Xu W, Liu Y S, et al. Estimation of the enthalpy of evaporation at boiling point by the functional group method [J]. Petrochemical Technology, 1992, 21（9）：613-617.

[7]　Haynes W M, Lide D R, Bruno T J. CRC Handbook of Chemistry and Physics [M]. Boca Raton, London, New York：CRC Press, 2014.